电气技术应用专业课程改革成果教材

# 可编程控制器技术应用

## （第2版）

KEBIANCHENG KONGZHIQI JISHU YINGYONG

主　编　崔　陵
副主编　沈柏民　王炳荣
执行主编　吴国良

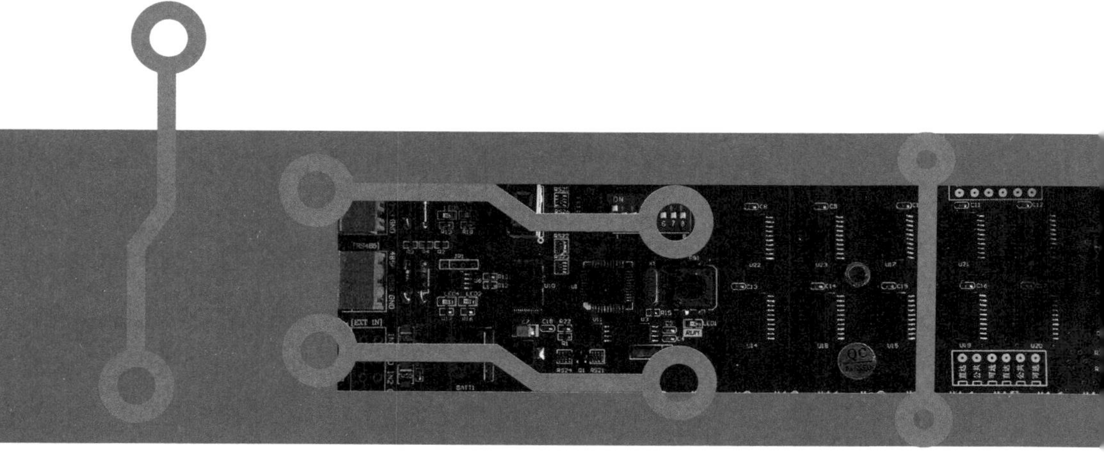



高等教育出版社·北京

内容简介

本书是中等职业教育电气技术应用专业课程改革成果教材《可编程控制器技术应用》的第2版，根据浙江省“中等职业学校电气技术应用专业选择性课改指导性实施方案与课程标准”编写而成。

全书按照项目导向、任务驱动的模式编写，贯彻“做中学，做中教”的教学理念，提炼了实际生产企业和生活中典型的可编程控制器应用案例，突出三菱 $FX_{3U}$ 系列 PLC 的实际应用。全书共分 3 个模块、13 个项目，将 PLC 的认识、PLC 编程元件和基本逻辑指令应用、PLC 步进顺控指令应用、PLC 与变频器和 PLC 与触摸屏等内容分解后有机地融入相应的模块与项目中。在附录中提供了 $FX_{3U}$ 系列 PLC 内部资源和功能指令、三菱 FR-E740 变频器的基本参数，供读者使用时查询。

本书配有学习卡资源，请登录 Abook 网站 http://abook.hep.com.cn/sve 获取相关资源。详细说明见本书“郑重声明”页。

本书适合作为中等职业学校电气技术应用专业及相关专业的教学用书，也可作为岗位培训教材及自学用书。


图书在版编目（CIP）数据

可编程控制器技术应用／崔陵主编．--2版．--北京：高等教育出版社，2021.3

ISBN 978-7-04-055543-1

Ⅰ．①可…　Ⅱ．①崔…　Ⅲ．①可编程序控制器-中等专业学校-教材　Ⅳ．①TM571.6

中国版本图书馆 CIP 数据核字（2021）第 023894 号

策划编辑　唐笑慧　　责任编辑　唐笑慧　　封面设计　张　志　　版式设计　马　云
插图绘制　黄云燕　　责任校对　高　歌　　责任印制　刘思涵

出版发行　高等教育出版社
社　　址　北京市西城区德外大街4号
邮政编码　100120
印　　刷　中农印务有限公司
开　　本　850mm×1168mm　1/16
印　　张　11.5
字　　数　330千字
购书热线　010-58581118
咨询电话　400-810-0598

网　　址　http://www.hep.edu.cn
　　　　　http://www.hep.com.cn
网上订购　http://www.hepmall.com.cn
　　　　　http://www.hepmall.com
　　　　　http://www.hepmall.cn
版　　次　2014年7月第1版
　　　　　2021年3月第2版
印　　次　2021年3月第1次印刷
定　　价　29.60元





物 料 号　55543-00

# 浙江省中等职业教育电气技术应用专业课程改革成果教材编写委员会

主　　任：朱永祥
副 主 任：程江平　崔　陵
委　　员：张金英　钱文君　马玉斌　鲍加农
　　　　　吕永城　孙坚东　朱孝平　马雪梅
　　　　　林建仁　金洪来　周建军

主　　编：崔　陵
副 主 编：沈柏民　王炳荣
执行主编：吴国良

# 编写说明

2006年，浙江省政府召开全省职业教育工作会议并下发《省政府关于大力推进职业教育改革与发展的意见》。该意见指出，“为加大对职业教育的扶持力度，重点解决我省职业教育目前存在的突出问题”，决定实施“浙江省职业教育六项行动计划”。2007年年初，作为“浙江省职业教育六项行动计划”项目的浙江省中等职业教育专业课程改革研究正式启动，预计用5年左右时间，分阶段对30个左右专业的课程进行改革，初步形成能与现代产业和行业进步相适应的体现浙江特色的课程标准和课程结构，满足社会对中等职业教育的需要。

专业课程改革亟待改变原有以学科为主线的课程模式，尝试构建以岗位能力为本位的专业课程新体系，促进职业教育的内涵发展。基于此，课题组本着积极稳妥、科学谨慎、务实创新的原则，对相关行业企业的人才结构现状、专业发展趋势、人才需求状况、职业岗位群对知识技能要求等方面进行系统的调研，在庞大的数据中梳理出共性问题，在把握行业、企业的人才需求与职业学校的培养现状，掌握国内中等职业学校本专业人才培养动态的基础上，最终确立了“以核心技能培养为专业课程改革主旨、以核心课程开发为专业教材建设主体、以教学项目设计为专业教学改革重点”的浙江省中等职业教育专业课程改革新思路，并着力构建“核心课程+教学项目”的专业课程新模式。这项研究得到由教育部职业技术中心研究所、中央教科所和华东师范大学职教所等专家组成的鉴定组的高度肯定，认为课题研究“取得的成果创新性强，操作性强，已达到国内同类研究领先水平”。

依据本课题研究形成的课程理念及其“核心课程+教学项目”的专业课程新模式，课题组邀请了行业专家、高校专家以及一线骨干教师组成教材编写组，根据先期形成的教学指导方案着手编写本套教材，几经论证、修改，现付梓。

由于时间紧、任务重，教材中定有不足之处，敬请提出宝贵的意见和建议，以求不断改进和完善。

浙江省教育厅职成教教研室

2012年4月

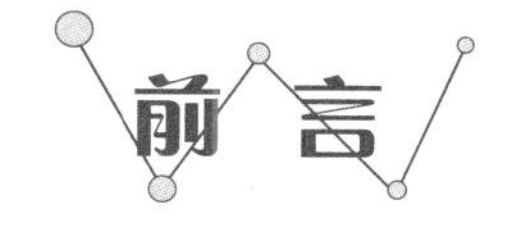

# 前言

本书是中等职业教育电气技术应用专业课程改革成果教材《可编程控制器技术应用》的第2版，根据浙江省“中等职业学校电气技术应用专业选择性课改指导性实施方案与课程标准”编写而成。

本书遵循“以项目为载体，任务作引领，工作过程为导向”的职业教育教学理念编写，以三菱公司的主流机型$FX_{3U}$系列PLC、FR-E740变频器以及昆仑通态TPC7062KS触摸屏为主要使用对象。全书共分3个模块、13个项目，每个项目以“项目目标”“项目描述”“知识准备”“项目实施”“项目评价”“项目拓展”和“思考与实践”的结构呈现。

本书各教学项目均选自生产实际和生活中的基本控制案例，内容由浅入深，由点到面，着重介绍所涉及内容的操作方法，新知识与新技能学习呈螺旋上升形式。项目一~项目二为PLC的初步认识和编程软件的基本使用；项目三~项目八为PLC编程软元件和基本逻辑指令应用；项目九~项目十一为PLC步进顺控指令应用，项目十二为PLC与变频器；项目十三为PLC与触摸屏，将PLC的基本功能指令按照其实际需要在不同的项目中呈现。因此，本书更加注重如何完整地完成生产实际中的任务，注重培养学生的综合职业能力。

本课程建议教学总学时为93学时，各项目学时分配建议如下。

| 序号 | 教学项目 | 建议学时 |
| --- | --- | --- |
| | 学习模块一　FX系列PLC基本指令的应用 | |
| 1 | 项目一　认识PLC | 4 |
| 2 | 项目二　三相异步电动机点动正转控制 | 6 |
| 3 | 项目三　三相异步电动机正转连续运行控制 | 6 |
| 4 | 项目四　三相异步电动机点动与连续运行控制 | 6 |
| 5 | 项目五　三相异步电动机正反转控制 | 6 |
| 6 | 项目六　三相异步电动机Y-Δ降压启动控制 | 6 |
| 7 | 项目七　自动感应水龙头出水的控制 | 6 |
| 8 | 项目八　物料运送自动控制 | 6 |
| | 学习模块二　FX系列PLC步进指令的应用 | |
| 9 | 项目九　两台三相异步电动机顺序控制 | 6 |
| 10 | 项目十　按钮式人行横道交通灯控制 | 6 |
| 11 | 项目十一　物料分拣机构的自动控制 | 6 |
| | 学习模块三　FX系列PLC与变频器及触摸屏的应用 | |
| 12 | 项目十二　物料自动分拣线控制 | 12 |
| 13 | 项目十三　用触摸屏监控物料自动分拣线 | 10 |
| 14 | 机动 | 7 |
| 合计 | | 93 |

本书配有学习卡资源，请登录 Abook 网站 http://abook.hep.com.cn/sve 获取相关资源。详细说明见书末“郑重声明”页。

本书由浙江省教育厅职成教教研室崔陵担任主编，杭州市中策职业学校沈柏民和杭州市职业技术教育教研室王炳荣担任副主编，杭州市中策职业学校吴国良担任执行主编并负责统稿。参加编写的还有杭州市中策职业学校包红、鲁晓阳、万亮斌、童立立、陈美飞、徐秋婷、杨勇，浙江机电职业技术学院丁宏亮，宁波市鄞州职业教育中心学校方爱平，杭州地铁运营分公司维保公司胡芳铁，杭州钢铁集团公司丁宏卫等。本书由谢孝良审稿，审者认真地审阅了全书，提出了许多宝贵意见。在本书编写过程中，得到了浙江省杭州市中策职业学校等相关单位领导的大力支持和帮助，在此表示衷心的感谢！

由于本书对传统教材进行了全面的解构与重组，是一次创新性的实践成果，加之编写时间仓促，编者水平有限，书中难免存在不足之处，恳请使用本书的师生和读者批评指正，以期能够不断提高。读者意见反馈邮箱：zz_dzyj@pub.hep.cn。

编　者

2020 年 10 月

# 目录

# 学习模块一 FX系列PLC基本指令的应用

1

本模块通过认识PLC、三相异步电动机点动正转控制、三相异步电动机正转连续运行控制、三相异步电动机点动与连续运行控制、三相异步电动机正反转控制、三相异步电动机Y-Δ降压起动控制、自动感应水龙头出水的控制和物料运送自动控制8个项目的学习与训练，掌握FX系列PLC基本指令的编程方法。

| | | |
|---|---|---|
| 教学目标 | 能力目标 | 1. 能分析简单控制系统的工作过程<br>2. 能合理分配I/O地址，画出PLC接线图<br>3. 会使用GX Developer编程软件编制控制程序<br>4. 能正确安装PLC，并完成输入/输出的接线<br>5. 能进行程序的离线和在线调试 |
| | 知识目标 | 1. 熟悉PLC的结构及工作过程<br>2. 掌握编程软元件X、Y、M、T和C的功能及使用方法<br>3. 掌握基本指令中触点类指令、线圈驱动指令的编程 |
| 教学重点 | | 1. GX Developer编程软件的使用<br>2. 触点类指令、线圈驱动指令的编程 |
| 教学难点 | | 微分输出指令、栈指令和主控指令的编程 |
| 教学方法、手段建议 | | 采用项目教学法、任务驱动法和理实一体化教学法等开展教学，在教学过程中，教师讲授与学生讨论相结合，传统教学与信息化技术相结合，充分利用翻转课堂、微课等教学手段，把课堂转移到实训室，引导学生做中学、做中教，教、学、做合一 |
| 参考学时 | | 46学时 |

# 项目一

# 认识 PLC

## 项目目标

1. 知道 PLC 的定义、产生与发展及分类。
2. 熟悉 PLC 基本组成。
3. 熟悉 $FX_{3U}$-48MR 型 PLC 的外观。
4. 知道 PLC 实训室管理要求。

## 项目描述

在电力拖动自动控制系统中，各种生产机械均由电动机来拖动，针对不同的生产机械，电动机的控制方式和要求也不尽相同，主要有电动机的启动、正反转、调速、制动等运行方式的控制，以满足生产工艺的要求，实现生产过程的自动化。在可编程控制器出现之前，主要采用继电器-接触器方式来实现对电动机的控制。

下面以三相异步电动机正转连续控制电路为例，说明继电器-接触器控制和可编程控制器装置控制的特点。图 1-1（a）所示为三相异步电动机正转连续控制的主电路，图 1-1（b）和图 1-1（c）分别是电动机直接启动和延时启动的继电器-接触器控制电路图。

在图 1-1（b）中，三相异步电动机直接启动时，合上电源开关 QS，按下启动按钮 SB2，交流接触器 KM 线圈通电，其主触点和辅助动合触点闭合，电动机通电连续运行；按下停止按钮 SB1，KM 线圈断电，电动机停转。

在图 1-1（c）中，三相异步电动机为延时启动，合上电源开关 QS，按下启动按钮 SB2，时间继电器 KT 通电并自锁，当延时时间到后，其延时动合触点闭合，KM 线圈通电，电动机通电连续运行；按下停止按钮 SB1，KM 线圈断电，电动机停转。

上例两个简单的控制系统输入设备和输出设备相同，即都是通过启动按钮 SB2 和停止按钮 SB1 控制接触器线圈 KM 的通电和断电，但因控制要求发生了变化，控制系统必须重新设计，重新配线安装。因此，继电器-接触器控制系统是按照具体的控制要求进行设计，采用硬件接线的方式安装而成。一旦控制要求发生改变，电气控制系统必须重新配线安装。上例只是两个简单的控制电路，已经比较麻烦了，对于复杂的控制系统，这种变动的工作量就更大，周期也会更长。此外，继电器-接触器控制线路越复杂，系统的可靠性就越差，检修工作也就越困难。

随着科技的进步和信息技术的发展，各种新型的控制器件和控制系统不断涌现。可编程控制器（PLC）就是一种在继电器-接触器控制和计算机控制的基础上开发出来的新型自动控制装置。采用可编程控制器对三相异步电动机进行直接启动和延时启动，工作将变得更简单。

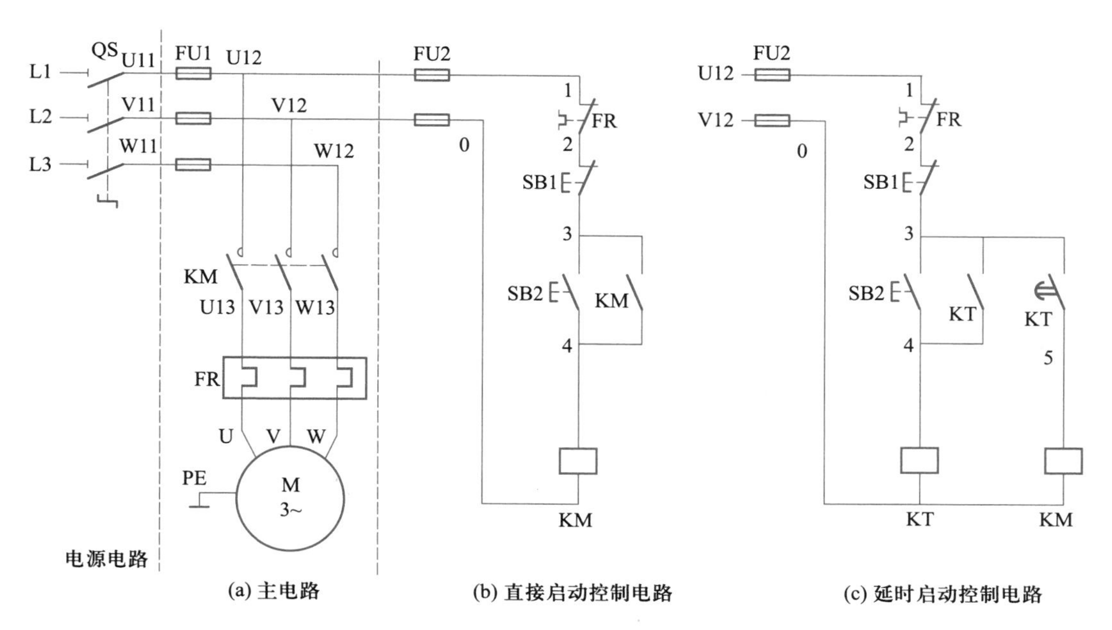

(a) 主电路　(b) 直接启动控制电路　(c) 延时启动控制电路

图 1-1　三相异步电动机正转连续控制电路

采用可编程控制器进行控制，硬件接线变得简单清晰。主电路保持不变，用户只需要将输入设备（SB2、SB1）接到 PLC 的输入接口，输出设备（接触器 KM 线圈）接到 PLC 的输出接口，再接上电源，输入软件程序就可以了。图 1-2 所示为用三菱 $FX_{3U}$ 可编程控制器控制电动机直接启动和延时启动的 PLC 接线图和软件程序，这两种控制方式的硬件接线完全相同，只是软件程序不同罢了。

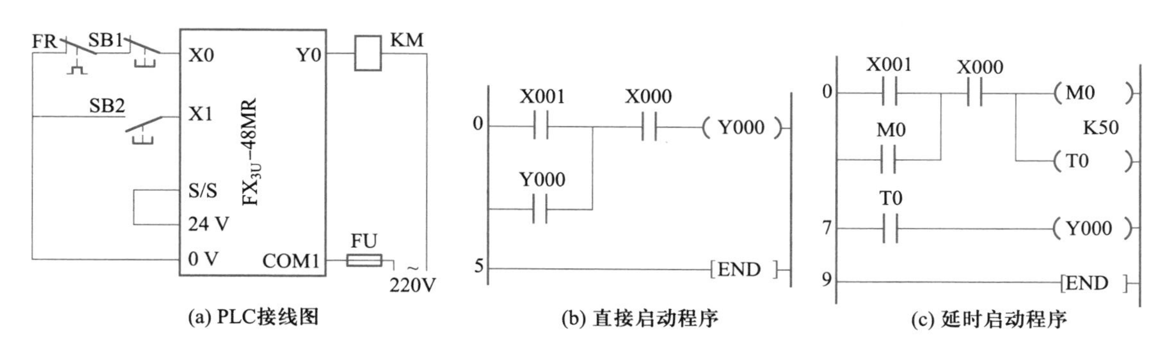

(a) PLC接线图　(b) 直接启动程序　(c) 延时启动程序

图 1-2　PLC 控制电动机直接启动和延时启动

可见，继电器-接触器控制系统是采用硬件接线来实现逻辑控制的，而 PLC 是通过用户程序来实现逻辑控制的。PLC 的外部接线只起到信号传送的作用，因而用户可在不改变硬件接线的情况下，通过修改程序来实现这两种控制方式的转换。由此可见，采用可编程控制器可极大地提高工作效率。

本项目介绍可编程控制器的产生与发展过程及其特点，介绍可编程控制器的基本结构，最后对三菱 $FX_{3U}$ 可编程控制器进行初步认识。

## 知识准备

### 一、PLC 的定义

可编程控制器（programmble logic controller）简称 PLC，它是在电气控制技术和计算机技术的基础上开发出来的，并逐渐发展成为以微处理器为核心，将自动化技术、计算机技术、通信技术融为一体的新型工业控制装置。PLC 广泛应用于各种生产机械和生产过程的自动控制中。

国际电工委员会（IEC）对可编程控制器定义如下：可编程控制器是一种数字运算操作的电子装置，专为在工业环境下应用而设计。它采用可编程序的存储器，用来在其内部存储执行逻辑运算、顺序控制、定时、计数和算术运算等操作的指令，可以处理数字式和模拟式的输入和输出信号，控制各种类型的机械或生产过程。可编程控制器及其有关外围设备都应按易于与工业系统连成一个整体，易于扩充其功能的原则设计。

定义强调了 PLC 应直接应用于工业环境，必须具有很强的抗干扰能力、广泛的适应能力和广阔的应用范围，这是区别于一般微机控制系统的重要特征。同时，也强调了 PLC 用软件方式实现的“可编程”与传统控制装置中通过硬件或硬接线的变更来改变程序的本质区别。

## 二、PLC 的产生与发展

可编程控制器出现之前，在工业电气控制领域中，继电器-接触器控制占主导地位，应用广泛，但继电器-接触器控制系统存在体积大、可靠性低、查找和排除故障困难等缺点，特别是其接线复杂、不易更改，对生产工艺变化的适应性差。

1968 年美国通用汽车公司（GM）为了适应汽车型号不断更新、生产工艺不断变化的需要，实现小批量、多品种生产，希望能有一种新型工业控制器，做到尽可能减少重新设计和更换电气控制系统及接线，以降低成本，缩短周期。于是就设想将计算机功能强大、灵活、通用性好等优点与电气控制系统简单易懂、价格便宜等优点结合起来，制成一种通用控制装置，而且这种装置采用面向控制过程、面向问题的“自然语言”进行编程，使不熟悉计算机的人也能很快掌握使用。

1969 年美国数字设备公司（DEC）根据美国通用汽车公司的这种要求，研制成功了世界上第一台可编程控制器 PDP-14，并在通用汽车公司的自动装配线上试用，取得很好的效果。从此这项技术迅速发展起来。

早期的可编程控制器仅有逻辑运算、定时、计数等顺序控制功能，只是用来取代传统的继电器-接触器控制。随着微电子技术和计算机技术的发展，20 世纪 70 年代中期微处理器技术应用到 PLC 中，使 PLC 不仅具有逻辑控制功能，还增加了算术运算、数据传送和数据处理等功能。

20 世纪 80 年代以来，随着大规模、超大规模集成电路等微电子技术的迅猛发展，16 位和 32 位微处理器应用于 PLC 中，使 PLC 得到迅速发展。PLC 不仅控制功能增强，同时可靠性提高，功耗、体积减小，成本降低，编程和故障检测更加灵活方便，而且具有通信和联网、数据处理和图像显示等功能，使 PLC 真正成为具有逻辑控制、过程控制、运动控制、数据处理、联网通信和图像显示等功能的多功能控制器。

## 三、PLC 的特点与应用领域

### 1. PLC 的特点

PLC 技术之所以高速发展，除了工业自动化的客观需要外，主要是因为它具有许多独特的优点。它较好地解决了工业领域中普遍关心的可靠、安全、灵活、方便、经济等问题。PLC 主要具有以下特点：

（1）可靠性高、抗干扰能力强

可靠性高、抗干扰能力强是 PLC 最重要的特点之一。PLC 的平均无故障时间可达几十万个小时，之所以有这么高的可靠性，是由于它采用了一系列的硬件和软件的抗干扰措施。

硬件方面：I/O 通道采用光电隔离，有效地抑制了外部干扰源对 PLC 的影响；对供电电源及线路采用多种形式的滤波，从而消除或抑制了高频干扰；对 CPU 等重要部件采用良好的导电、导磁材料进行屏蔽，以减少空间电磁干扰；对有些模块设置了联锁保护、自诊断电路等。

软件方面：在 PLC 系统程序中设有故障检测和自诊断程序，能对系统硬件电路等故障实现检测和判断；当由外界干扰引起故障时，能立即将当前重要信息加以封存，禁止任何不稳定的读写操作，一旦外界环境正常，便可恢复到故障发生前的状态，继续原来的工作。

（2）编程简单、使用方便

目前，大多数 PLC 采用的编程语言是梯形图语言，它是一种面向生产、面向用户的编程语言。梯形图与电气控制线路图相似，形象、直观，不需要掌握计算机知识，很容易让广大工程技术人员掌握。当生产流程需要改变时，可以现场改变程序，使用方便、灵活。同时，PLC 编程器的操作和使用也很简单。许多 PLC 还针对具体问题，设计了各种专用编程指令及编程方法，进一步简化了编程。

（3）功能完善、通用性强

目前 PLC 产品已经标准化、系列化和模块化，功能更加完善，不仅具有逻辑运算、定时、计数、顺序控制等功能，而且还具有 A/D 和 D/A 转换、数值运算、数据处理、PID 控制、通信联网等功能。用户可根据需要灵活选用相应模块，以组成满足各种要求的控制系统。

（4）设计安装简单、维护方便

由于 PLC 用软件代替了传统电气控制系统的硬件，控制柜的设计、安装接线工作量大为减少。PLC 的用户程序大部分可在实验室进行模拟调试，缩短了应用设计和调试周期。

在维护方面，由于 PLC 的故障率极低，维护工作量很小，而且 PLC 具有很强的自诊断功能，如果出现故障，可根据 PLC 上的指示或编程器上提供的故障信息，迅速查明原因，维护极为方便。

**2. PLC 的应用领域**

目前，PLC 已广泛应用于冶金、石油、化工、建材、机械制造、电力、汽车、轻工、环保及文化娱乐等行业，随着 PLC 性能价格比的不断提高，其应用领域还在不断扩大。从应用类型看，PLC 的应用大致可归纳为以下几个方面：

（1）顺序控制

利用 PLC 最基本的逻辑运算、定时、计数等功能实现顺序控制，可以取代传统的继电器-接触器控制，用于单机控制、多机群控制、自动生产线控制等，例如，机床、注塑机、印刷机械、装配生产线、电镀流水线及电梯的控制等。这是 PLC 最基本的应用，也是 PLC 最广泛的应用领域。

（2）运动控制

大多数 PLC 有拖动步进电机或伺服电机的单轴或多轴位置控制模块，这一功能广泛用于各种机械设备，如对各种机床、装配机械、机器人等进行运动控制。

（3）过程控制

过程控制是指对温度、压力、流量等连续变化的模拟量的闭环控制。PLC 通过具有多路模拟量的 I/O 模块，实现模拟量和数字量的转换，并对模拟量实行闭环 PID 控制。这一功能已广泛用于锅炉、反应堆、水处理、酿酒以及闭环位置控制和速度控制等方面。

（4）数据处理

现代的 PLC 都具有数学运算、数据传送、转换、排序和查表等功能，可进行数据的采集、分析和处理，同时可通过通信接口将这些数据传送给其他智能装置，如计算机数值控制（CNC）设备，进行处理。

（5）通信联网

PLC 的通信包括 PLC 与 PLC、PLC 与上位计算机、PLC 与其他智能设备（如变频器、触摸屏等）之间的通信，PLC 系统与通用计算机可直接或通过通信处理单元、通信转换单元相连构成网络，以实现信息的交换，并可构成“集中管理、分散控制”的多级分布式控制系统，满足工厂自动化系统发展的需要。

## 四、PLC 的分类

PLC 产品种类繁多，其规格和性能也各不相同。对 PLC 的分类，通常根据其结构形式的不同、功能的差异和 I/O 点数的多少等进行大致分类。

**1. 按结构形式分类**

根据 PLC 的结构形式不同，可将 PLC 分为整体式和模块式两类。

（1）整体式 PLC，又称单元式或箱体式 PLC，它是将电源、CPU、I/O 接口等部件都集中装在一个机箱内，具有结构紧凑、体积小、价格低的特点。小型 PLC 一般采用这种整体式结构。整体式 PLC 一般还可配备特殊功能单元、模拟量单元、位置控制单元、数据输入输出单元等，使其功能得以扩展。图 1-3 所示为整体式 PLC 外观图。

（2）模块式 PLC，又称积木式 PLC，模块式 PLC 是将 PLC 各组成部分分别做成若干个单独的模块，如 CPU 模块、I/O 模块、电源模块以及各种功能模块。模块式 PLC 由框架或基板和各种模块组成，模块装在框架或基板的插座上。模块式 PLC 的特点是配置灵活，可根据需要选配不同规模的系统，而且装配方便，便于扩展和维修。大中型 PLC 一般采用模块式结构。图 1-4 所示为模块式 PLC 外观图。

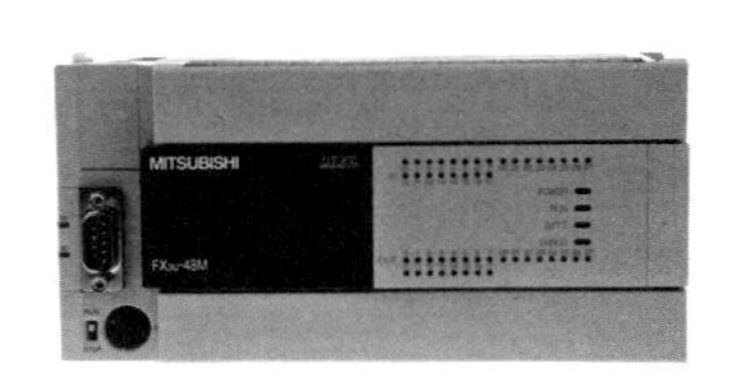


图 1-3 整体式 PLC 外观图

图 1-4 模块式 PLC 外观图

还有一些 PLC 将整体式和模块式的特点结合起来，构成所谓叠装式 PLC。叠装式 PLC 其 CPU、电源、I/O 接口等也是各自独立的模块，但它们之间是靠电缆进行连接，并且各模块可以一层层地叠装。这样，不但系统可以灵活配置，还可做得体积小巧。

**2. 按 I/O 点数分类**

根据 PLC 的 I/O 点数的多少，可将 PLC 分为小型、中型和大型三类。

（1）小型 PLC　I/O 点数为 256 点以下的为小型 PLC。其中，I/O 点数小于 64 点的为超小型或微型 PLC。

（2）中型 PLC　I/O 点数为 256 点以上、2 048 点以下的为中型 PLC。

（3）大型 PLC　I/O 点数为 2 048 以上的为大型 PLC。其中，I/O 点数超过 8 192 点的为超大型 PLC。

在实际使用中，一般 PLC 功能的强弱与其 I/O 点数的多少是相互关联的，即 PLC 的功能越强，其可配置的 I/O 点数越多。因此，通常所说的小型、中型、大型 PLC，除指其 I/O 点数不同外，同时也表示其对应功能为低档、中档、高档。

## 五、PLC 的基本组成

PLC 的结构多种多样，但其组成的一般原理相同，都是采用以微处理器为核心的结构，实际上可以说可编程控制器是一种新型的工业控制计算机。

PLC 的硬件主要由中央处理器（CPU）、存储器、输入单元、输出单元、通信接口、扩展接口和电源等部分组成。其中，CPU 是 PLC 的核心，输入单元与输出单元是连接现场输入/输出设备与 CPU 之间的接口电路，通信接口用于与编程器、上位计算机等外设连接。整体式 PLC 组成框图如图 1-5 所示。

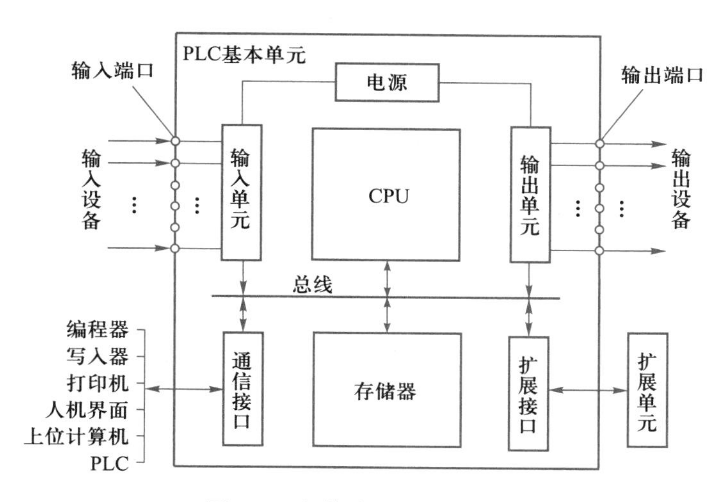


图 1-5　整体式 PLC 组成框图

**1. 中央处理器（CPU）**

同一般的微机一样，CPU 是 PLC 的核心。目前，小型 PLC 为单 CPU 系统，而中、大型 PLC 则大多为双 CPU 系统，甚至有些 PLC 中多达 8 个 CPU。在 PLC 中 CPU 按系统程序赋予的功能，指挥 PLC 有条不紊地进行工作，归纳起来主要有以下几个方面：

（1）接收从编程器输入的用户程序和数据，送入存储器存储。

（2）诊断电源、PLC 内部电路的工作故障和编程中的语法错误等。

（3）通过扫描方式接收输入设备的状态信息，并存入输入映像寄存器中。

（4）执行用户程序，从存储器逐条读取用户程序，经过解释后执行。

（5）根据执行的结果，更新有关标志位的状态和输出映像寄存器的内容，通过输出单元实现输出控制。有些 PLC 还具有制表打印或数据通信等功能。

**2. 存储器**

存储器主要用于存放系统程序、用户程序及工作数据。

系统程序是由 PLC 的制造厂家编写的，和 PLC 的硬件组成有关，完成系统诊断、命令解释、功能子程序调用管理、逻辑运算、通信及各种参数设定等功能，提供 PLC 运行的平台。系统程序关系到 PLC 的性能，而且在 PLC 使用过程中不会变动，所以是由制造厂家直接固化在 ROM、PROM 或 EPROM 中，用户不能访问和修改。

用户程序是随 PLC 的控制对象而定的，是用户根据对象生产工艺的控制要求而编制的应用程序。为了便于读出、检查和修改，用户程序一般存储于 CMOS 静态 RAM 中，用锂电池作为后备电源，以保证掉电时不会丢失信息。为了防止干扰对 RAM 中程序的破坏，当用户程序经过运行调试，不需要改变时，可将其固化在 EPROM 中。现在有许多 PLC 直接采用 EEPROM 作为用户存储器。

工作数据是 PLC 运行过程中经常变化、经常存取的一些数据。存放在 RAM 中，以适应随机存取的要求。在 PLC 的工作数据存储器中，设有存放输入输出继电器、辅助继电器、定时器、计数器等逻辑器件的存储区，这些器件的状态都是由用户程序的初始设置和运行情况而确定的。根据需要，部分数据在掉电时用后备电池维持其现有的状态，这部分在掉电时可保存数据的存储区域称为保持数据区。

**3. 输入/输出单元**

输入/输出单元通常也称 I/O 单元或 I/O 模块，是 PLC 与工业生产现场之间的连接部件。PLC 通过输入接口可以检测被控对象的各种数据，以这些数据作为 PLC 对被控制对象进行控制的依据；同时 PLC 又通过输出接口将处理结果送给被控制对象，以实现控制目的。

由于外部输入设备和输出设备所需的信号电平是多种多样的，而 PLC 内部 CPU 的处理信息只能是标准电平，所以 I/O 接口要实现这种转换。I/O 接口一般具有光电隔离和滤波功能，以提高 PLC 的抗干扰能力。另外，I/O 接口上通常还有状态指示，工作状况直观显示，便于维护。

PLC 提供了多种操作电平和驱动能力的 I/O 接口，有各种各样功能的 I/O 接口供用户选用。I/O 接口的主要类型有：数字量（开关量）输入、数字量（开关量）输出、模拟量输入、模拟量输出等。

常用的开关量输入接口按其使用的电源不同有 3 种类型：直流输入接口、交流输入接口和交/直流输入接口，如图 1-6 所示。$FX_{3U}$-48MR 型 PLC 的输入接口为直流输入接口，PLC 内部提供了 24 V 直流电压，故输入信号无须外加电源。

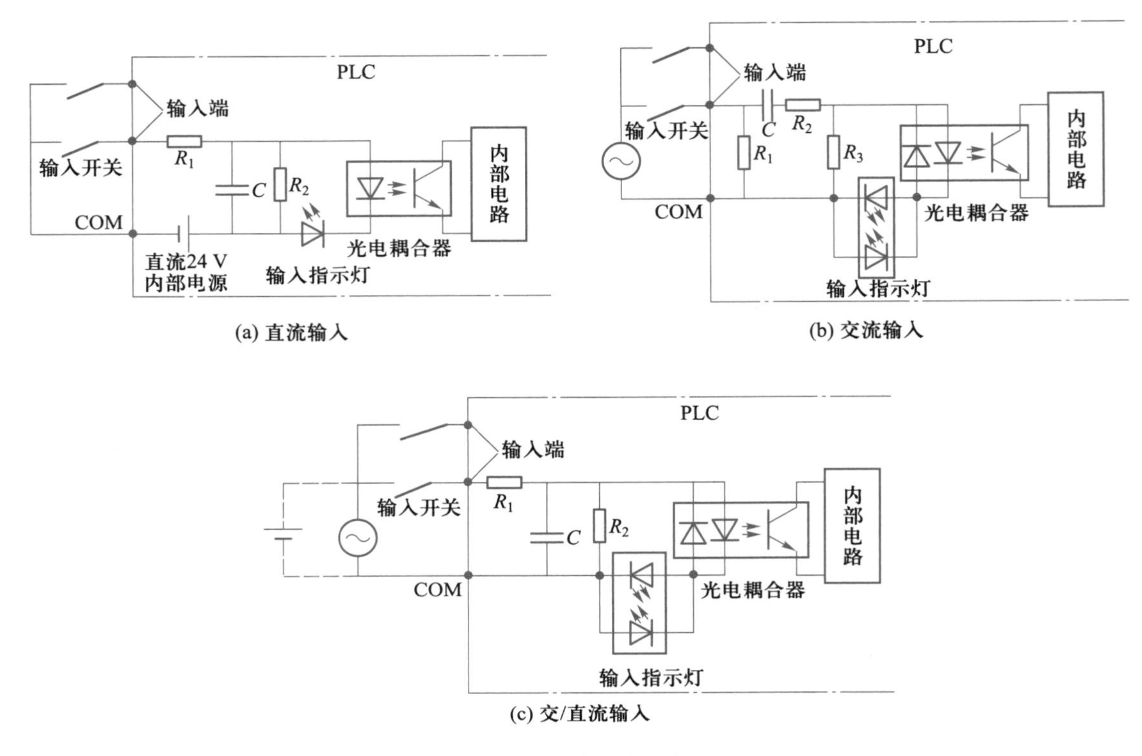


图 1-6　开关量输入接口

常用的开关量输出接口按输出开关器件不同有 3 种类型：继电器输出、晶体管输出和双向晶闸管输出，如图 1-7 所示。继电器输出接口可驱动交流或直流负载，但其响应时间长，动作频率低；而晶体管输出和双向晶闸管输出接口的响应速度快，动作频率高，但前者只能用于驱动直流负载，后者只能用于交流负载。$FX_{3U}$-48MR 型 PLC 的输出接口为继电器输出接口，可接交流或直流负载。

PLC 的 I/O 接口所能接收的输入信号个数和输出信号个数称为 PLC 输入/输出（I/O）点数。I/O 点数是选择 PLC 的重要依据之一。当系统的 I/O 点数不够时，可通过 PLC 的 I/O 扩展接口对系统进行扩展。

**4. 通信接口**

PLC 配有各种通信接口，这些通信接口一般带有通信处理器。PLC 通过这些通信接口可与监视器、打印机、其他 PLC、计算机等设备实现通信。PLC 与打印机连接，可将过程信息、系统参数等输出打印；与监视器连接，可将控制过程图像显示出来；与其他 PLC 连接，可组成多机系统或连成网络，实现更大规模的控制。与计算机连接，可组成多级分布式控制系统，实现控制与管理相结合。

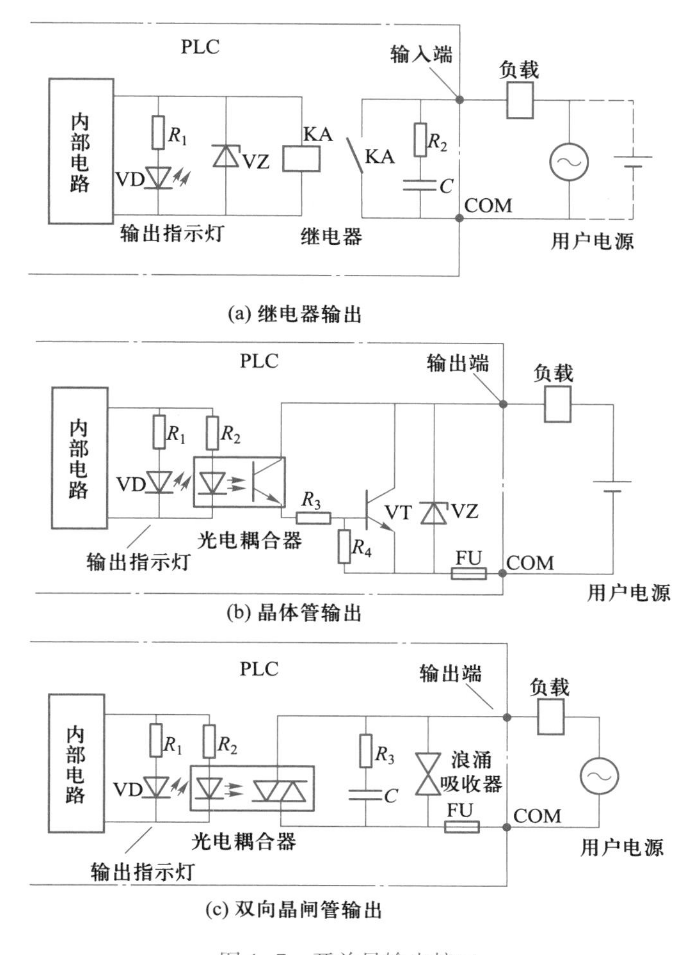


图 1-7 开关量输出接口

**5. 编程装置**

编程装置的作用是编辑、调试、输入用户程序，也可在线监控 PLC 内部状态和参数，与 PLC 进行人机对话。它是开发、应用、维护 PLC 不可缺少的工具。编程装置可以是专用编程器，也可以是配有专用编程软件包的通用计算机系统。专用编程器是由 PLC 厂家生产，专供该厂家生产的某些 PLC 产品使用，它主要由键盘、显示器和外存储器接插口等部件组成。专用编程器有简易编程器和智能编程器两类。

专用编程器只能对指定厂家的几种 PLC 进行编程，使用范围有限，价格较高。同时，由于 PLC 产品不断更新换代，所以专用编程器的生命周期也十分有限。因此，现在的趋势是使用以个人计算机为基础的编程装置，用户只要购买 PLC 厂家提供的编程软件和相应的硬件接口装置。这样，用户只用较少的投资即可得到高性能的 PLC 程序开发系统。

基于个人计算机的程序开发系统功能强大，它既可以编制、修改 PLC 的梯形图程序，又可以监视系统运行、打印文件、系统仿真等。配上相应的软件还可实现数据采集和分析等功能。

**6. 电源**

PLC 配有开关电源，以供内部电路使用。与普通电源相比，PLC 电源的稳定性好、抗干扰能力强。对电网提供的电源稳定度要求不高，一般允许电源电压在其额定值 10%~15%的范围内波动。许多 PLC 还向外提供直流 24 V 稳压电源，用于对外部传感器供电。为了防止在外部电源发生故障的情况下 PLC 内部程序和数据等重要信息的丢失，PLC 用锂电池作为停电的后备电源。

**7. 其他外部设备**

除了以上所述的部件和设备外，PLC 还有许多外部设备，如 EPROM 写入器、外存储器、人机接口装置等。

## 六、认识 $FX_{3U}$-48MR 型 PLC

可编程控制器的种类和型号很多，外部的结构也各有特点，但不管哪种类型，PLC 的外部结构基本包括 I/O 端口（用于连接外围 I/O 设备）、PLC 与编程器连接口、PLC 执行方式开关、LED 指示灯（包括 I/O 指示灯、电源指示灯、PLC 运行指示灯和 PLC 程序自检错误指示灯）和 PLC 通信连接与扩展接口等。$FX_{3U}$是三菱小型 PLC 系列之一，适用于各行各业、各种场合中的检测、监测及控制的自动化。图 1-8 所示为 $FX_{3U}$-48MR 型可编程控制器的外部结构。

图 1-8　$FX_{3U}$-48MR 型可编程控制器的外部结构

**1. $FX_{3U}$-48MR 型号的含义**

FX——系列号，是由日本三菱电机公司研制开发的小型 PLC。

3U——子系列号。

48——输入/输出的总点数，$FX_{3U}$系列输入/输出为 16~256 点。

M——单元类型，M—基本单元；E—输入/输出混合扩展模块；EX—输入扩展模块；EY—输出扩展模块。

R——输出形式，R—继电器输出；S—双向晶闸管输出；T—晶体管输出。

继电器输出为 2 A/点，晶体管输出为 0.5 A/点，双向晶闸管输出为 0.3 A/点。

**2. 输入/输出接线端子**

包括 0V 端（输入公共端）、输入接线端（X000~X027）、PLC 电源接线端、S/S 和 24 V 电源接线端，主要用于电源、输入信号的连接，当输入信号采用漏型输入时，须将 S/S 和 24 V 电源接线端连接在一起，另外，直流 24 V 和 0 V 端是 PLC 为有源传感器输入回路提供小容量直流 24 V 电源的端子。

**3. 输入/输出动作指示灯**

若某输入点接通，则相应的输入指示灯点亮，同样，若某输出信号被驱动，则对应的输出指示灯也将点亮。

**4. 状态指示灯**

POWER：电源指示灯。

RUN：运行指示灯。

BATT：电池电压下降指示灯。

ERROR：出错指示灯。

当只有 POWER 亮时，PLC 已经接入电源，但运行开关未打开或运行，端子没有接通，这时 PLC 不运行内部程序或处于编程状态。

当 POWER、RUN 同时亮时，PLC 处于正常运行状态。

当 POWER 亮，ERROR 闪烁时，表示 PLC 的程序出错，PLC 停止运行。

当 POWER、ERROR 同时亮时，一般是硬件故障造成的，PLC 停止运行，多数是由 CPU 外围电路及 I/O 板故障引起的。

**5. PLC 工作方式的手动选择开关、RS-422 通信接口**

PLC 执行方式选择开关：拨动开关，可手动对 PLC 进行“运行（RUN）/停止（STOP）”的选择。

RS-422 通信接口用于 PLC 与外部设备进行通信。

## 项目实施

（1）熟悉 PLC 实训场地。

（2）进行安全文明生产教育。

（3）在设备不通电的情况下对 $FX_{3U}$-48MR 型 PLC 进行外观认识。

（4）进行实训室管理规范要求介绍。

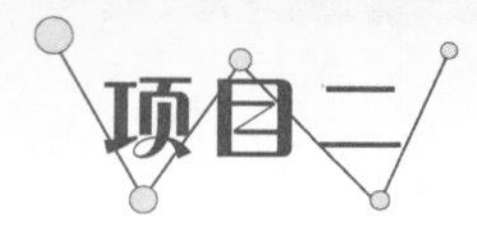

# 项目二 三相异步电动机点动正转控制

## 项目目标

1. 熟悉可编程控制器的工作原理。
2. 熟悉可编程控制器的输入/输出的接线方法。
3. 会进行梯形图程序的输入、程序的下载与调试。

## 项目描述

图 2-1（a）所示为点动正转控制线路，该线路具有的功能是：按下 SB，电动机通电运行，松开 SB，电动机断电停转。按图 2-1（b）所示连接 PLC 的输入/输出信号连接线，按图 2-1（c）所示使用 GX Developer 进行点动控制线路梯形图程序的编制，将程序写入 PLC，进行调试与监控，达到控制要求。

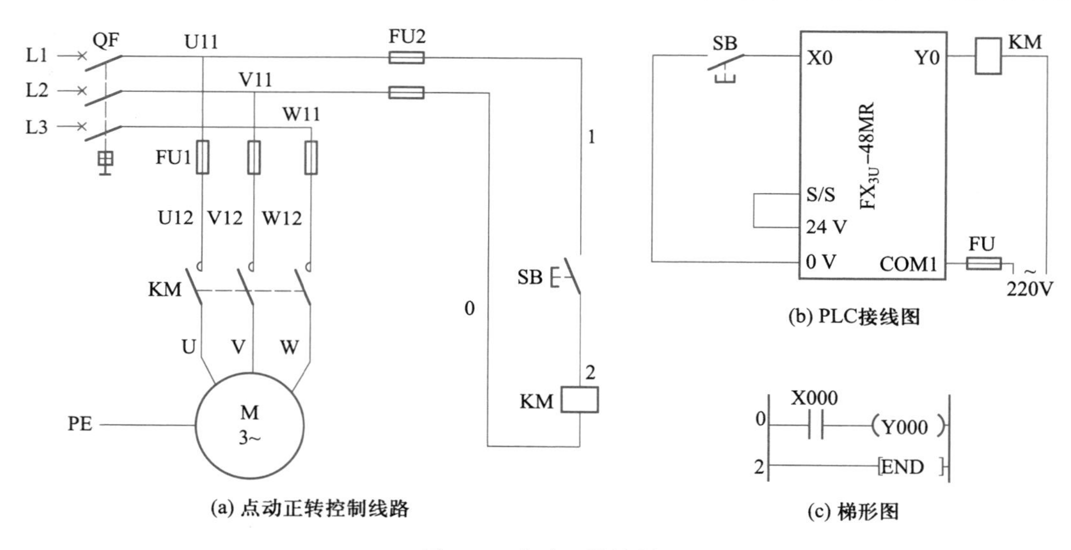


图 2-1　点动正转控制

## 知识准备

GX Developer Version 8. 86 编程软件是三菱通用性较强的编程软件，适用于 Q 系列、QnA 系列、A 系列以及 FX 系列的 PLC，可在 Windows 操作系统上运行，其界面和帮助文件均已汉化，占用的存储空间少，功能强，使用方便。

GX Developer 编程软件可以编写梯形图程序、指令语句表方式程序和状态转移图（SFC）程序，它支持在线和离线编程功能，不仅具有软元件注释、声明、注解及程序监视、测试、检查等功能，还能方便地实现程序的写入、读取、监控等功能。此外，它还具有运行写入功能，这样可以避免频繁操作 RUN/STOP 开关，方便程序调试。

## 一、GX Developer 编程软件的使用

### 1. 编程软件的启动与退出

启动 GX Developer 编程软件，可以通过双击桌面上的快捷图标实现。若要退出编程软件，则执行［工程］→［退出工程］命令，或直接单击关闭按钮也可退出编程软件。

### 2. 新建一个工程

进入编程环境后，如图 2-2 所示，工具栏中除了新建和打开按钮可见以外，其余按钮均不可见，单击图 2-2 中的 🗋（新建）按钮，或执行［工程］→［创建新工程］命令，出现图 2-3 所示界面。

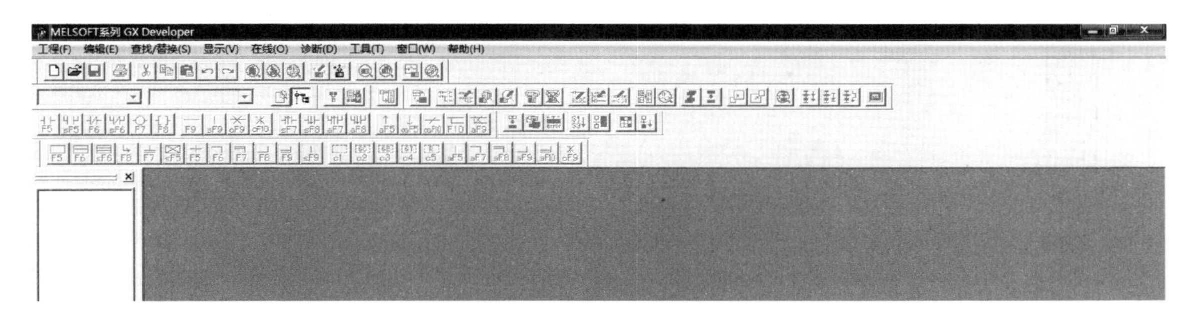


图 2-2 运行 GX Developer 后的界面

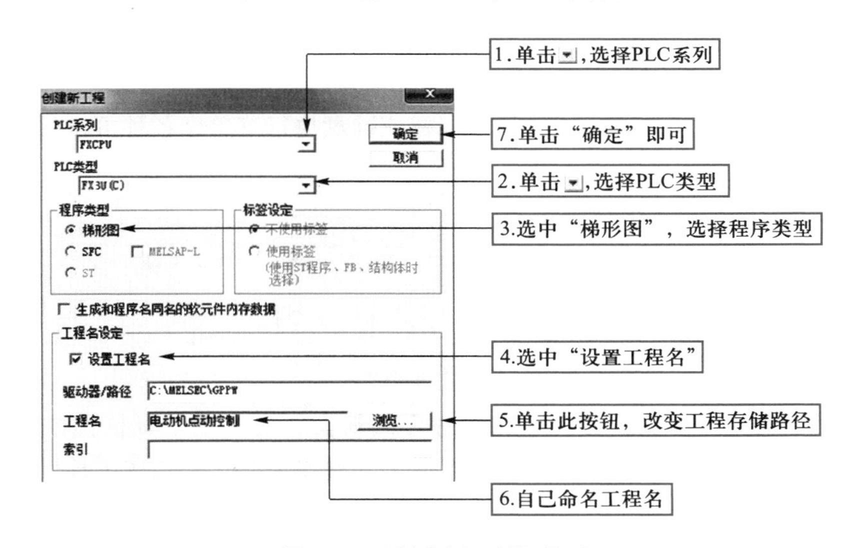


图 2-3 “创建新工程”界面

按图 2-3 所示选择 PLC 系列和类型，本教材选用 $FX_{3U}$-48MR 型可编程控制器，如图 2-4、图 2-5 所示。此外，设置项还包括程序类型和工程名设定。程序类型即梯形图和 SFC（顺控程序），工程名设定即设置工程的保存路径和工程名称等，工程名设定也可一开始不进行设置，在编程过程中通过另存工程或保存工程进行设置，也可在关闭程序时按提示进行设置。注意，PLC 系列和 PLC 类型两项必须设置，且必须与所连接的 PLC 一致，否则程序将无法写入 PLC，设置好上述各项后出现图 2-6 所示的程序编辑窗口，即可进行程序的编制。

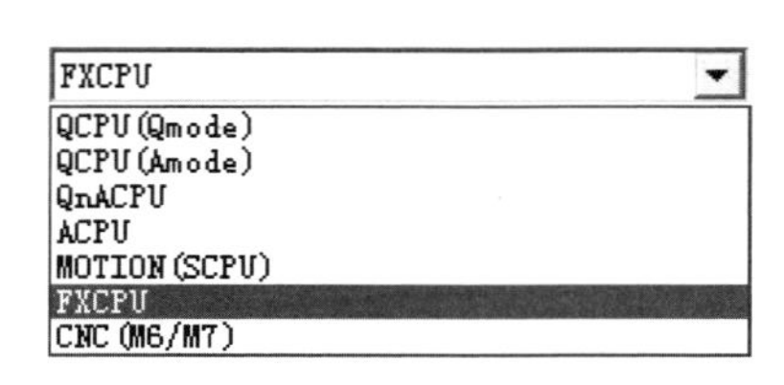


图 2-4　PLC 系列选择下拉框

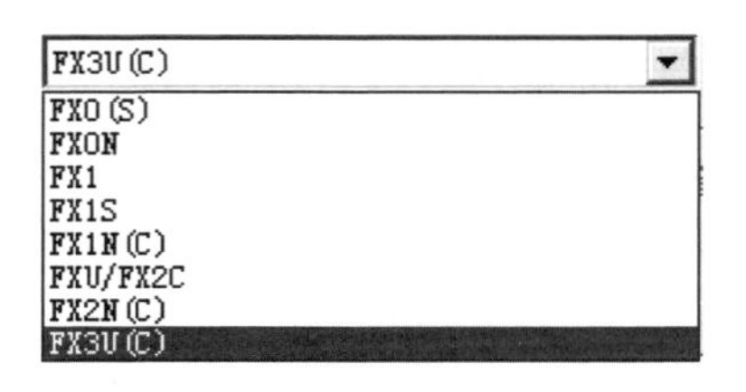


图 2-5　PLC 类型选择下拉框

图 2-6　程序编辑窗口

### 3. 程序编辑窗口介绍

程序编辑窗口分为 6 个区域：标题栏、菜单栏、工具栏、编辑区、工程数据列表和状态栏。

（1）菜单栏

程序编辑窗口菜单栏有 10 个菜单，允许使用鼠标或键盘执行菜单中各种可执行的命令。菜单栏如图 2-7 所示。

图 2-7　GX Developer 软件菜单栏

（2）工具栏

工具栏提供了常用命令或工具的快捷按钮，程序编辑窗口有 8 个工具栏：标准、数据切换、梯形图符号、程序、注释、软元件内存、SFC 和 SFC 符号。标准工具栏和程序工具栏如图 2-8 和图 2-9 所示。

图 2-8　标准工具栏

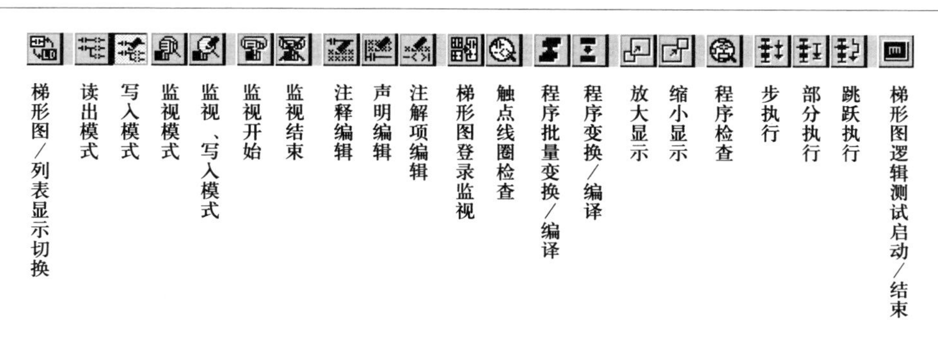


图 2-9　程序工具栏

**4. 打开、保存和关闭工程**

（1）打开工程

打开工程即读取已保存过的工程程序。操作方法是单击工具栏上的 按钮，或执行［工程］→［打开工程］命令，出现图 2-10 所示对话框，单击要打开的工程名，这个工程名就会自动显示在“工程名”栏中，然后单击“打开”按钮即可，或双击要打开的工程名，即完成打开功能。

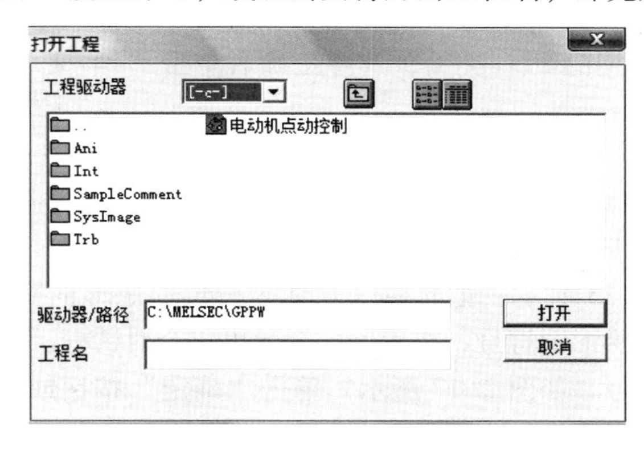


图 2-10　“打开工程”对话框

（2）保存工程

保存工程的操作可以按 Ctrl+S 快捷键，或单击工具栏上的 按钮，或执行［工程］→［保存工程］命令。如果是一个事先未设定过工程名的工程程序，就会出现图 2-11 所示的对话框，在对话框内选择存储路径和设定工程名，之后单击“保存”按钮即可。

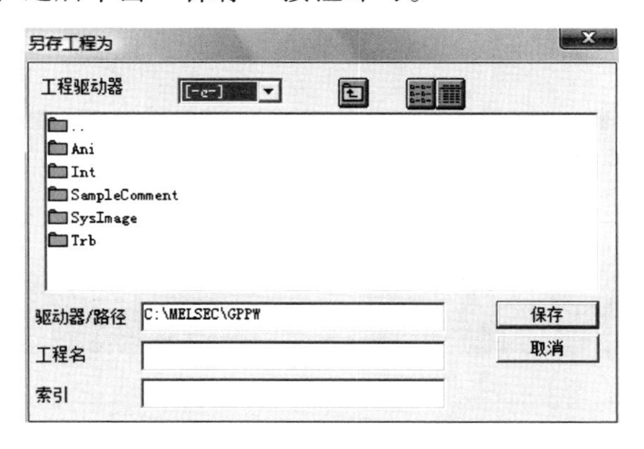


图 2-11　“另存工程为”对话框

（3）关闭工程

关闭一个没有事先设定工程名的程序或一个正在编辑的程序时，会弹出一个提示框，如图 2-12 所示，如果希望保存就选择“是”，否则就选择“否”。

如果弹出的是图 2-13 所示的提示框，则说明程序中含有未变换的梯形图，需要处理后再关闭，操作方法是在该提示框内选择“否”，然后到编辑界面上进行梯形图变换，处理完成后再关闭。

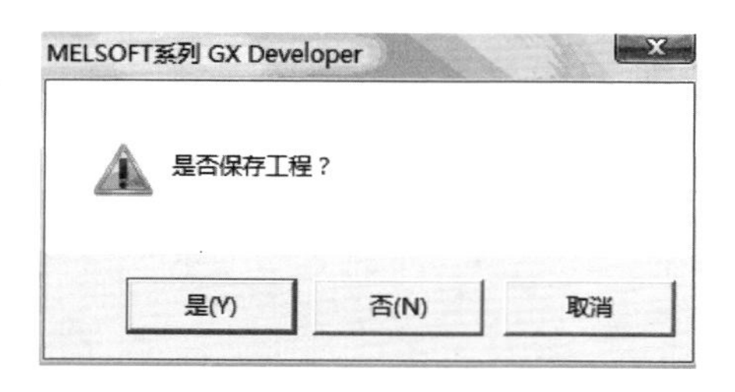


图 2-12　“是否保存工程”提示框

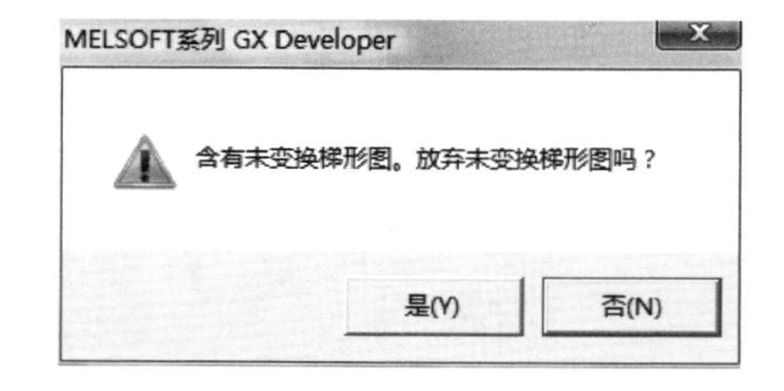


图 2-13　含有未变换梯形图的提示框

**5. 改变 PLC 类型**

若创建新工程时没有正确选择 PLC 系列和 PLC 类型两项设置，造成所编制的程序与连接的 PLC 类型不一致，程序无法写入 PLC，此时可执行［工程］→［改变 PLC 类型］命令，出现图 2-14 所示对话框，在“PLC 系列”和“PLC 类型”的下拉菜单中选择实际使用的 PLC 类型，选择正确后单击“确定”按钮即可。

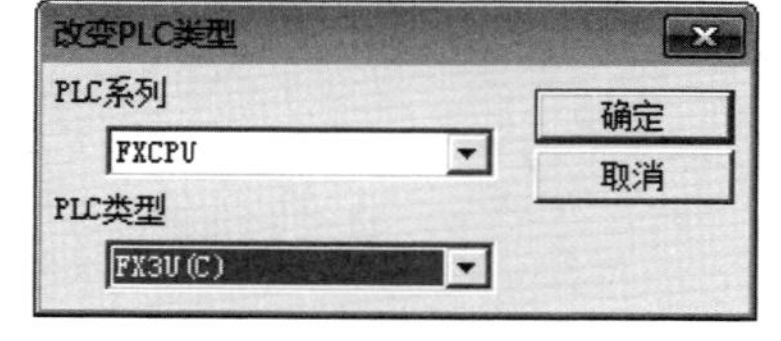


图 2-14　“改变 PLC 类型”对话框

**6. 软元件输入的方法**

软元件输入的方法主要有以下 4 种。

（1）直接从梯形图符号工具栏选取输入法

梯形图符号工具栏如图 2-15 所示，把光标（默认为蓝色的矩形框）放到需要输入软元件的位置后，在工具栏中单击要输入的梯形图符号，在编辑区会弹出一个对话框，如单击 F5，则出现图 2-16 所示对话框。用键盘输入软元件号，如图 2-17 所示。单击“确定”按钮或按 Enter 键即可。软元件就放置到编辑区，软元件号在梯形图上自动生成为 3 位数，如图 2-18 所示。

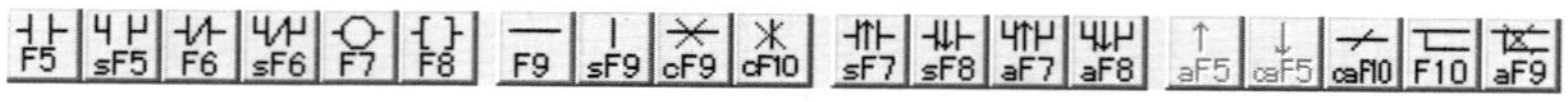

图 2-15　梯形图符号工具栏

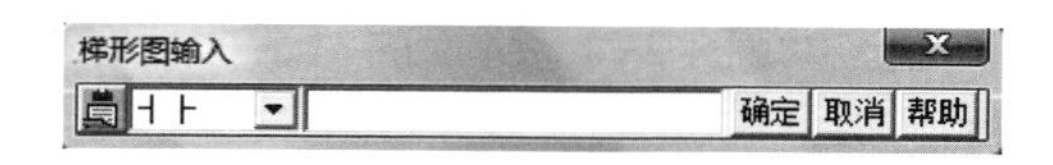


图 2-16　梯形图输入对话框

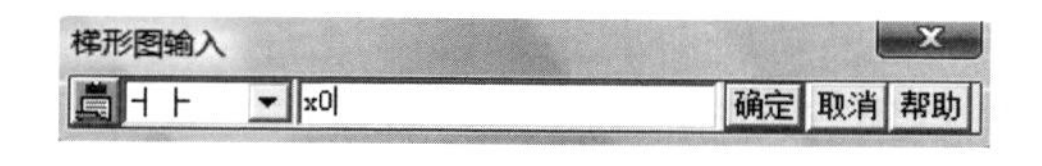


图 2-17　输入软元件号

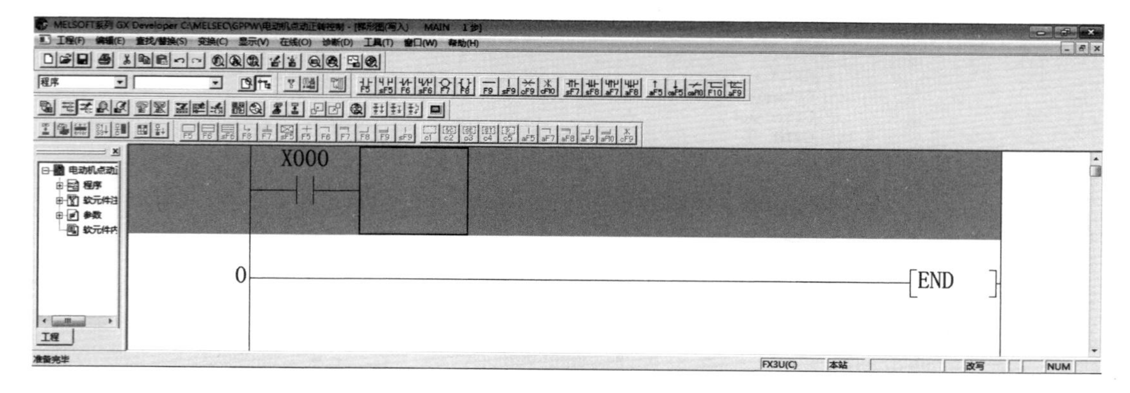


图 2-18　软元件显示

（2）双击输入法

把光标放到需要输入软元件的位置，双击后出现图 2-19 所示的对话框，单击“梯形图输入”的下拉按钮 ，选取相应的梯形图符号。用鼠标选取梯形图符号后，单击激活右边的输入框，输入软元件号，单击“确定”按钮，或按 Enter 键即可。

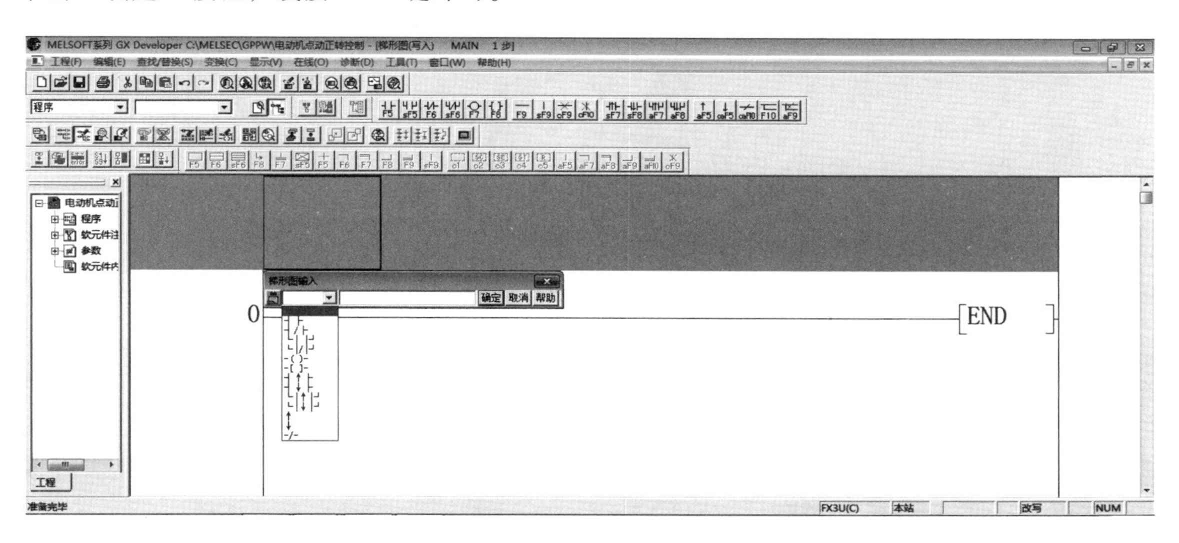


图 2-19　“软元件输入”对话框

（3）直接使用快捷键输入法

梯形图符号对应的快捷键如图 2-15 所示，其中 s、c、a、ca 分别表示 Shift、Ctrl、Alt、Ctrl+ Alt 等快捷键。把光标放到需要输入软元件的位置，如要输入梯形图符号 sF5 时，要把 Shift 和 F5 同时按下，在编辑区出现图 2-20 所示的梯形图输入对话框，在右框直接输入软元件后单击“确定”按钮或按 Enter 键即可。

（4）使用指令语句直接输入法

使用指令语句输入时可以不区分大小写，把光标放到需要输入软元件的位置，输入“ld x0”，如图 2-21 所示，输入后单击“确定”按钮或按 Enter 键即可。需要注意的是，指令代码与软元件之间一定要有空格。

图 2-20　快捷键梯形图输入框

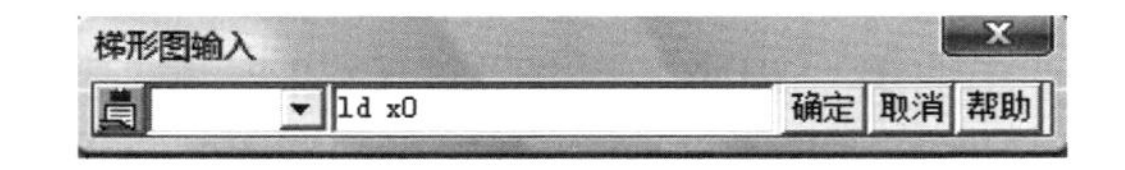


图 2-21　指令语句直接输入对话框

注意：输入的软元件符号和地址分配范围必须与所用 PLC 型号相一致。

**7. 连线的输入与删除**

在本软件中，连线的输入与删除与输入软元件的方法一样，可以采用单击梯形图工具栏相应的符号，也可以直接使用快捷键输入，如图 2-22 所示。

**8. 程序的变换**

所编制的程序若不进行变换，既不能保存到计算机里，也不能写入 PLC 内部。程序变换的方法是单击工具栏中的“变换”按钮，或单击程序变换图标 ，或直接按 F4 键，变换后的梯形图由灰色变成白色。如果程序存在明显的语法或电路错误，如断线、多线等，则转换会被拒绝，提醒修改程序后再转换，但能转换的程序不一定没有错误。

图 2-22　连线的输入与删除

**9. 程序的下载**

程序的下载是指把编写好的程序写入 PLC 内部，在下载前，先要将计算机的 RS232 串口与 PLC 的 RS422 编程口进行连接，连接的常用电缆为 SC09 编程通信转换接口电缆，如图 2-23 所示。将 PLC 的电源打开，使 PLC 处于“STOP”状态。

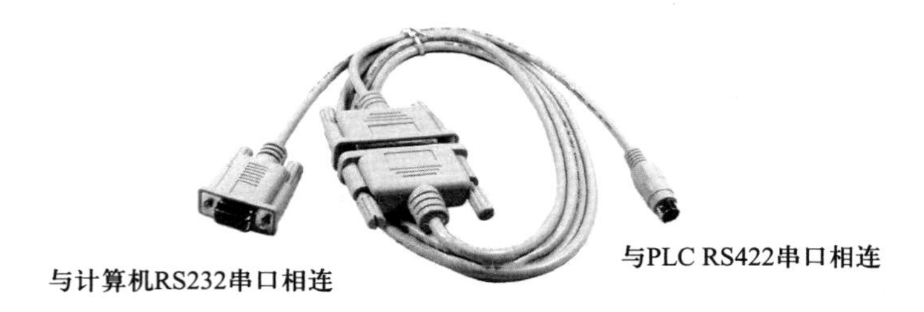


图 2-23　三菱 PLC 程序下载线

下载的步骤如下：

（1）执行“在线”→“PLC 写入”命令，如图 2-24 所示。

图 2-24　单击“在线”菜单中的“PLC 写入”

（2）出现图 2-25 所示的对话框。选择要下载的内容，如果未进行 PLC 参数的变更，则只要选中“程序”栏中的“MAIN”复选框就可以了。

（3）选中“程序”选项卡，如图 2-26 所示。在“指定范围”下拉菜单中选择“步范围”，开始为“0”，结束的步数为标题栏中显示的步数减 1 即可。如果不填写，直接单击“执行”按钮，则按全范围下载执行，这种情况下，下载执行时间较长。

（4）在执行程序下载之前最好对 PLC 进行内存的清除，以防止残余程序的干扰，方法是：单击图 2-26 中的“清除 PLC 内存”按钮，出现图 2-27 所示对话框，在“数据对象”中选中全部内容，单击“执行”按钮即可。

（5）内存清除完成后，在图 2-26 所示的界面中单击“执行”按钮后，再单击“是”按钮，则 PLC 执行写入。

**10. 在线监视**

在线监视是通过计算机界面，实时监视 PLC 执行情况，便于程序的调试。操作方法是单击工具栏中监视模式图标，或直接按 F3 键进入监视模式，处于监视模式的程序，其触点闭合、线圈驱动会显示蓝色，运行的定时器和数据寄存器会实时显示数值，如图 2-28 所示。

若要停止监视，则可单击写入模式图标，或按 Alt+F3 快捷键，监视被停止。

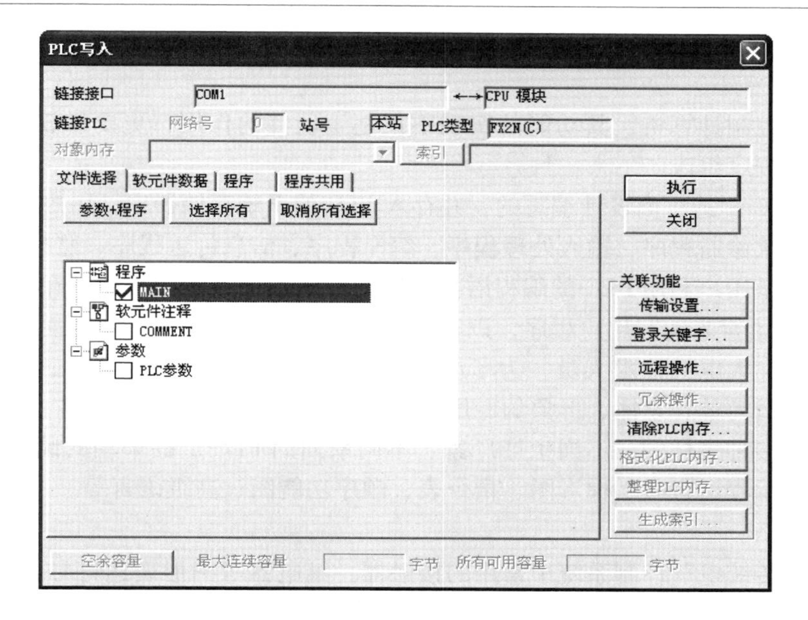


图 2-25　“PLC 写入”对话框

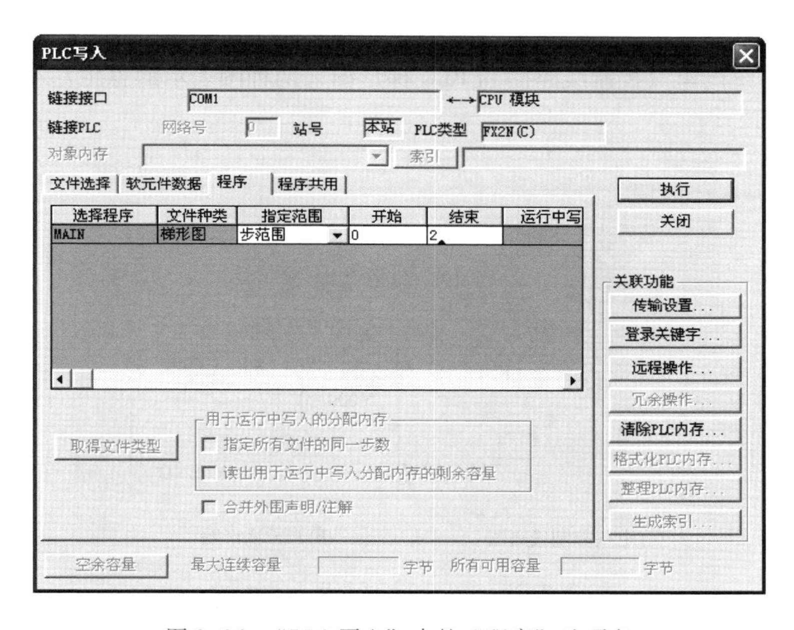


图 2-26　“PLC 写入”中的“程序”选项卡

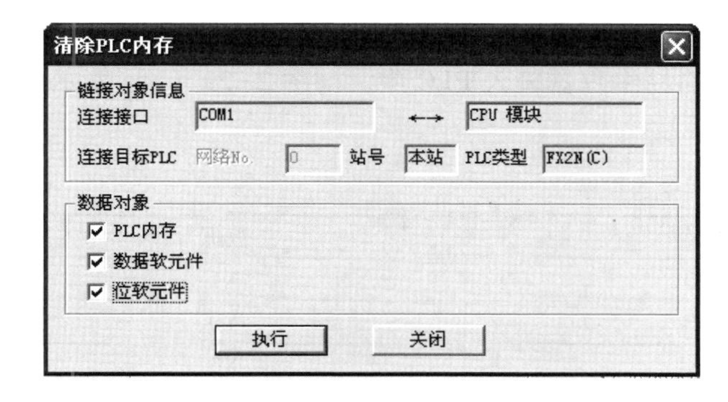


图 2-27　“清除 PLC 内存”对话框

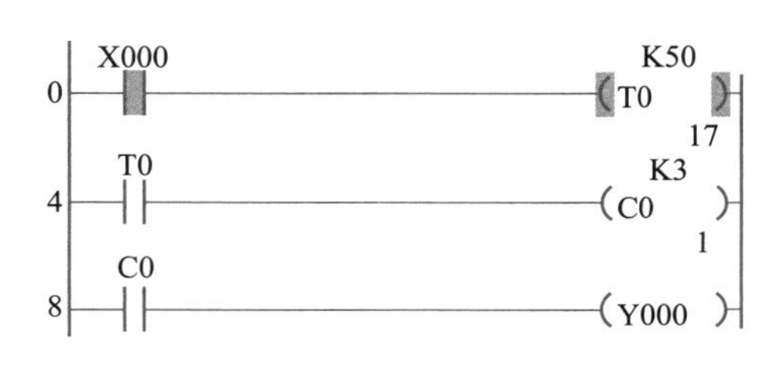


图 2-28　程序在线监视

## 二、PLC 的编程语言

PLC 是一种工业控制计算机，其功能的实现不仅基于硬件的作用，更要靠软件的支持。PLC 的软件由系统程序和用户程序组成。

系统程序是由 PLC 制造厂商设计编写的，并存入 PLC 的系统存储器中，用户不能直接读写与更改。系统程序一般包括系统诊断程序、输入处理程序、编译程序、信息传送程序、监控程序等。

PLC 的用户程序是用户利用 PLC 的编程语言，根据控制要求编制的程序。在 PLC 的应用中，最重要的是用 PLC 的编程语言来编写用户程序，以实现控制目的。由于 PLC 是专门为工业控制而开发的装置，其主要使用者是广大电气技术人员，为了满足他们的传统习惯和掌握能力，PLC 的主要编程语言采用比计算机语言相对简单、易懂、形象的专用语言。

PLC 编程语言是多种多样的，不同生产厂家、不同系列的 PLC 产品采用的编程语言的表达方式也不相同。目前常用的编程语言有：梯形图、指令表、顺序功能图、高级语言等。

### 1. 梯形图语言

梯形图语言是在传统电气控制系统中常用的接触器、继电器等图形表达符号的基础上演变而来的，它与电气控制线路图相似，继承了传统电气控制逻辑中使用的框架结构、逻辑运算方式和输入输出形式，具有形象、直观、实用的特点。因此，这种编程语言为广大电气技术人员所熟知，是应用最广泛的 PLC 编程语言。

图 2-29 所示是传统的电气控制线路图和 PLC 梯形图，两种图表示的思想基本上是一致的，具体表达方式有一定区别。

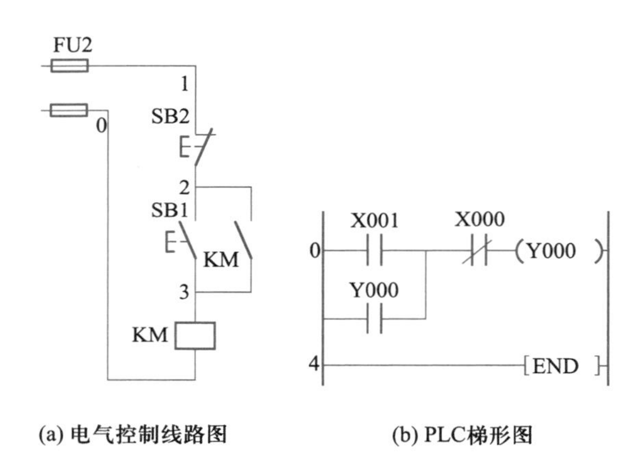


图 2-29　电气控制线路图与梯形图

### 2. 指令表语言

在 PLC 应用中，经常采用简易编程器，而这种编程器中没有大屏幕显示。因此，就用一系列 PLC 操作命令组成的指令表将梯形图描述出来，再通过简易编程器输入 PLC 中。与图 2-29（b）所示梯形图对应的（FX 系列 PLC）指令表程序见表 2-1。

表 2-1　指令表程序

| 步序号 | 指令 | 数据 |
|---|---|---|
| 0 | LD | X1 |
| 1 | OR | Y0 |
| 2 | ANI | X0 |
| 3 | OUT | Y0 |
| 4 | END | |

可以看出，指令是指令表程序的基本单元，每条指令一般由地址（步序号）、操作码（指令）和操作数（数据）三部分组成。

**3. 顺序功能图语言**

顺序功能图语言（SFC 语言）是一种较新的编程方法，又称状态转移图语言。它将一个完整的控制过程分为若干阶段，各阶段具有不同的动作，阶段间有一定的转换条件，转换条件满足就实现阶段转移，上一阶段动作结束，下一阶段动作开始。由此可见，这是用功能表图的方式来表达一个控制过程，对于顺序控制系统特别适用。

**4. 其他语言**

除了上述编程语言外，PLC 还可用逻辑图语言和高级语言编程，如 BASIC 语言、C 语言、PASCAL 语言等。

## 三、PLC 的工作原理

**1. 扫描工作原理**

当 PLC 运行时，是通过执行反映控制要求的用户程序来完成控制任务的，需要执行众多的操作，但 CPU 不可能同时去执行多个操作，它只能按分时操作（串行工作）方式，每一次执行一个操作，按顺序逐个执行。由于 CPU 的运算处理速度很快，所以从宏观上来看，PLC 外部出现的结果似乎是同时（并行）完成的。这种串行工作过程称为 PLC 的扫描工作方式。

用扫描工作方式执行用户程序时，扫描是从第一条程序开始，在无中断或跳转控制的情况下，按程序存储顺序的先后，逐条执行用户程序，直到程序结束。然后再从头开始扫描执行，周而复始重复运行。

PLC 的扫描工作方式与电气控制的工作原理明显不同。电气控制装置采用硬逻辑的并行工作方式，如果某个继电器的线圈通电或断电，那么该继电器的所有动合和动断触点不论处在控制线路的哪个位置上，都会立即同时动作；而 PLC 采用扫描工作方式（串行工作方式），如果某个软继电器的线圈被接通或断开，其所有的触点不会立即动作，必须等扫描到该触点时才会动作。但由于 PLC 的扫描速度很快，通常 PLC 与电气控制装置在 I/O 的处理结果上并没有什么差别。

**2. PLC 扫描工作过程**

PLC 的扫描工作过程除了执行用户程序外，在每次扫描工作过程中还要完成内部处理、通信服务工作。如图 2-30 所示，整个扫描工作过程包括内部处理、通信服务、输入取样、程序执行、输出刷新 5 个阶段。整个过程扫描执行一遍所需的时间称为扫描周期。扫描周期与 CPU 运行速度、PLC 硬件配置及用户程序长短有关，典型值为 1～100 ms。

在内部处理阶段，进行 PLC 自检，检查内部硬件是否正常，对监视定时器（WDT）复位以及完成其他一些内部处理工作。

在通信服务阶段，PLC 与其他智能装置实现通信等。

当 PLC 处于停止（STOP）状态时，只完成内部处理和通信服务工作。当 PLC 处于运行（RUN）状态时，除完成内部处理和通信服务工作外，还要完成输入取样、程序执行、输出刷新工作。

PLC 的扫描工作方式简单直观，便于程序的设计，并为可靠运行提供了保障。当 PLC 扫描到的指令被执行后，其结果马上就被后面将要扫描到的指令所利用，而且还可通过 CPU 内部设置的监视定时器来监视每次扫描是否超过规定时间，避免由于 CPU 内部故障使程序执行进入死循环。

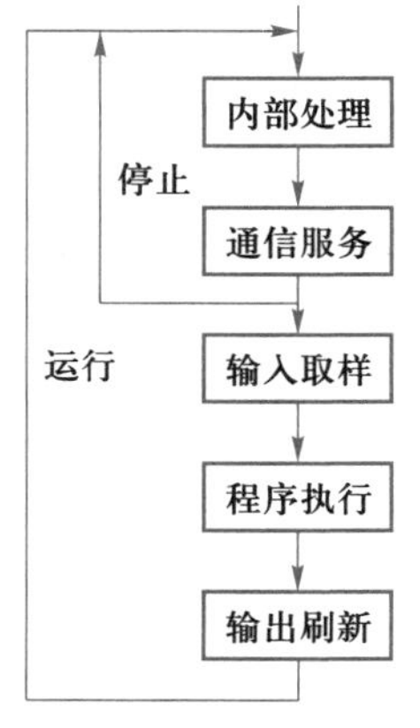


图 2-30　扫描过程示意图

### 3. PLC 执行程序的过程及特点

PLC 执行程序的过程分为 3 个阶段，即输入取样阶段、程序执行阶段、输出刷新阶段，如图 2-31 所示。

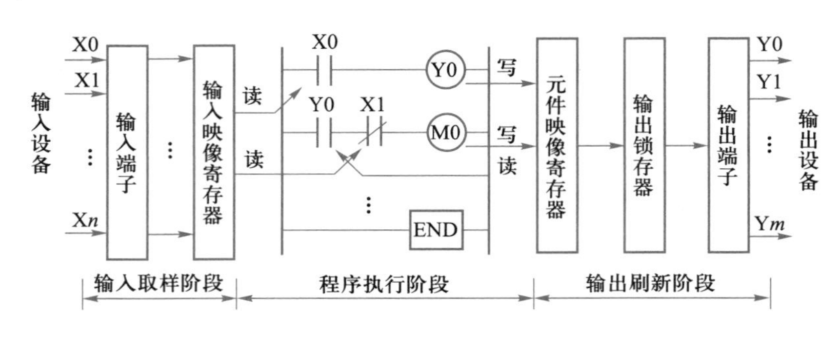


图 2-31　PLC 执行程序过程示意图

（1）输入取样阶段

在输入取样阶段，PLC 以扫描工作方式按顺序对所有输入端的输入状态进行取样，并存入输入映像寄存器中，此时输入映像寄存器被刷新。接着进入程序执行阶段，在程序执行阶段或其他阶段，即使输入状态发生变化，输入映像寄存器的内容也不会改变，输入状态的变化只有在下一个扫描周期的输入处理阶段才能被取样到。

（2）程序执行阶段

在程序执行阶段，PLC 对程序按顺序进行扫描执行。若程序用梯形图来表示，则总是按先上后下、先左后右的顺序进行。当遇到程序跳转指令时，则根据跳转条件是否满足来决定程序是否跳转。当指令中涉及输入、输出和其他软元件的状态时，PLC 从输入映像寄存器、输出映像寄存器和其他软元件映像寄存器中读出，根据用户程序进行运算，运算的结果再存入元件映像寄存器中。对于软元件映像寄存器来说，其内容会随程序执行的过程而变化（X 除外）。

（3）输出刷新阶段

当所有程序执行完毕，进入输出处理阶段。在这一阶段里，PLC 将输出映像寄存器中与输出有关的状态（输出继电器状态）转存到输出锁存器中，并通过一定方式输出，驱动外部负载。

因此，PLC 在一个扫描周期内，对输入状态的取样只在输入取样阶段进行。当 PLC 进入程序执行阶段后输入端将被封锁，直到下一个扫描周期的输入取样阶段才对输入状态进行重新取样。这种方式称为集中取样，即在一个扫描周期内，集中一段时间对输入状态进行取样。

在用户程序中如果对输出结果多次赋值，则最后一次有效。在一个扫描周期内，只在输出刷新阶段才将输出状态从输出映像寄存器中输出，对输出接口进行刷新。在其他阶段里输出状态一直保存在输出映像寄存器中。这种方式称为集中输出。

对于小型 PLC，其 I/O 点数较少，用户程序较短，一般采用集中取样、集中输出的工作方式，虽然在一定程度上降低了系统的响应速度，但使 PLC 工作时大多数时间与外部输入/输出设备隔离，从根本上提高了系统的抗干扰能力，增强了系统的可靠性。

而对于大中型 PLC，其 I/O 点数较多，控制功能强，用户程序较长，为提高系统响应速度，可以采用定期取样、定期输出方式，或中断输入、输出方式以及采用智能 I/O 接口等多种方式。

从上述分析可知，当 PLC 的输入端输入信号发生变化到 PLC 输出端对该输入变化作出反应，需要一段时间，这种现象称为 PLC 输入/输出响应滞后。对一般的工业控制，这种滞后是完全允许的。应该注意的是，这种响应滞后不仅是由于 PLC 扫描工作方式造成的，更主要的是 PLC 输入接口的滤波环节带来的输入延迟，以及输出接口中驱动器件的动作时间带来的输出延迟，同时还与程序设计有关。滞后时间是设计 PLC 应用系统时应注意把握的一个参数。

## 项目实施

### 一、输入程序并保存

根据图 2-1（a）所示梯形图，利用 GX Developer 编程软件将梯形图输入计算机并保存。其步骤如下：

（1）打开 GX Developer 软件，界面如图 2-2 所示。

（2）单击 🗋 按钮建立新工程，并选择 PLC 系列为 FXCPU，PLC 类型为 FX3U（C），然后单击“确定”按钮，如图 2-3 所示。

（3）将梯形图输入，并按 F4 键进行变换，最终生成图 2-1（c）所示的梯形图。

（4）按 Ctrl+S 快捷键保存工程，将工程保存到 D 盘根目录下，文件名为“点动控制线路”。

### 二、连接电路

根据图 2-1（b）所示的 PLC 输入/输出接线图连接电路，进行电气线路连接之前，首先确保设备处于断电状态。

**1. 输入接线连接**

PLC 的输入接口连接输入信号，器件主要有开关、按钮及各种传感器。本任务的输入信号为按钮 SB，将 SB 的一端连接到 X0，将 SB 的另一端连接到 PLC 上的 0 V 端，再将 PLC 上的 S/S 和 24 V 端相连。

应当指出，$FX_{3U}$系列 PLC 输入端的接线需接成漏型或源型，本例为漏型连接，但对于 $FX_{1S}$、$FX_{1N}$ 和 $FX_{2N}$系列 PLC 一般在内部已经接成源型或漏型，外部没有 S/S 接线端子。

**2. 输出接线连接**

PLC 输出接口上连接的器件主要是接触器、继电器、电磁阀的线圈、指示灯和蜂鸣器等，这些器件均采用 PLC 机外的专用电源供电，PLC 内部只是提供一组开关接点。本任务的输出信号是接触器线圈 KM，接入时 KM 线圈的一端接 PLC 输出点 Y0，KM 线圈的另一端接交流电源的一端，交流电源的另一端连接到 PLC 的 COM1 端。

电路连接结束后，一定要进行通电前的检查，保证电路连接正确。通电之后，要对输入点进行必要的检查，以达到正常工作的需要。

### 三、程序调试

调试设备达到规定的控制要求。

（1）下载 PLC 程序

在检查电路正确无误后，打开 PLC 电源，使 PLC 处于停止状态，连接 PLC 与计算机的 SC09 通信电缆，利用通信电缆将程序写入 PLC。

（2）程序功能调试

第一步：使 PLC 处于运行状态，按 F3 键，使 PLC 处于监视模式。

第二步：按下按钮 SB，观察 PLC 上的 X0 和 Y0，程序监视的状态是否如图 2-32 所示。

第三步：松开 SB，观察 PLC 上的 X0 和 Y0，程序监视的状态是否如图 2-1（c）所示。

如果每一步都满足要求，则说明程序完全符合工作要求，如果有不满足控制要求的地方，根据现象，利用程序

图 2-32　程序监视梯形图

的监控，找出错误的地方，修正程序后再重新调试。

操作完成后，将设备断电，并按管理规范要求整理工位。

## 项目评价

项目完成后，填写表 2-2 所示的调试过程记录表。对整个项目的完成情况进行评价与考核，可分为教师评价和学生自评两部分，参考评价表见附录表 A-1、附录表 A-2。

表 2-2 调试过程记录表

| 序号 | 项目 | 完成情况记录 | 备注 |
|---|---|---|---|
| 1 | 电路连接正确 | 是（ ） | |
| | | 不是（ ） | |
| 2 | 程序编写完成 | 是（ ） | |
| | | 不是（ ） | |
| 3 | 程序能下载 | 是（ ） | |
| | | 不是（ ） | |
| 4 | 程序能监控 | 是（ ） | |
| | | 不是（ ） | |
| 5 | 按下 SB，X0 接通，KM 通电 | 是（ ） | |
| | | 不是（ ） | |
| 6 | 松开 SB，X0 断开，KM 断电 | 是（ ） | |
| | | 不是（ ） | |
| 7 | 完成后，按照管理规范要求整理工位 | 是（ ） | |
| | | 不是（ ） | |

## 思考与实践

利用 GX Developer 编程软件，将图 2-29（b）所示的梯形图输入计算机。

# 项目三

# 三相异步电动机正转连续运行控制

## 项目目标

1. 熟悉输入、输出继电器（X、Y）的使用方法。
2. 熟悉基本逻辑指令 LD、LDI、OR、ORI、AND、ANI、OUT、END、SET、RST 的使用方法。
3. 熟悉梯形图的特点和设计规则。
4. 会编写与调试三相异步电动机连续正转控制的 PLC 程序。

## 项目描述

在电气控制中，通常规定：电源容量在 180 kV · A 以上、额定功率在 7 kW 以下的三相异步电动机可直接启动，三相异步电动机的正转连续运行是电动机运行控制中最常见的一种控制方式，如小型水泵的启停控制。

图 3-1 所示为继电器-接触器控制的三相异步电动机正转连续控制电路，合上电源开关 QS，按下启动按钮 SB2，接触器 KM 线圈通电，其动合辅助触点闭合并自锁，主触点闭合使电动机通电全压启动运行；按下 SB1，或电动机过载保护动作使其动断触点分断，接触器线圈断电，电动机停止运行。如何使用 PLC 对其控制呢？

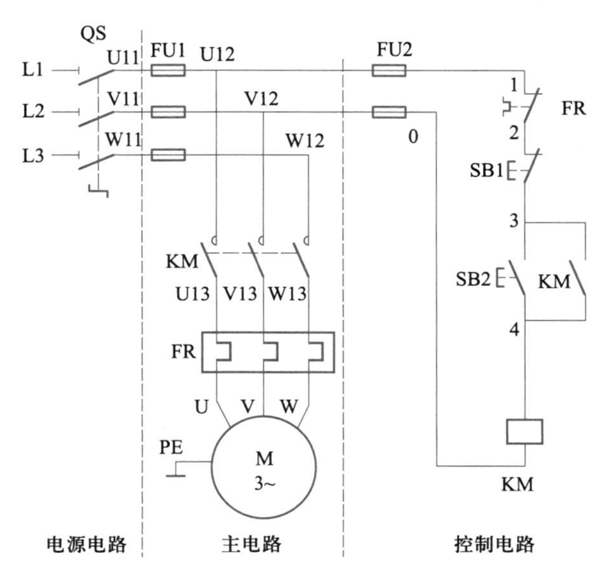


图 3-1　三相异步电动机正转连续控制电路

用 PLC 进行控制时电源电路和主电路仍然和传统继电器-接触器控制线路一样，只是控制电路不一样了，传统的继电器-接触器控制线路用实际线路的逻辑关系来实现控制，而 PLC 控制是用 PLC 程序来替代控制电路的硬件逻辑关系来实现控制。因此，在设计思路上往往有相通之处，首先要确定控制 PLC 的信号（输入信号）和 PLC 程序运行后去控制的对象（输出信号），显然，PLC 的输入信号与传统继电器-接触器控制线路的控制信号一样，可以是按钮、行程开关、传感器、热继电器触点等，如图 3-1 中 PLC 的输入信号为 SB1、SB2 和热继电器的动断触点 FR。PLC 的输出信号与传统继电器-接触器控制线路所控制的一样，可以是接触器线圈、电磁阀线圈、信号灯、蜂鸣器等，如图 3-1 中 PLC 的输出信号是接触器 KM 的线圈；再把这些设备与 PLC 对应相连，编制 PLC 程序，最后运行程序达到控制要求。

利用 PLC 编程元件中的输入/输出继电器，基本指令中的逻辑取指令、**或**指令、**与/与反**指令、结束和输出指令可实现上述控制要求。

## 知识准备

在可编程控制器中，编程软元件是其要素，是各种指令的操作对象，基本指令是其应用最频繁的指令，是程序设计的基础。

### 一、PLC 编程软元件

PLC 内部有许多具有不同功能的编程软元件，如输入继电器、输出继电器、辅助继电器、定时器、计数器等，它们不是物理意义上的实物继电器，而是由程序（即软件）来指定，是虚拟器件，其图形符号和文字符号也与传统继电器有所不同，所以称为软元件或软继电器。每个软元件都有无数对动合和动断触点供编程使用。

不同厂家不同型号的 PLC，编程软元件的数量和种类有所不同。三菱系列 PLC 软元件的图形符号与传统接触器、继电器符号的对照见表 3-1。

表 3-1　接触器、继电器与 PLC 软元件符号对照表

| | 线圈 | 动合触点 | 动断触点 |
|---|---|---|---|
| 接触器、继电器 | | | |
| PLC 软元件 | （　）或○ | | |

#### 1. 输入继电器（X）

输入继电器（X）是 PLC 专门用来接收外部输入信号的内部虚拟继电器，输入端与输入继电器之间经过光电隔离。由于是虚拟的，因此有无数的动合和动断触点可以使用。由于 PLC 所有的输入继电器只能由输入端接收外部控制信号来驱动，不能由程序来驱动，因此，在用户编写的程序中只能出现输入继电器的触点，而不能出现输入继电器的线圈。

由于输入端与输入继电器是一一对应的，所以有多少个输入继电器就有多少个输入端，FX 系列 PLC 的输入继电器用字母 X 表示，使用八进制地址编号，所以不存在“8”“9”的数值，$FX_{3U}$-48MR 型 PLC 的输入继电器编号为 X0～X7、X10～X17、X20～X27，共 24 个输入点，带扩展时输入继电器最多可达 184 点。

#### 2. 输出继电器（Y）

输出继电器（Y）是 PLC 专门用来将程序执行的结果信号经输出接口电路及输出端子，送达并控制外部负载的虚拟继电器。它在内部直接与输出接口电路相连，有无数的动合和动断触点可供使用，与

输入继电器不一样，输出继电器只能由程序来驱动。

输出继电器是PLC唯一能驱动外部负载的元件，输出端与输出继电器是一一对应的，所以有多少个输出继电器就有多少个输出端，FX系列PLC的输出继电器用字母Y表示，同样采用八进制地址编号，不存在“8”“9”的数值，$FX_{3U}$-48MR型PLC的输出继电器编号为Y0～Y7、Y10～Y17、Y20～Y27，共24个输出点，带扩展时输出继电器最多可达184点。

## 二、梯形图的特点和设计规则

梯形图与传统的继电器-接触器控制线路相近，在结构形式、元件符号及逻辑功能上类似，但梯形图有自己的特点及设计规则。

（1）梯形图中，每一个逻辑行（即一个梯级）必须驱动至少一个继电器线圈。每个梯级开始于左母线，然后是触点的连接，最后止于继电器线圈。左母线与线圈之间一定要有触点，而线圈与右母线之间不能有任何触点存在，如图3-2所示。

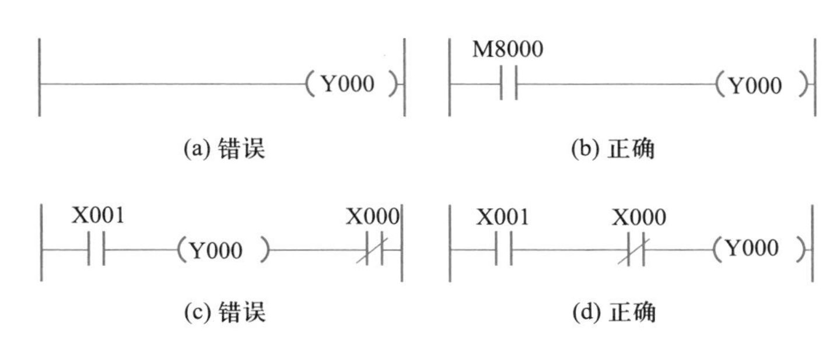


图3-2　触点与线圈连接说明

（2）梯形图中，当一个梯级的逻辑关系满足时，右边的输出线圈就通电，则这个线圈所对应的动合触点就闭合，动断触点就分断。

（3）梯形图中，梯形图两端的母线并非实际电源的两端，而是“假想”电流，“假想”电流只能从左向右流动。

（4）梯形图中，所有继电器的编号应在所选PLC软元件表所列范围之内，不能任意使用。同一编号的继电器线圈只能出现一次，而其触点可无限次使用。

同一编号的线圈在程序中使用两次或两次以上，称为双线圈输出，双线圈输出只有在特殊情况下才允许出现。如项目九中用步进指令编写的程序中，就允许双线圈出现。一般程序中如果出现双线圈输出，则容易引起误操作，这是因为程序中输出继电器的结果是唯一的。假如按控制要求画出的梯形图中出现如图3-3所示的双线圈输出，可以适当改变梯形图，如图3-4所示。

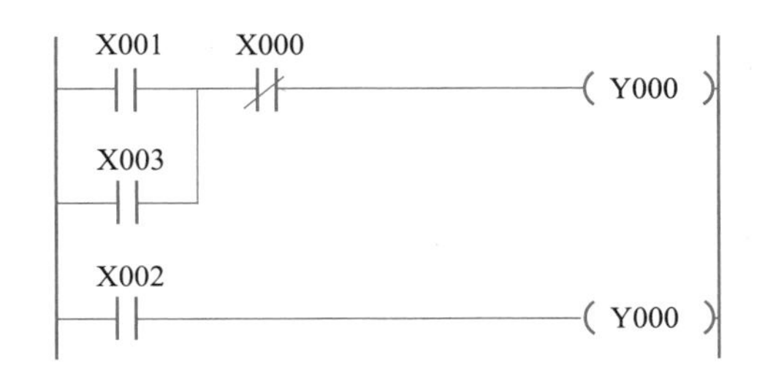


图3-3　双线圈输出的梯形图

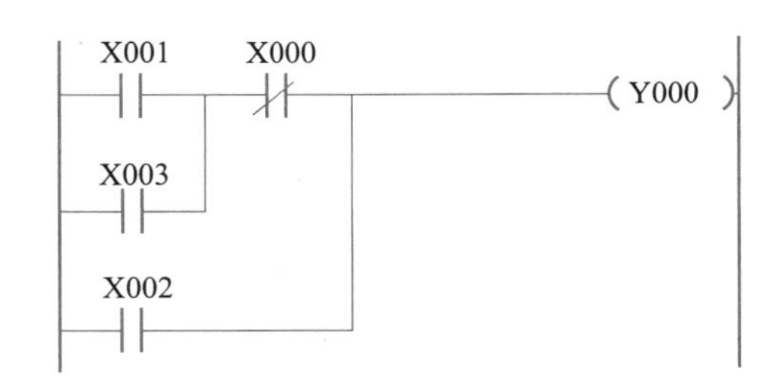


图3-4　避免双线圈输出的梯形图

（5）梯形图中，输入继电器只有触点，没有线圈。

（6）梯形图中，所有触点都应按自上而下、从左到右的顺序排列，并且触点只允许画在水平方向，如图3-5所示。

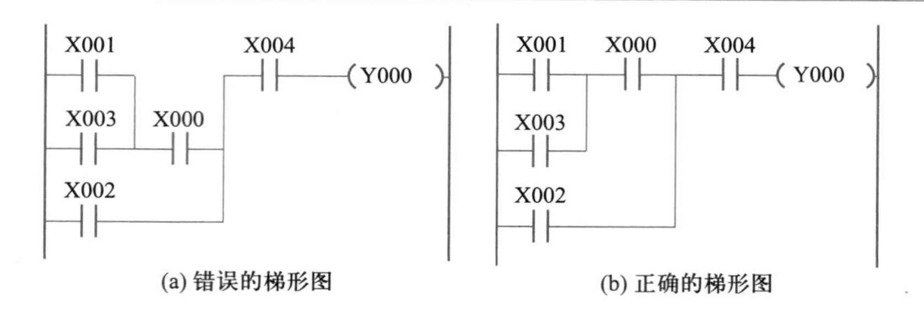

图 3-5　梯形图中触点的错误排列与正确排列

## 三、FX 系列 PLC 基本逻辑指令

要用指令语句表编写 PLC 控制程序，就必须熟悉 PLC 基本逻辑指令。

**1. LD/LDI　取/取反指令**

功能：逻辑运算开始指令，取单个动合/动断触点与左母线或分支母线相连接，操作元件有 X、Y、M、T、C、S。

**2. OUT　驱动线圈（输出）指令**

功能：驱动线圈的输出指令。操作元件有 Y、M、T、C、S。

注意：输出线圈不能串联输出，可并行输出，在梯形图中相当于线圈的并联。LD/LDI 及 OUT 指令的用法如图 3-6 所示。

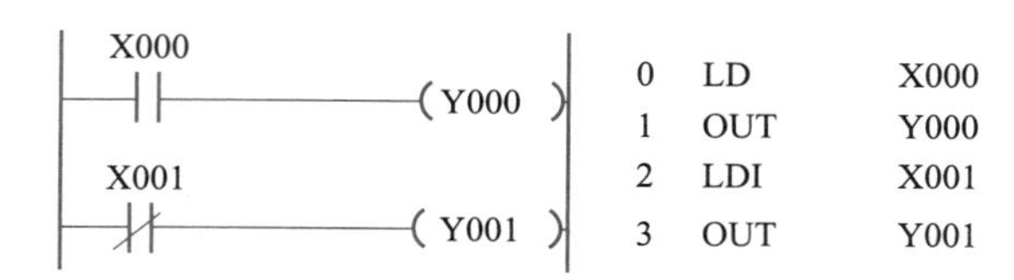

图 3-6　LD/LDI 及 OUT 指令的用法

**3. AND/ANI　与/与反指令**

功能：串联单个动合/动断触点指令。

**4. OR/ORI　或/或反指令**

功能：并联单个动合/动断触点指令。

AND/ANI 和 OR/ORI 指令可以连续使用，并且不受使用次数的限制，AND/ANI 和 OR/ORI 指令表示该指令与前面最近的一个 LD 或 LDI 整体之间的一种逻辑关系，AND/ANI 和 OR/ORI 指令的用法如图 3-7 所示。

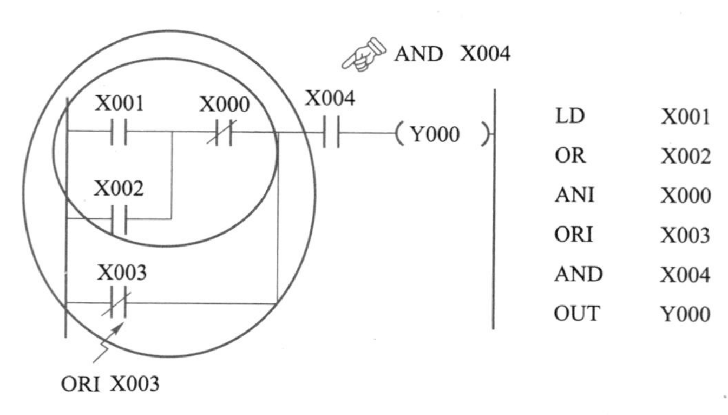

图 3-7　AND/ANI 和 OR/ORI 指令的用法

**5. END 结束指令**

功能：放在程序结束处，表示程序结束并返回程序开始处。

## 项目实施

### 一、分配 I/O 地址

一个输入设备原则上占用 PLC 一个输入点（I），一个输出设备原则上占用 PLC 一个输出点（O）。对于本控制任务，其 I/O 分配见表 3-2。

表 3-2　三相异步电动机正转连续控制 I/O 分配表

| 输入 | | | 输出 | | |
|---|---|---|---|---|---|
| 输入元件 | 作用 | 输入继电器 | 输出元件 | 作用 | 输出继电器 |
| SB1 | 停止按钮 | X0 | KM | 运行用接触器 | Y0 |
| SB2 | 启动按钮 | X1 | | | |
| FR | 过载保护 | X2 | | | |

### 二、绘制 PLC 输入/输出接线图

根据输入/输出点的分配，画出 PLC 的接线图，接线不同时，设计出的梯形图也有所不同，这里用两种方案来实现任务，如图 3-8 所示。

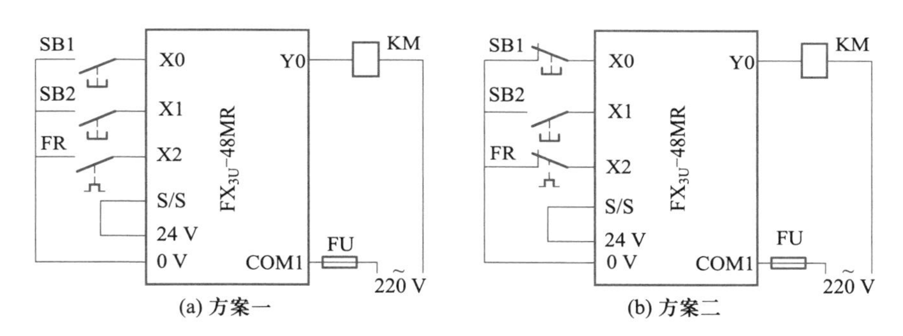


图 3-8　三相异步电动机正转连续运行 PLC 接线图

### 三、编制梯形图和指令表程序

**1. 方案一的实现**

如图 3-8（a）所示的 PLC 接线图，PLC 控制系统中的所有输入触点类型全部采用动合触点。由此设计的梯形图程序和指令表程序如图 3-9 所示，当 SB1 和 FR 不动作时，X0 和 X2 不接通，X0、X2 的动合触点断开，动断触点闭合。所以，在梯形图中，X0、X2 要使用动断触点，才能确保 SB1 和 FR 不动作时，X0 和 X2 接通，为启动做好准备，只要按下 SB2，X1 就接通，X1 的动合触点闭合，驱动 Y0 通电，使 Y0 外接的 KM 线圈通电，KM 主触点闭合，主电路接通，电动机 M 运行。同时，梯形图中 Y0 的动合触点接通，使得 Y0 的输出保持，起到自锁作用，维持电动机的连续运行，直到按下 SB1 或 FR 动作，此时 X0 或 X2 的动断触点断开，使 Y0 线圈断电，Y0 外接的 KM 断电释放，KM 主触点断开，主电路分断，电动机 M 停止运行。

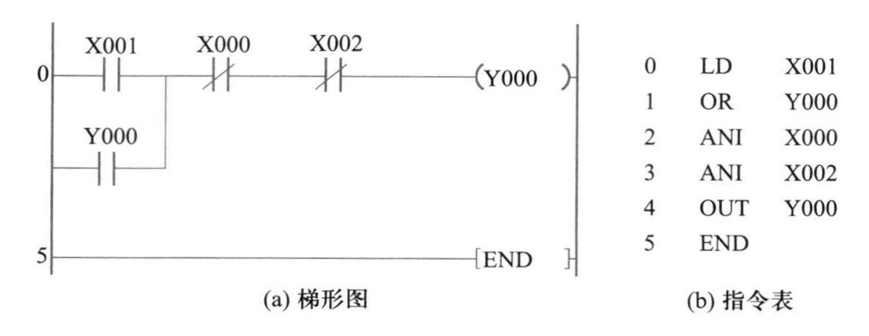


图 3-9　PLC 控制三相异步电动机正转连续运行（方案一）

**2. 方案二的实现**

如图 3-8（b）所示的 PLC 接线图，PLC 控制系统中的触点类型沿用继电器控制系统中的触点类型，即启动按钮 SB2 使用动合触点，停止按钮 SB1 和过载保护触点 FR 使用动断触点。由此设计的梯形图程序和指令表程序如图 3-10 所示。因 SB1 和 FR 不动作时，X0 和 X2 处于接通状态，X0、X2 的动合触点闭合，动断触点断开，所以在梯形图中 X0 和 X2 要使用动合触点，才能确保 SB1 和 FR 不动作时，X0 和 X2 接通，为启动做好准备。

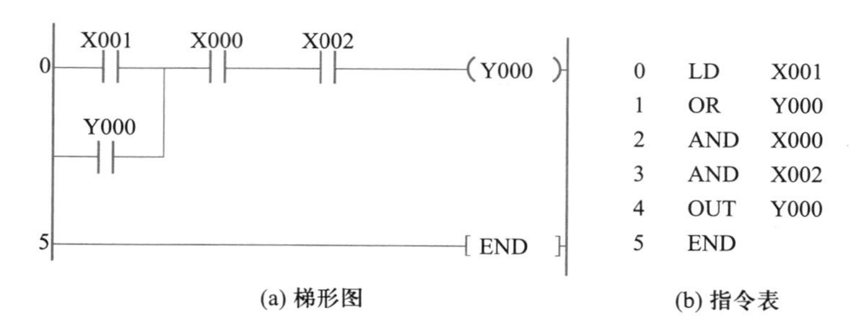


图 3-10　PLC 控制三相异步电动机正转连续运行（方案二）

显然，当使用动合触点作为输入信号接入时，为正逻辑关系，不动作时要使它闭合，则用动断触点接入；不动作时要使它断开，则用动合触点接入。当使用动断触点作为输入信号接入时，为负逻辑关系，不动作时要使它闭合，则用动合触点接入；不动作时要使它断开，则用动断触点接入。

在实际控制中，停止按钮、限位开关及热继电器等要使用动断触点，以提高安全保障。

## 四、程序仿真调试

对于方案一的梯形图，利用 GX Developer 软件编写好梯形图程序后，在工具栏上单击梯形图逻辑测试启动/结束的图标，进入程序的仿真调试，出现图 3-11 所示界面，X0、X2 处于接通状态，Y0 处于断开状态。按 Alt+1 快捷键使用软元件测试，出现图 3-12 所示对话框，在软元件处填入 X001，再单击“强制 ON”按钮时，则出现图 3-13 所示的界面，此时 X1 接通，逻辑关系成立，Y0 线圈通电，Y0 的动合触点闭合。Y0 通电后，将 X1 强制“OFF”，将出现图 3-14 所示的界面，此时 X1 分断，但 Y0 线圈维持接通，这依赖 Y0 动合触点的自锁作用。若将 X0 强制“ON”时，将出现图 3-15 所示的界面，此时 X0 分断，Y0 线圈也断电，Y0 的动合触点也断开。当将 X0 强制“OFF”后，又出现如图 3-11 所示的界面。

## 五、根据 PLC 输入/输出接线图安装电路

进行电气线路安装之前，首先确保设备处于断电状态，电路安装结束后，一定要进行通电前的检查，保证电路连接正确。通电之后，对输入点要进行必要的检查，以达到正常工作的需要。

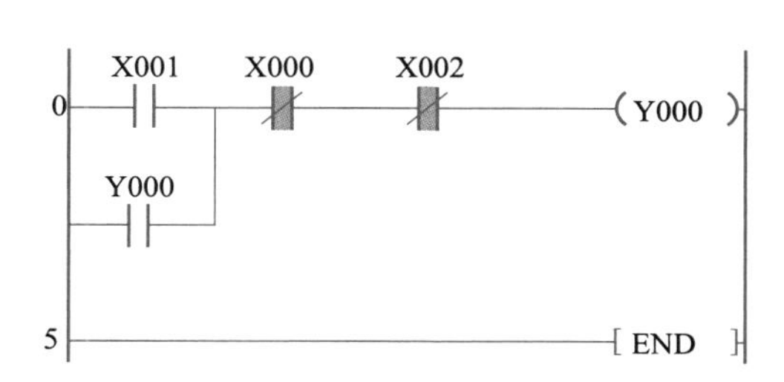

X001
X000
X002
0
Y000
Y000
5
END

图 3-11　监控初始界面

软元件测试
位软元件
软元件
X001
强制 ON
强制OFF
强制ON/OFF取反
关闭
不显示执行结果
字软元件/缓冲存储区
软元件
缓冲存储区
模块起始
地址
10进制
设置值
10进制
16位整数
设置
程序指定
标签参考程序名
执行结果
软元件
设置状态
查找
查找下一个
再设置
清除

图 3-12　“软元件测试”对话框

X001
X000
X002
0
Y000
Y000
5
END

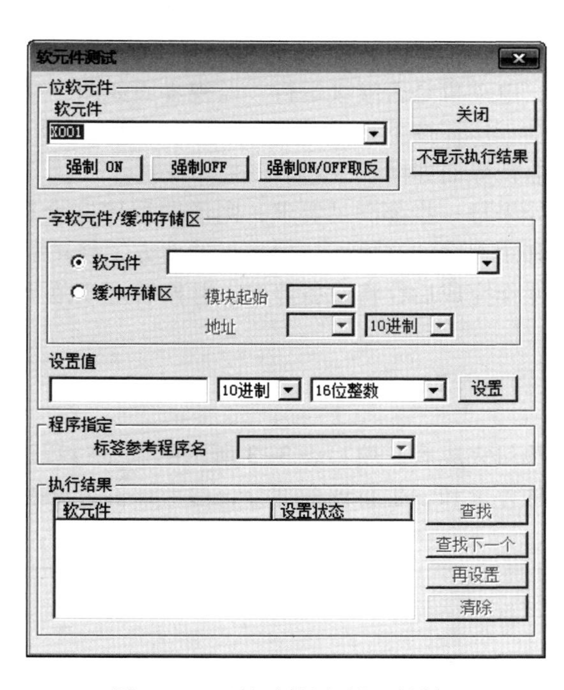

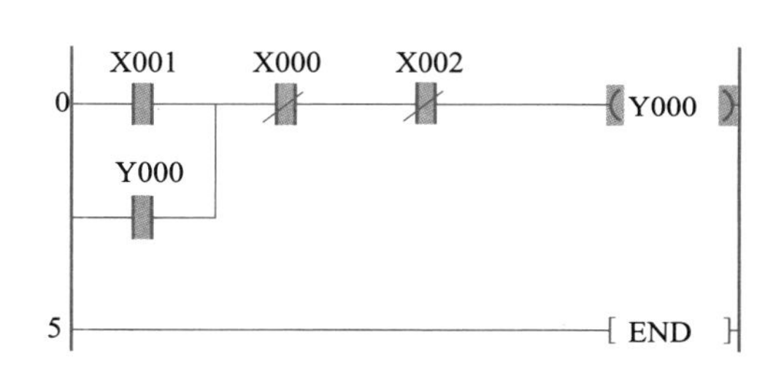

图 3-13　X1 强制“ON”后的界面

X001
X000
X002
0
Y000
Y000
5
END

图 3-14　X1 强制“OFF”后的界面

X001
X000
X002
0
Y000
Y000
5
END

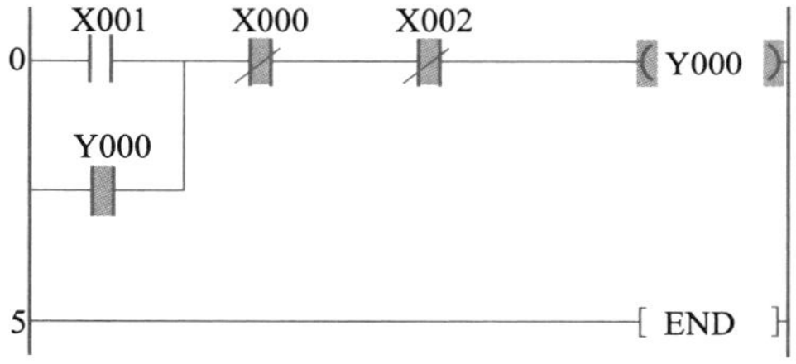

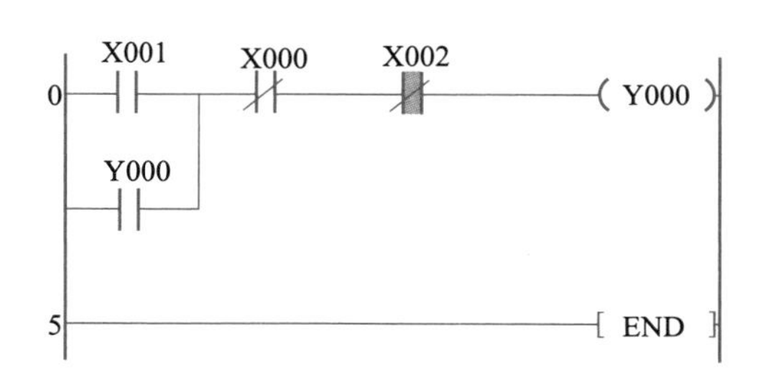

图 3-15　X0 强制“ON”后的界面

## 六、调试设备达到规定的控制要求

### 1. 下载 PLC 程序

在检查电路正确无误后，利用通信电缆将程序写入 PLC。

### 2. 程序功能调试

程序功能的调试要根据工作任务的要求，一步一步进行，边调试边调整程序，最终达到功能要求。本工作任务可按以下步骤进行。

第一步：把 PLC 的工作状态置于“RUN”，通过监控观察所有输入点是否处于规定状态，监视界面如图 3-11 所示。

第二步：按下按钮 SB2，观察 Y0 是否通电或接触器线圈 KM 是否通电。松开 SB2 后，Y0 是否继续通电，电动机是否继续运行，监视界面如图 3-13、图 3-14 所示。

第三步：按下 SB1 或使 FR 动作，观察 Y0 是否断电或接触器 KM 是否断电，松开后是否能继续断电，监视界面如图 3-15 所示。

如果每一步都满足要求，则说明程序完全符合工作要求，如果有不满足控制要求的地方，根据现象，利用程序的监控，找出错误的地方，修正程序后再重新调试。

操作完成后，将设备停电，并按管理规范要求整理工位。

## 项目评价

项目完成后，填写表 3-3 所示的调试过程记录表。对整个项目的完成情况进行评价与考核，可分为教师评价和学生自评两部分，参考评价表见附录表 A-1、附录表 A-2。

表 3-3　调试过程记录表

| 序号 | 项目 | 完成情况记录 | 备注 |
| --- | --- | --- | --- |
| 1 | 电路连接正确 | 是（　　） | |
| | | 不是（　　） | |
| 2 | 程序编写完成 | 是（　　） | |
| | | 不是（　　） | |
| 3 | 程序能下载 | 是（　　） | |
| | | 不是（　　） | |
| 4 | 程序能监控 | 是（　　） | |
| | | 不是（　　） | |
| 5 | 按下启动按钮 SB2，Y0（KM）通电，电动机连续工作 | 是（　　） | |
| | | 不是（　　） | |
| 6 | 按下停止按钮 SB1，Y0（KM）断电，电动机停止工作 | 是（　　） | |
| | | 不是（　　） | |
| 7 | 模拟热继电器 FR 动作，Y0（KM）断电，电动机停止工作 | 是（　　） | |
| | | 不是（　　） | |
| 8 | 完成后，按照管理规范要求整理工位 | 是（　　） | |
| | | 不是（　　） | |

## 项目拓展

### 一、热继电器 FR 动断触点的处理方法

由于 PLC 的输入、输出点是有限的，PLC 的输入、输出点的数量直接决定 PLC 的价格，为了节省成本，应尽量少占用 PLC 的 I/O 点，因此有时也将 FR 动断触点串联在其他动断输入或负载输出回路中，如图 3-16 所示。

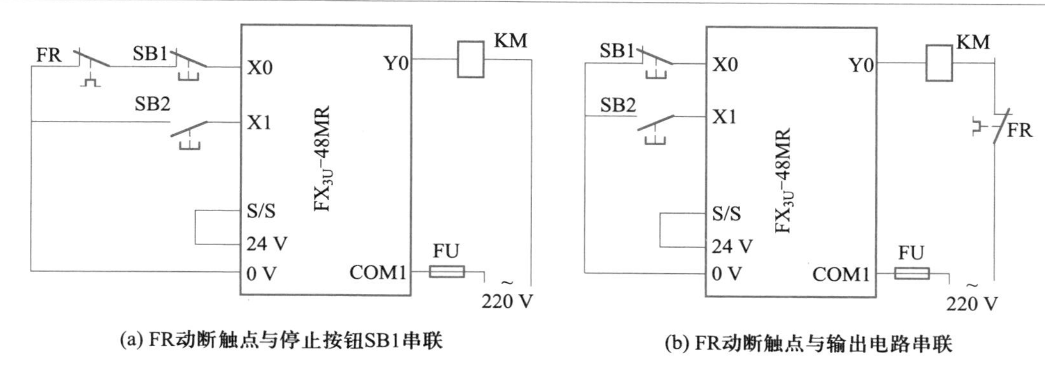


图 3-16　热继电器 FR 动断触点的处理

## 二、SET/RST 置位/复位指令

功能：SET 使操作元件置位（接通并保持自锁），其操作元件为 Y、M、S，RST 使操作元件复位，其操作元件为 Y、M、S、T、C、D。其用法如图 3-17 所示。

X001 ─┤├─ [SET Y000]

X000 ─┤├─ [RST Y000]

(a) 梯形图

| 0 | LD | X001 |
|---|---|---|
| 1 | SET | Y000 |
| 2 | LD | X000 |
| 3 | RST | Y000 |

(b) 指令表

图 3-17　SET/RST 指令用法

对于同一目标元件，SET 和 RST 可多次使用，但最后执行者有效，因为 PLC 的工作方式是自上而下的循环扫描工作方式。

SET/RST 与 OUT 指令的用法比较如图 3-18 所示。

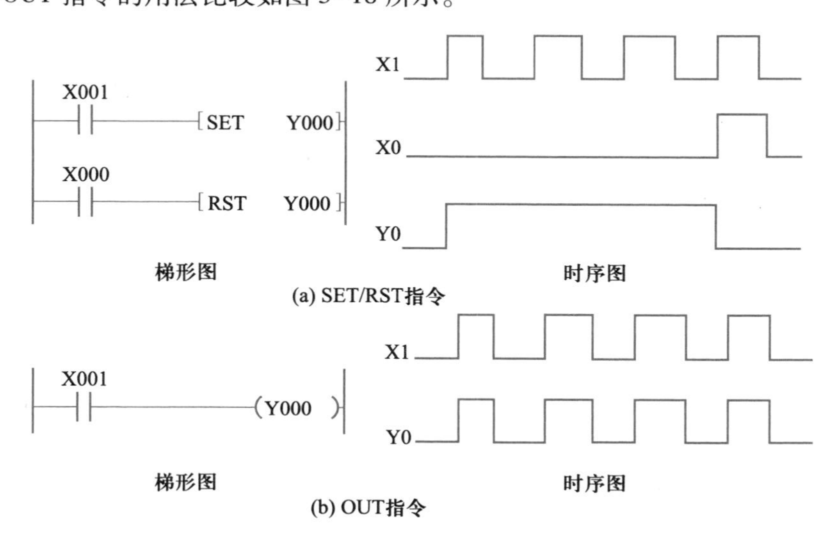


图 3-18　SET/RST 与 OUT 指令的用法比较

思考与实践

1. 根据图 3-19 所示指令表程序画出与之对应的梯形图程序。

```
0    LDI    M0
1    AND    X000
2    ANI    X001
3    OUT    Y001
```

图 3-19　指令表程序

2. 由图 3-20 所示的梯形图程序写出与之对应的指令表程序。

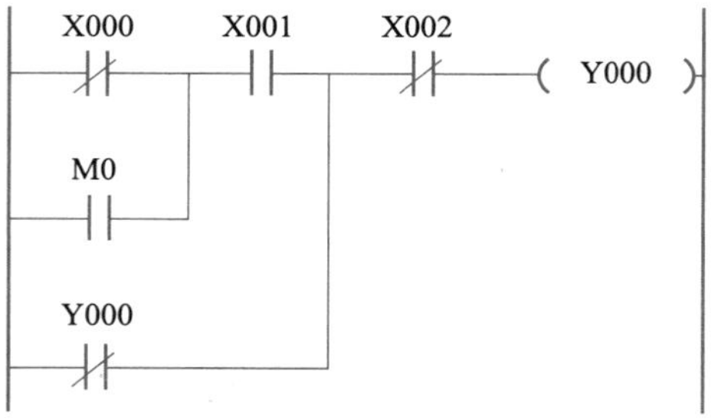

图 3-20　梯形图程序

3. 用置位/复位指令设计 PLC 控制三相异步电动机正转连续运行程序。

4. 设计一程序，按下按钮 SB1 时，灯 HL1 亮；按下 SB2 时，灯 HL2 亮；按下 SB3 时，灯 HL1、HL2 都熄灭。SB1、SB2、SB3 均为有自动复位功能的按钮，即按下按钮，动合触点接通，释放按钮，动合触点恢复断开。要求分配 I/O 地址及绘制 PLC 接线图，设计程序并进行调试。

# 项目四

# 三相异步电动机点动与连续运行控制

## 项目目标

1. 熟悉辅助继电器（M）的使用方法。
2. 熟悉基本逻辑指令 ANB、ORB 的使用方法。
3. 知道程序的优化规则。
4. 会编辑与调试控制三相异步电动机点动与连续运行的 PLC 程序。

## 项目描述

机床设备在正常工作时，一般要求电动机处于连续运转状态，但在试车运行或调整刀具与工件的相对位置时，又需要电动机能进行点动控制，实现这种工艺要求的线路是连续与点动混合控制线路。

图 4-1 所示是三相异步电动机点动与连续运行电路图。合上电源开关 QS，连续控制时，按下连续运行按钮 SB2，接触器线圈 KM 通电，其动合辅助触点闭合并自锁，其主触点闭合使电动机通电全压连续运行；按下 SB1，或电动机过载保护动作使其动断触点分断，接触器线圈断电，电动机停止运行；点

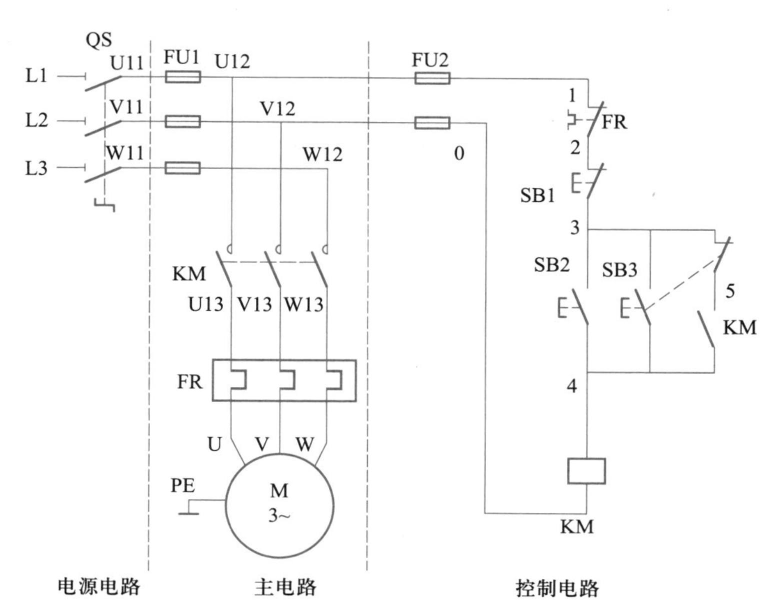


图 4-1　三相异步电动机点动与连续运行电路图

动控制，按下点动运行按钮 SB3，SB3 的动合触点闭合，接触器线圈 KM 通电，其主触点闭合使电动机通电全压运行，虽然其动合辅助触点闭合，但由于 SB3 的动断触点分断，解除了接触器的自锁，松开按钮 SB3，接触器线圈 KM 断电，电动机停止运行，实现点动运行功能。

利用 PLC 编程元件中的输入、输出继电器和辅助继电器，基本逻辑指令可实现上述控制要求。

## 知识准备

### 一、辅助继电器（M）

FX 系列 PLC 辅助继电器采用字母 M 表示，与输入/输出继电器不同的是，辅助继电器采用十进制地址编号，按其用途可分为通用型辅助继电器、断电保持型辅助继电器和特殊辅助继电器 3 种。FX 系列 PLC 辅助继电器的分类及编号范围见表 4-1。

表 4-1　FX 系列 PLC 辅助继电器的分类及编号范围

| PLC 系列 | 通用型辅助继电器 | 断电保持型辅助继电器 | 特殊辅助继电器 |
|---|---|---|---|
| $FX_{1S}$ | 384 点（M0～M383） | 128 点（M384～M511） | 256 点（M8000～M8255） |
| $FX_{1N}$ | 384 点（M0～M383） | 1 152 点（M384～M1535） | |
| $FX_{2N}$、$FX_{2NC}$ | 500 点（M0～M499） | 2 572 点（M500～M3071） | |
| $FX_{3U}$ | 500 点（M0～M499） | 7 180 点（M500～M7679） | 512 点（M8000～M8511） |

**1. 通用型辅助继电器**

不同型号的 PLC 其通用型辅助继电器的数量是不同的，编号范围也不同。使用时，必须参照编程手册。三菱 $FX_{1S}$和 $FX_{1N}$系列 PLC 通用型辅助继电器的点数是 384 点（M0～M383），$FX_{2N}$、$FX_{2NC}$和 $FX_{3U}$系列 PLC 通用型辅助继电器的点数是 500 点（M0～M499）。这些软继电器线圈在通电之后，其所有触点动作。无论程序是如何编制的，一旦断电，再次上电之后，这些辅助继电器恢复为 OFF 状态。

**2. 断电保持型辅助继电器**

由于断电保持型辅助继电器由后备锂电池供电，所以在电源中断时能保持其原来状态不变，当 PLC 再次通电之后，这些继电器会保持通电之前的状态。其他特性与通用型辅助继电器完全一样。因此，若要编写断电之后仍能记住原来状态的程序，可以使用断电保持型辅助继电器。

$FX_{1S}$系列 PLC 断电保持型辅助继电器的点数是 128 点（M384～M511）；$FX_{1N}$系列 PLC 断电保持型辅助继电器的点数是 1 152 点（M384～M1535）；$FX_{2N}$和 $FX_{2NC}$系列 PLC 断电保持型辅助继电器的点数是 2 572 点（M500～M3071）；$FX_{3U}$系列 PLC 断电保持型辅助继电器的点数是 7 180 点（M500～M7679）。

**3. 特殊辅助继电器**

$FX_{1S}$、$FX_{1N}$、$FX_{2N}$和 $FX_{2NC}$系列 PLC 内有 256 点特殊辅助继电器（M8000～M8255），$FX_{3U}$系列 PLC 内有 512 点特殊辅助继电器（M8000～M8511），这些特殊辅助继电器各自具有特定的功能。

### 二、ANB 电路块与指令

功能：并联电路块（两个或两个以上的触点并联）与前面回路串联连接，无操作元件，ANB 指令的用法如图 4-2 所示。

ANB 指令使用说明如下：

（1）电路块起点用 LD、LDI 指令，并联块结束后使用 ANB 指令与前面的电路串联。

（2）当多个并联电路块串联时，如果依次用 ANB 指令，则使用次数没有限制，也可成批使用 ANB 指令，但这时请务必注意使用次数应限制在 8 次以下。

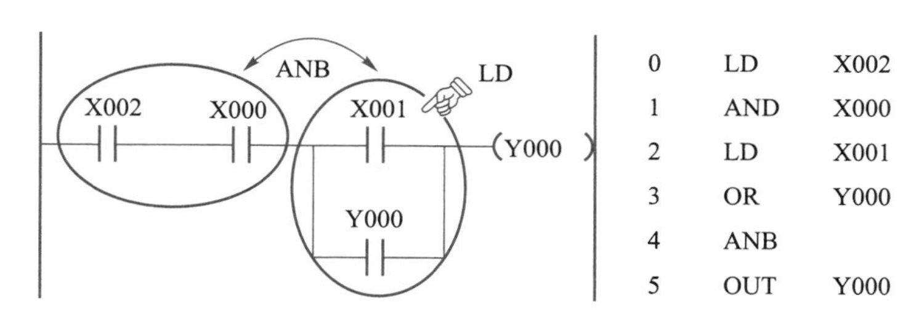


图 4-2　ANB 指令的用法

## 三、ORB 电路块或指令

功能：串联电路块（两个或两个以上的触点串联）与前面回路并联连接，无操作元件，ORB 指令的用法如图 4-3 所示。

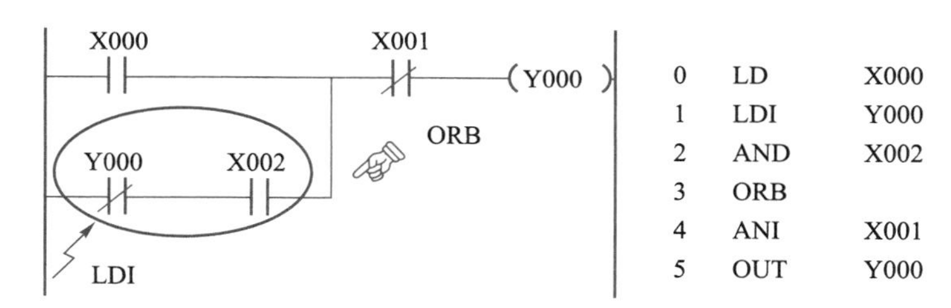


图 4-3　ORB 指令的用法

ORB 指令使用说明如下：

（1）电路块起点用 LD、LDI 指令，串联块结束后使用 ORB 指令与前面的电路并联。

（2）当多个串联电路块并联时，如果依次用 ORB 指令，则使用次数没有限制，也可成批使用 ORB 指令，但这时请务必注意使用次数应限制在 8 次以下。

# 项目实施

## 一、分配 I/O 地址

对于本控制任务，其 I/O 分配见表 4-2。

表 4-2　三相异步电动机点动与连续运行 I/O 分配表

| 输入 | | | 输出 | | |
|---|---|---|---|---|---|
| 输入元件 | 作用 | 输入继电器 | 输出元件 | 作用 | 输出继电器 |
| SB1 | 停止按钮 | X0 | KM | 运行用接触器 | Y0 |
| SB2 | 启动按钮 | X1 | | | |
| SB3 | 点动按钮 | X2 | | | |
| FR | 过载保护 | X3 | | | |

## 二、绘制 PLC 输入/输出接线图

根据输入/输出点的分配，画出 PLC 的接线图，停止按钮及热继电器使用动断触点，以提高安全保障。其接线图如图 4-4 所示。

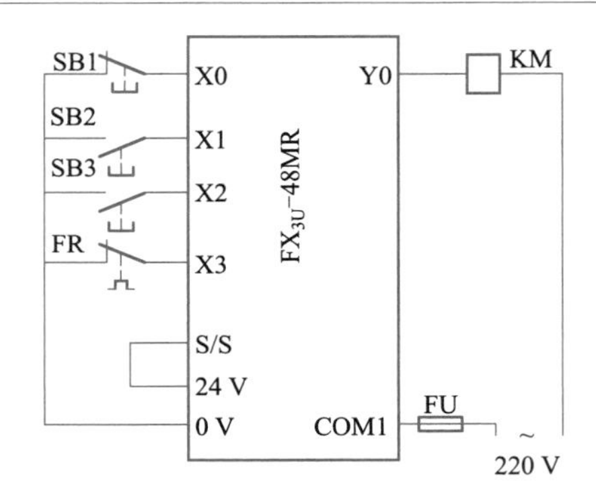


图 4-4　三相异步电动机点动与连续运行 PLC 接线图

## 三、编制梯形图和指令表程序

此电路如果直接按继电器-接触器控制电路编程，考虑 SB1、FR 使用动断接入，因此梯形图中采用负逻辑，X0、X3 使用动合触点，其梯形图如图 4-5（a）所示。使用软件仿真调试时，发现 X2 不能实现点动功能，也是连续运行功能。原因在于 PLC 输入软元件 X2 的工作方式与点动复合按钮的工作方式有差异，输入软元件 X2 的动合触点与动断触点动作没有先后之分，造成 X2 断开后线路自锁，从而无法实现点动功能。这与实际的按钮有区别，实际按钮的动断触点恢复闭合与动合触点恢复断开有时间差，正因为这个时间差，造成线路不能自锁，才会使线路具有点动功能。因此，直接按继电器-接触器控制电路来改编 PLC 程序行不通。

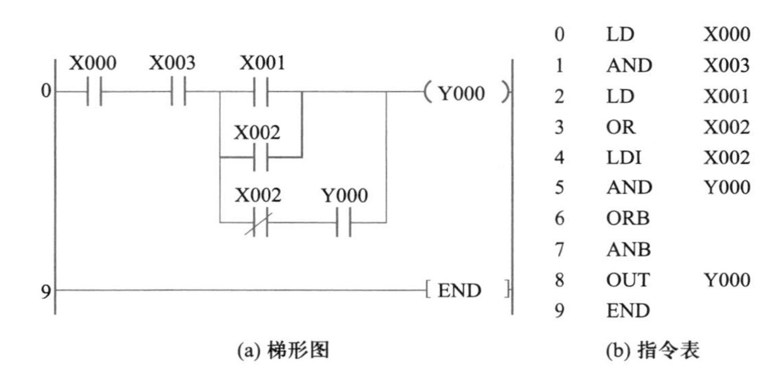


| 步 | 指令 | 元件 |
| --- | --- | --- |
| 0 | LD | X000 |
| 1 | AND | X003 |
| 2 | LD | X001 |
| 3 | OR | X002 |
| 4 | LDI | X002 |
| 5 | AND | Y000 |
| 6 | ORB | |
| 7 | ANB | |
| 8 | OUT | Y000 |
| 9 | END | |

(b) 指令表

图 4-5　PLC 控制三相异步电动机点动与连续运行（不能实现）

改进的办法有多种，其中常用的一种编程思路是：如图 4-6 所示，控制输出 Y0 有两路，一路是点动，由 X2 来实现；另一路是连续运行，借助辅助继电器 M0 来实现，辅助继电器线圈 M0 的驱动由简单的连续运行梯形图来实现，这样，点动和连续运行是独立的，可以避免相互之间的干扰，这样的编程方法思路清晰、便于掌握。

## 四、程序仿真调试

利用 GX Developer 软件编写好梯形图程序后，在工具栏上单击梯形图逻辑测试启动/结束的图标，进入程序的仿真调试状态，将 X0、X3 利用软元件测试强制“ON”，模拟 SB1 和 FR 动断触点处于接通状态，为运行做好准备。将 X2 强制“ON”时，模拟按下点动按钮 SB3，则出现图 4-7 所示的界面，此时 X2 接通，逻辑关系成立，Y0 线圈通电，若将 X2 强制“OFF”，模拟释放点动按钮 SB3，则 Y0 线圈断电，实现点动功能；若将 X1 强制“ON”，再强制“OFF”，模拟连续运行按钮 SB2 的按下与释放，将出现图 4-8 所示的界面，此时 M0 通电自锁，同时 Y0 线圈也通电，实现连续运行。若将 X0 强制“OFF”，再强制“ON”，模拟停止按钮 SB1 的按下与释放，此时 M0 断电，自锁解除，Y0 线圈也断电。

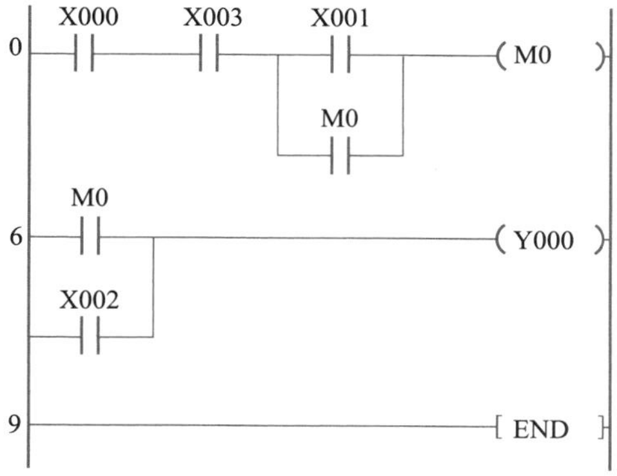

(a) 梯形图

| 步 | 指令 | 操作数 |
|---|---|---|
| 0 | LD | X000 |
| 1 | AND | X003 |
| 2 | LD | X001 |
| 3 | OR | M0 |
| 4 | ANB | |
| 5 | OUT | M0 |
| 6 | LD | M0 |
| 7 | OR | X002 |
| 8 | OUT | Y000 |
| 9 | END | |

(b) 指令表

图 4-6　PLC 控制三相异步电动机点动与连续运行（能实现）

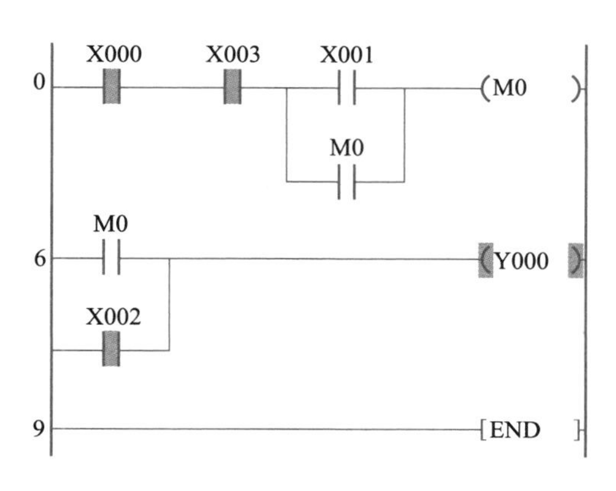


图 4-7　点动运行仿真界面

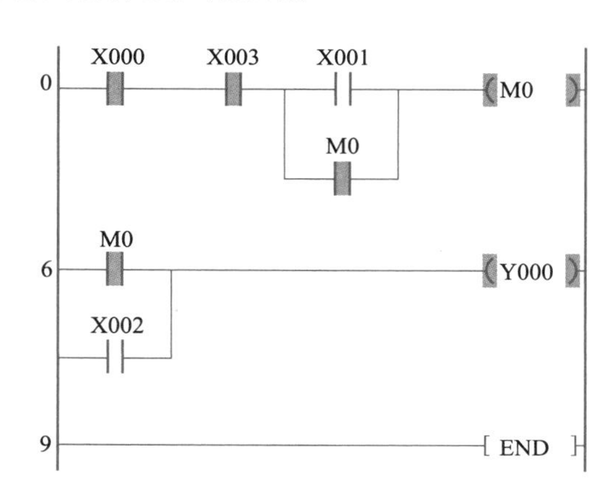


图 4-8　连续运行仿真界面

## 五、根据 PLC 输入/输出接线图安装电路

进行电气线路安装之前，首先确保设备处于断电状态，电路安装结束后，一定要进行通电前的检查，保证电路连接正确。通电之后，对输入点要进行必要的检查，以达到正常工作的需要。

## 六、调试设备达到规定的控制要求

### 1. 下载 PLC 程序

在检查电路正确无误后，利用通信电缆将程序写入 PLC。

### 2. 程序功能调试

程序功能的调试要根据工作任务的要求，一步一步进行，边调试边调整程序，最终达到功能要求。本工作任务调试可按以下步骤进行。

第一步：将 PLC 的工作状态置于“RUN”，通过监控观察所有输入点是否处于规定状态，初始监视界面如图 4-9 所示。

第二步：连续运行检查。按下连续运行按钮 SB2，观察 Y0 是否通电或接触器线圈 KM 是否通电。松开 SB2 后，观察 Y0 是否继续通电，电动机是否继续运行，监视界面如图 4-8 所示。

第三步：停止运行检查。按下 SB1 或使 FR 动作，观察 Y0 是否断电或接触器 KM 是否断电，松开后是否继续断电，监视界面如图 4-9 所示。

第四步：点动运行检查。按下点动运行按钮 SB3，观察 Y0 是否通电或接触器线圈 KM 是否通电。松开 SB3 后，观察 Y0 是否断电，电动机是否停止运行，监视界面如图 4-7 所示。

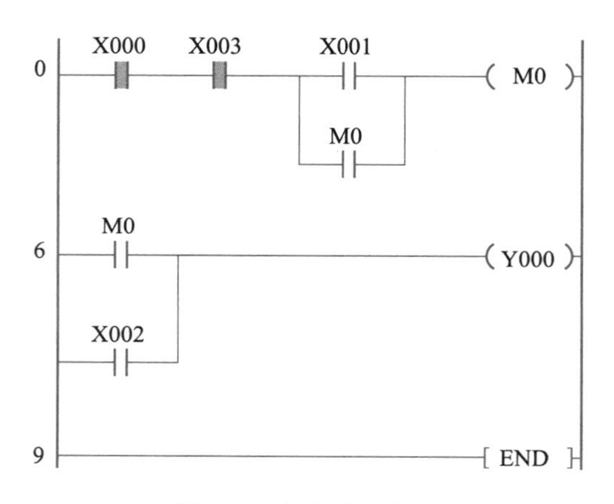


图 4-9　初始监视界面

如果每一步都满足要求，则说明程序完全符合工作要求。如果有不满足控制要求的地方，根据现象，利用程序的监控，找出错误的地方，修正程序后再重新调试。

操作完成后，将设备停电，并按管理规范要求整理工位。

## 项目评价

项目完成后，填写调试过程记录表 4-3。对整个项目的完成情况进行评价与考核，可分为教师评价和学生自评两部分，参考评价表见附录表 A-1、附录表 A-2。

表 4-3　调试过程记录表

| 序号 | 项目 | 完成情况记录 | 备注 |
| --- | --- | --- | --- |
| 1 | 电路连接正确 | 是（　　） | |
| | | 不是（　　） | |
| 2 | 程序编写完成 | 是（　　） | |
| | | 不是（　　） | |
| 3 | 程序能下载 | 是（　　） | |
| | | 不是（　　） | |
| 4 | 程序能监控 | 是（　　） | |
| | | 不是（　　） | |
| 5 | 按下启动按钮 SB2，Y0（KM）通电，电动机连续工作 | 是（　　） | |
| | | 不是（　　） | |
| 6 | 按下停止按钮 SB1，Y0（KM）断电，电动机停止工作 | 是（　　） | |
| | | 不是（　　） | |
| 7 | 模拟热继电器 FR 动作，Y0（KM）断电，电动机停止工作 | 是（　　） | |
| | | 不是（　　） | |
| 8 | 按下点动按钮 SB3，Y0（KM）通电，松开 SB3，Y0（KM）断电 | 是（　　） | |
| | | 不是（　　） | |
| 9 | 完成后，按照管理规范要求整理工位 | 是（　　） | |
| | | 不是（　　） | |

## 项目拓展

### 一、PLC 程序设计常用的经验设计法

PLC 梯形图程序的设计没有固定的模式，经验很重要。所谓经验设计法，就是在传统的继电器-接触器控制图和 PLC 典型控制电路的基础上，依据积累的经验进行翻译、设计修改和完善，最终得到优化的控制程序。

用经验法设计 PLC 控制程序的一般步骤如下：

（1）分析控制要求，选择控制方案。可将生产机械的工作过程分成各个独立的简单运动，再设计这些简单运动的控制程序。

（2）确定输入/输出信号。按钮、行程开关、接近开关和热继电器的动断触点等作为输入设备，接触器、电磁阀、指示灯和蜂鸣器等作为输出设备。

（3）设计基本控制程序，根据制约关系，在程序中加入联锁触点，实现软件联锁。

（4）设置必要的保护措施，检查、修改和完善程序。

对于项目三的图 3-9 所示的梯形图，基本上将原有的控制线路作适当改动，然后使之成为符合功能要求的控制程序。当然，经验设计法也存在一些缺陷，需引起注意，生搬硬套的设计不一定能达到理想的控制要求，如本项目中图 4-5 所示的梯形图，只有理解了继电器-接触器的动作方式是并行的，同一器件的动合、动断触点动作是有时间差的，而 PLC 程序是自上而下、从左到右的扫描工作方式，同一软元件的动合、动断触点动作是同时的，才会避免发生一些不必要的错误。

### 二、梯形图的优化

（1）在每一个逻辑行上，串联触点多的电路块应安排在最上面，即应符合上重下轻的设计原则，这样，可省略一条 ORB 指令，如图 4-10 所示。

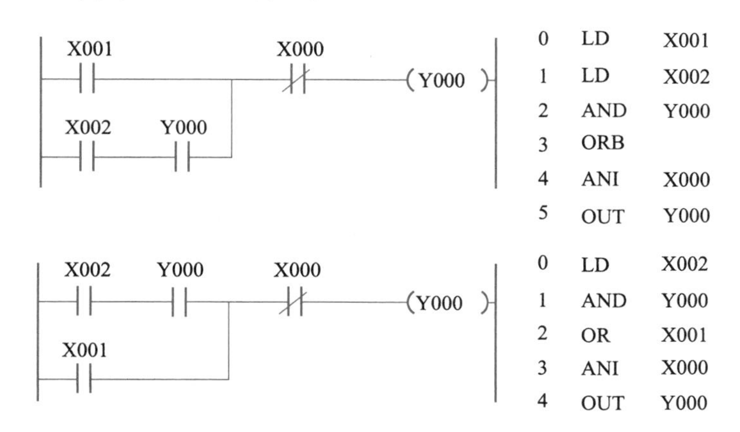


图 4-10　串联触点多的电路块应安排在最上面

（2）在每一个逻辑行上，并联触点多的电路块应安排在最左边，即应符合左重右轻的设计原则，这样，可省略一条 ANB 指令，如图 4-11 所示。

对于本工作任务，采用优化后的梯形图和指令表程序如图 4-12 所示。

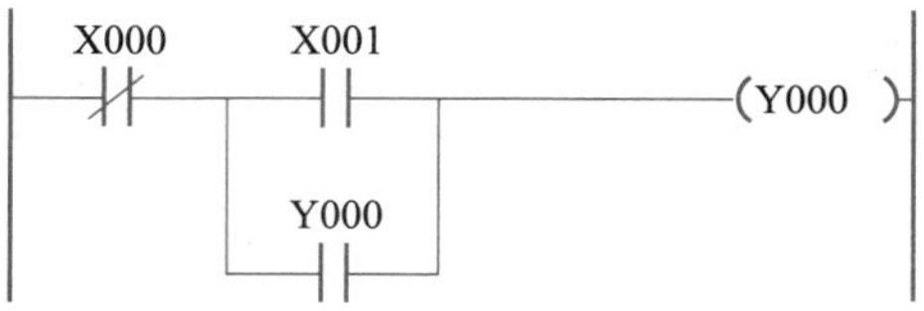

| | | |
|---|---|---|
| 0 | LDI | X000 |
| 1 | LD | X001 |
| 2 | OR | Y000 |
| 3 | ANB | |
| 4 | OUT | Y000 |

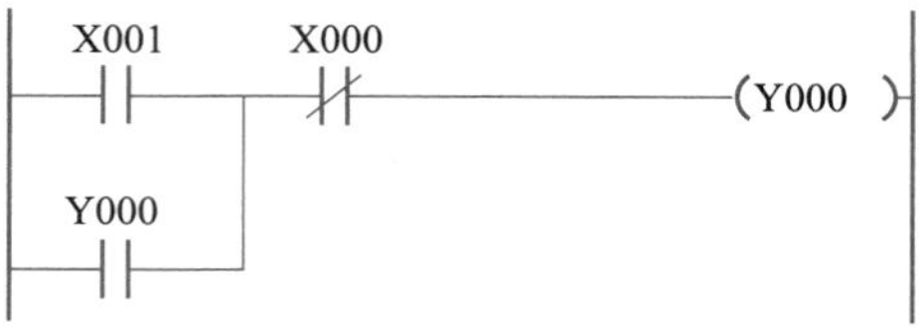

| | | |
|---|---|---|
| 0 | LD | X001 |
| 1 | OR | Y000 |
| 2 | ANI | X000 |
| 3 | OUT | Y000 |

图 4-11　并联触点多的电路块应安排在最左边

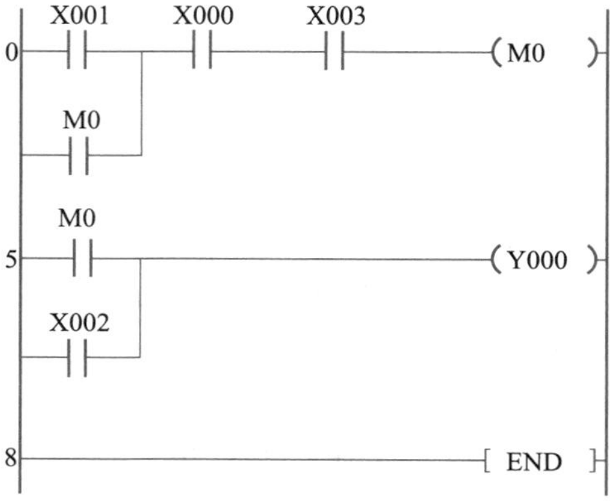

| | | |
|---|---|---|
| 0 | LD | X001 |
| 1 | OR | M0 |
| 2 | AND | X000 |
| 3 | AND | X003 |
| 4 | OUT | M0 |
| 5 | LD | M0 |
| 6 | OR | X002 |
| 7 | OUT | Y000 |
| 8 | END | |

(a) 梯形图　　(b) 指令表

图 4-12　优化后的 PLC 控制三相异步电动机点动与连续运行程序

## 思考与实践

1. 写出图 4-13 所示梯形图的指令表程序。

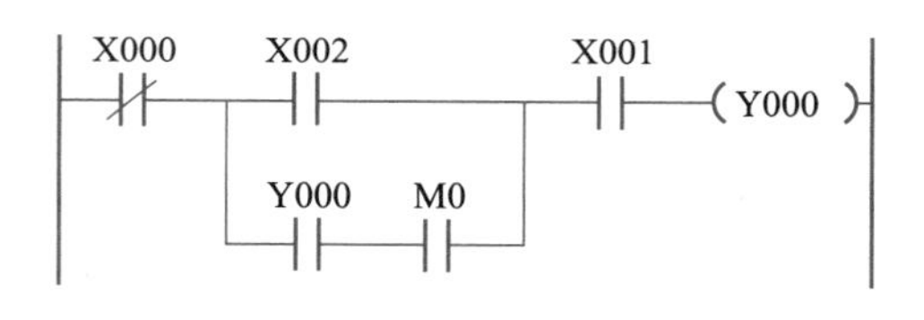


图 4-13　梯形图程序

2. 将图 4-13 所示梯形图按照“上重下轻，左重右轻”的原则优化，画出优化后的梯形图，并写出优化梯形图的指令表程序。

3. 楼上、楼下各有一只开关（SA1、SA2）共同控制一盏照明灯（EL）。要求两只开关均可对灯的状态（亮或灭）进行控制。要求分配 I/O 地址及绘制 PLC 接线图，设计程序并进行调试。

# 项目五

# 三相异步电动机正反转控制

## 项目目标

1. 熟悉基本逻辑指令 MC、MCR 的使用方法。
2. 知道基本逻辑指令 MPS、MRD、MPP 的使用方法。
3. 会编辑与调试三相异步电动机接触器、按钮双重联锁正反转控制的 PLC 程序。

## 项目描述

在实际生产中，经常会遇到要求运动部件能向正、反两个方向运动的生产机械。例如，机床工作台的前进、后退，电梯的上行、下行，行车的上升与下降，这些生产机械要求电动机具有正、反转控制功能。

图 5-1 所示为三相异步电动机接触器、按钮双重联锁正反转控制线路。合上电源开关 QS，要求正转时，按下正转运行按钮 SB2，利用其动断触点先使电动机反转停止，再利用其动合触点实现电动机正

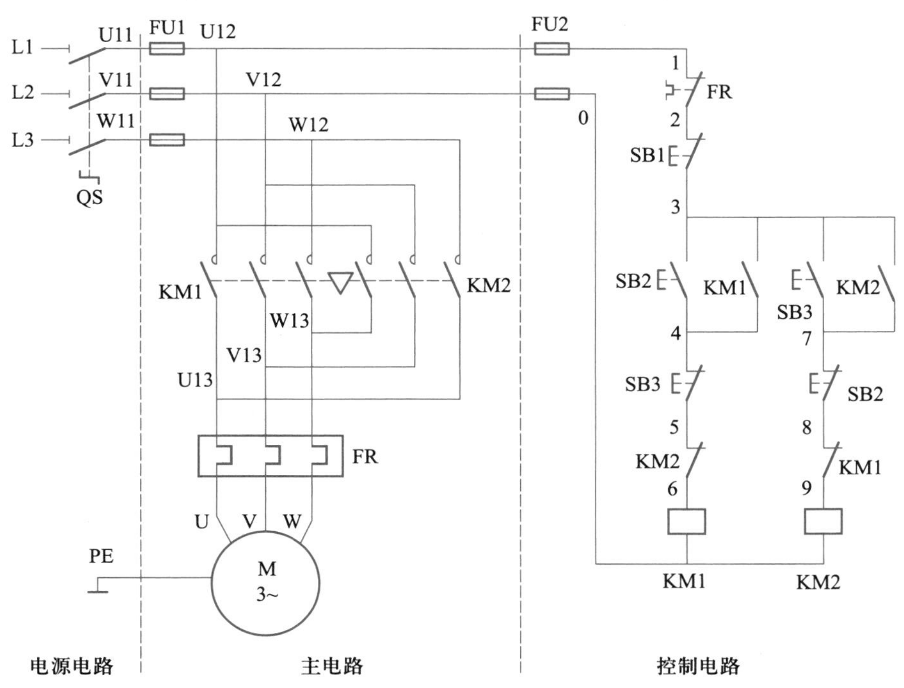


图 5-1　三相异步电动机接触器、按钮双重联锁正反转控制线路

向启动运行；要求反转时，按下反转运行按钮 SB3，利用其动断触点先使电动机正转停止，再利用其动合触点实现电动机反向启动运行；若要使电动机停止，只要按下停止按钮 SB1 即可。若电动机发生过载，则热继电器动断触点动作，使电动机停转。

利用 PLC 编程元件中的输入、输出继电器和辅助继电器，基本逻辑指令可实现上述控制要求。

## 知识准备

在 FX 系列 PLC 中，有 11 个存储运算中间结果的存储器，称为栈存储器。栈存储器将触点之间的逻辑运算结果存储后，就可以通过栈操作指令来实现多路输出的梯形图处理。堆栈存储器的操作遵循“先进后出，后进先出”的规则。

**1. MPS 进栈指令**

功能：首先栈存储器每个单元中原来的数据依次向下推移，再将触点的逻辑运算结果压入栈存储器的 1 号单元中。

**2. MRD 读栈指令**

功能：将栈存储器中 1 号单元中的内容读出，不影响栈存储器中的内容。

**3. MPP 出栈指令**

功能：首先将栈存储器中 1 号单元中的结果取出，再将栈存储器中其他单元的数据依次向上推移。

MPS、MRD 和 MPP 指令使用说明如下：

（1）MPS、MRD、MPP 指令都不带操作元件。

（2）MPS 与 MPP 必须成对使用，缺一不可，MRD 指令有时可以不用。

（3）MPS 指令连续使用次数最多不得超过 11 次。

（4）MPS、MRD、MPP 指令之后若无触点串联，直接驱动线圈，则应该用 OUT 指令。

（5）MPS、MRD、MPP 指令之后若有单个动合或动断触点串联，则应该用 AND 或 ANI 指令。

（6）MPS、MRD、MPP 指令之后若有触点组成的电路块串联，则应该用 ANB 指令。

多路输出指令的用法如图 5-2 所示。

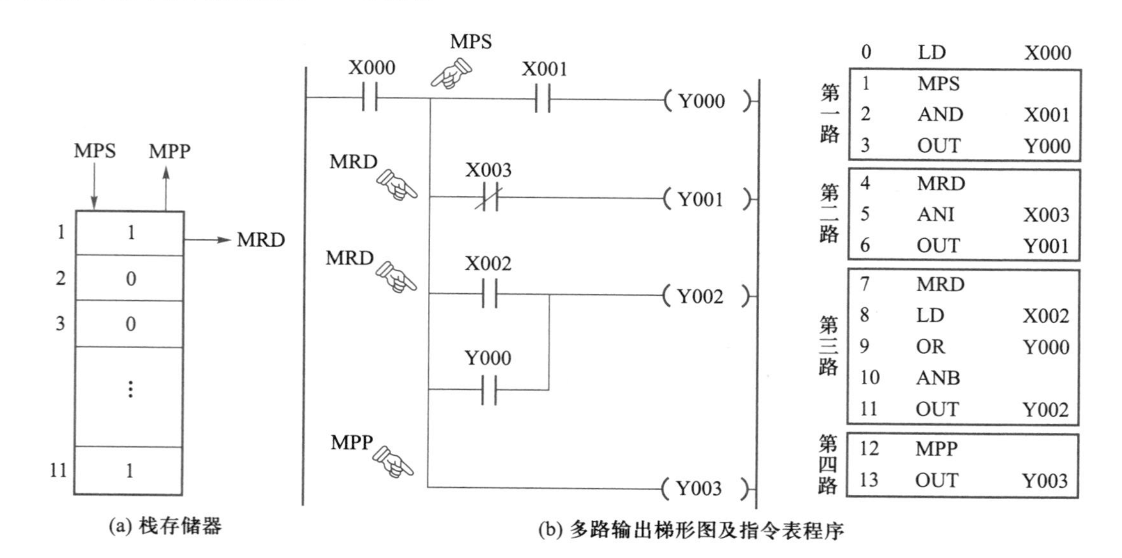


(a) 栈存储器　　(b) 多路输出梯形图及指令表程序

图 5-2　多路输出指令的用法

## 项目实施

### 一、分配 I/O 地址

对于本控制任务，其 I/O 分配见表 5-1。

表 5-1　三相异步电动机接触器、按钮双重联锁正反转控制 I/O 分配表

| 输入 | | | 输出 | | |
|---|---|---|---|---|---|
| 输入元件 | 作用 | 输入继电器 | 输出元件 | 作用 | 输出继电器 |
| SB1 | 停止按钮 | X0 | KM1 | 正转接触器 | Y1 |
| SB2 | 正转运行按钮 | X1 | KM2 | 反转接触器 | Y2 |
| SB3 | 反转运行按钮 | X2 | | | |
| FR | 过载保护 | X3 | | | |

### 二、绘制 PLC 输入/输出接线图

根据输入/输出点的分配，画出 PLC 的接线图，停止按钮及热继电器使用动断触点，以提高安全保障。其接线图如图 5-3 所示，图中 PLC 外部负载输出回路中串入了 KM1、KM2 的互锁触点，实现硬件联锁，其作用是保证 KM1 和 KM2 线圈不能同时通电，以防止主电路电源发生相间短路事故。这是因为正反转时 PLC 内部输出继电器的动作最多相差一个扫描周期，而一个扫描周期往往远大于接触器触点的断开时间，来不及响应，造成 KM1 和 KM2 的主触点同时闭合的情况存在，从而造成电源短路事故。

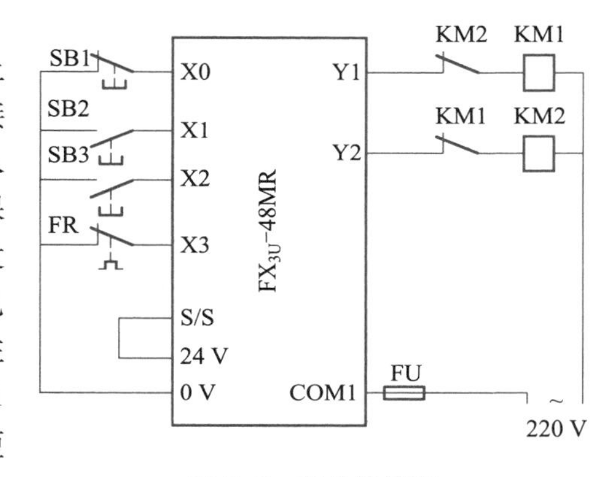


图 5-3　PLC 接线图

### 三、编制梯形图和指令表程序

此电路如果直接按继电器-接触器控制电路编程，考虑 SB1、FR 使用动断接入，因此梯形图中采用负逻辑，X0、X3 使用动合触点，其梯形图和指令表程序如图 5-4 所示，图中一个梯级上有两路输出，需要多路输出指令。

上述梯形图还有几种优化设计的方法。

方法一：在继电器-接触器控制电路中，为了减少元件，少用触点，从而节约硬件成本，各个线圈的控制电路相互关联，交织在一起，而梯形图中的触点是软元件，无限多次使用不会增加硬件成本，所以可以将各线圈的控制电路分离开来，将图 5-4 中的 X0 和 X3 分别串入两条输出回路中去，再利用梯形图“上重下轻，左重右轻”的优化原则进行适当调整，得到优化后的梯形图和指令表程序，如图 5-5 所示，从而避免了使用多路输出指令和块指令。

方法二：可以借助辅助继电器（M）来实现，将梯形图中多路输出的公共部分另起一个梯级，用它来驱动一个辅助继电器，再将这个辅助继电器的动合触点串入多路输出的每一条支路中，以达到相同的控制功能，优化后的梯形图如图 5-6 所示。在多路输出的支路比较多的情况下，这种编程方法将会使梯形图看上去更清晰，是一种可取的设计方法。

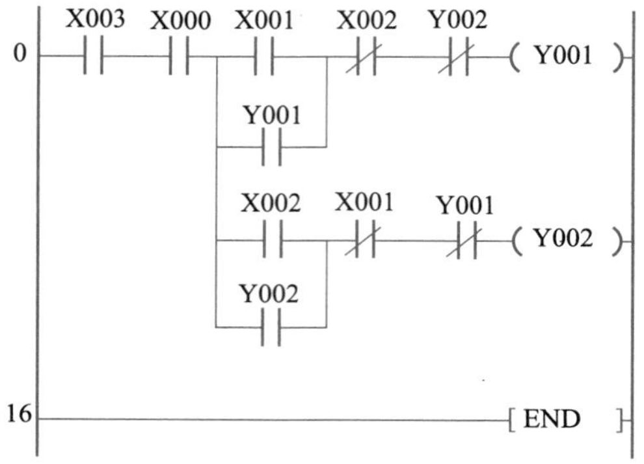

(a) 梯形图

| 步 | 指令 | 元件 | 步 | 指令 | 元件 |
|---|---|---|---|---|---|
| 0 | LD | X003 | 9 | MPP | |
| 1 | AND | X000 | 10 | LD | X002 |
| 2 | MPS | | 11 | OR | Y002 |
| 3 | LD | X001 | 12 | ANB | |
| 4 | OR | Y001 | 13 | ANI | X001 |
| 5 | ANB | | 14 | ANI | Y001 |
| 6 | ANI | X002 | 15 | OUT | Y002 |
| 7 | ANI | Y002 | 16 | END | |
| 8 | OUT | Y001 | | | |

(b) 指令表

图 5-4　多路输出指令编写的电动机正反转 PLC 控制程序

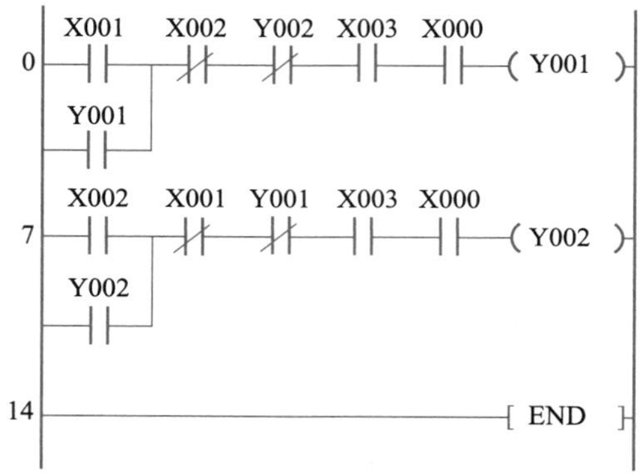

(a) 梯形图

| 步 | 指令 | 元件 | 步 | 指令 | 元件 |
|---|---|---|---|---|---|
| 0 | LD | X001 | 8 | OR | Y002 |
| 1 | OR | Y001 | 9 | ANI | X001 |
| 2 | ANI | X002 | 10 | ANI | Y001 |
| 3 | ANI | Y002 | 11 | AND | X003 |
| 4 | AND | X003 | 12 | AND | X000 |
| 5 | AND | X000 | 13 | OUT | Y002 |
| 6 | OUT | Y001 | 14 | END | |
| 7 | LD | X002 | | | |

(b) 指令表

图 5-5　优化方法一

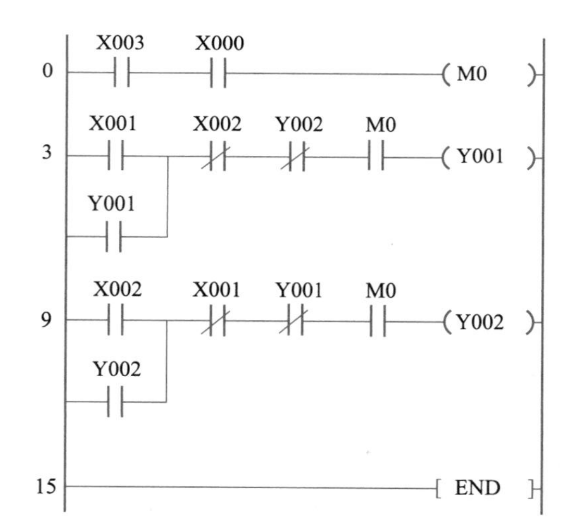


图 5-6　优化方法二

## 四、根据 PLC 输入/输出接线图安装电路

进行电气线路安装之前，首先确保设备处于断电状态，电路安装结束后，一定要进行通电前的检查，保证电路连接正确。通电之后，对输入点要进行必要的检查，以达到正常工作的要求。

## 五、调试设备达到规定的控制要求

**1. 下载PLC程序**

按优化方法一编制程序，如图5-5所示。在检查电路正确无误后，利用通信电缆将程序写入PLC。

**2. 程序监控、功能调试**

程序功能的调试要根据工作任务的要求，一步一步进行，边调试边调整程序，最终达到功能要求。本工作任务可按以下步骤进行。

第一步：将PLC的工作状态置于“RUN”，按F3键或单击工具栏中按钮，进入程序监视模式，通过监视界面观察所有输入点是否处于规定状态。其正常监视界面如图5-7所示，已为Y1、Y2通电做好了准备。

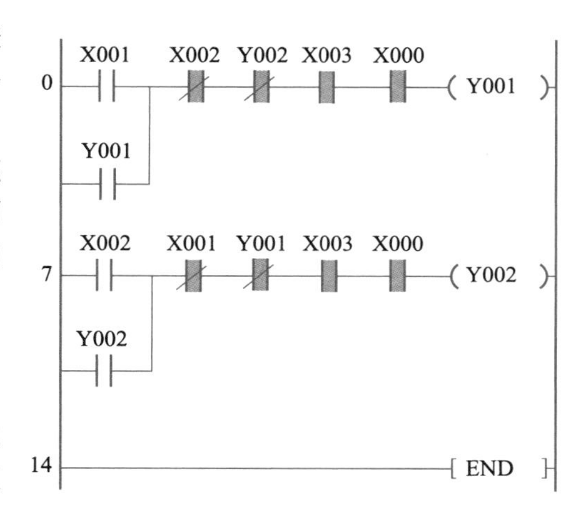


图5-7　监视界面（按钮均未动作）

第二步：电动机正转运行检查。

按下正转运行按钮SB2，其监视界面如图5-8所示，X1动合触点接通，动断触点分断，Y1通电，KM1线圈通电，电动机正转启动运行。松开SB2，X1的动合触点恢复断开，动断触点恢复闭合，其监视界面如图5-9所示，由于自锁，电动机继续正转运行。

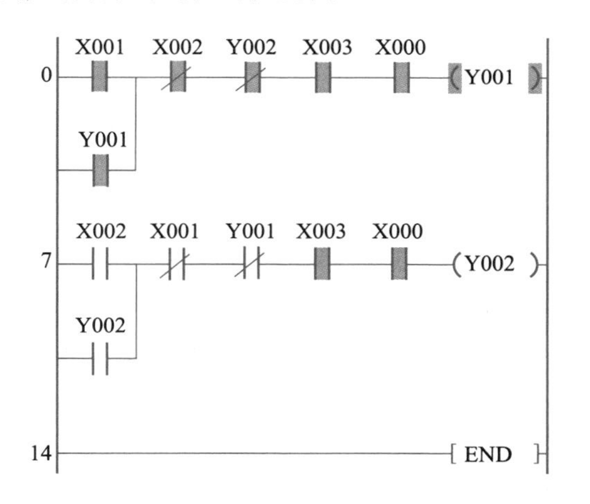


图5-8　监视界面（按下按钮SB2）

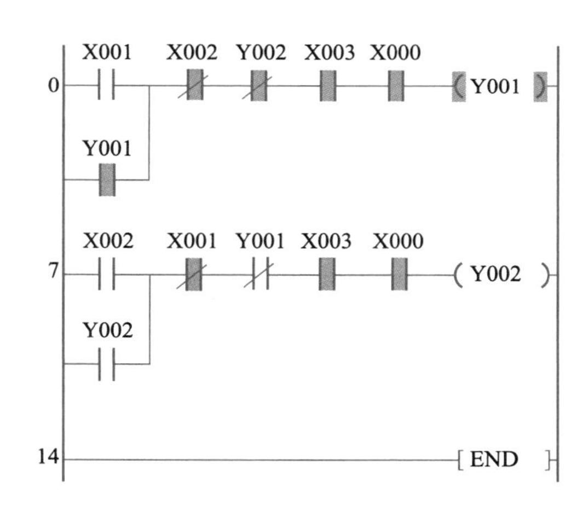


图5-9　监视界面（松开按钮SB2）

第三步：电动机反转运行检查。

按下反转运行按钮SB3，其监视界面如图5-10所示，X2动合触点接通，动断触点分断，Y2通电，KM2线圈通电，电动机反转启动运行。松开SB3，X2的动合触点恢复断开，动断触点恢复闭合，其监视界面如图5-11所示，由于自锁，电动机继续反转运行。

第四步：停止运行检查。

按下停止按钮SB1或模拟电动机过载（操作FR使其分断），其监视界面如图5-7所示。电动机停止运行。

如果以上每一步都满足要求，则说明程序完全符合工作要求。如果有不满足控制要求的地方，根据现象，利用程序的监控，找出错误的地方，修正程序后再重新调试。

操作完成后，将设备停电，并按管理规范要求整理工位。

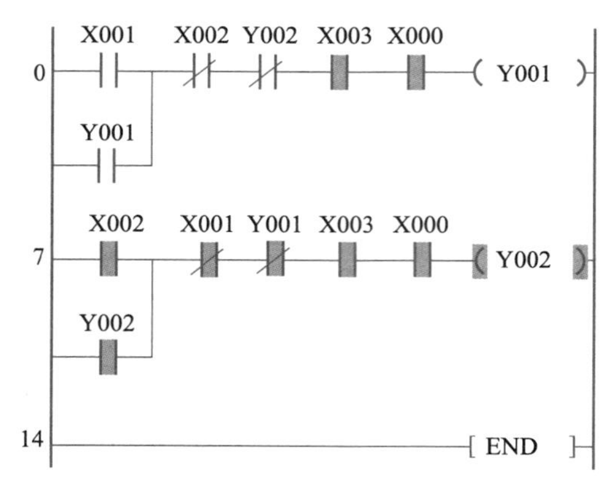

图 5-10　监视界面（按下按钮 SB3）

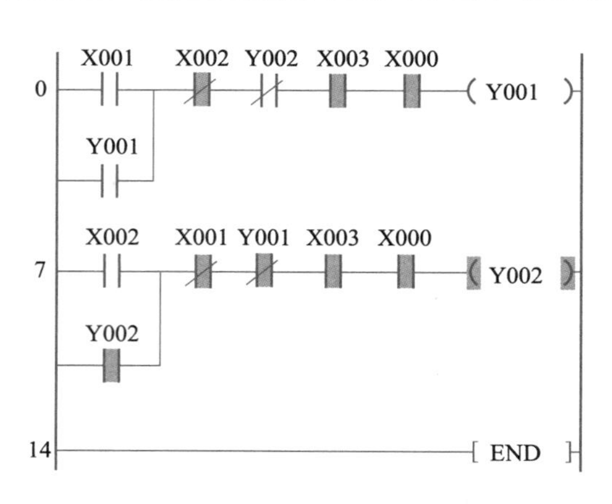


图 5-11　监视界面（松开按钮 SB3）

## 项目评价

项目完成后，填写调试过程记录表 5-2。对整个项目的完成情况进行评价与考核，可分为教师评价和学生自评两部分，参考评价表见附录表 A-1、附录表 A-2。

表 5-2　调试过程记录表

| 序号 | 项目 | 完成情况记录 | 备注 |
|---|---|---|---|
| 1 | 电路连接正确 | 是（　　）<br>不是（　　） | |
| 2 | 程序编写完成 | 是（　　）<br>不是（　　） | |
| 3 | 按下正转运行按钮 SB2，Y1（KM1）通电，电动机正向连续工作 | 是（　　）<br>不是（　　） | |
| 4 | 按下反转运行按钮 SB3，Y1（KM1）断电，Y2（KM2）通电，电动机反向连续运行 | 是（　　）<br>不是（　　） | |
| 5 | 按下正转运行按钮 SB2，Y2（KM2）断电，Y1（KM1）通电，电动机正向连续运行 | 是（　　）<br>不是（　　） | |
| 6 | 按下停止按钮 SB1，Y1（KM1）、Y2（KM2）断电，电动机停止运行 | 是（　　）<br>不是（　　） | |
| 7 | 再次启动后，模拟热继电器 FR 动作，Y1（KM1）、Y2（KM2）断电，电动机停止运行 | 是（　　）<br>不是（　　） | |
| 8 | 完成后，按照管理规范要求整理工位 | 是（　　）<br>不是（　　） | |

## 项目拓展

### 一、MC 主控指令

功能：通过 MC 操作软元件 Y 或 M 动合触点，将左母线临时移到 MC 触点之后，形成一个主控电路块。

## 二、MCR 主控复位指令

功能：取消临时左母线，即将左母线返回到原来位置，结束主控电路块，MCR 是主控电路的终点。

## 三、MC、MCR 指令用法

（1）MC 指令必须有条件，当条件具备时，执行该主控段内的程序；条件不具备时，该主控段内的程序不执行。此时该程序主控段内的积算定时器、计数器、用 SET/RST 指令驱动的软元件保持其原来的状态，常规定时器和用 OUT 驱动的软元件状态变为 OFF 状态。

（2）使用 MC 指令后，相当于母线移到主控触点之后，因此与主控触点相连的触点必须用 LD 或 LDI 指令。再由 MCR 指令使母线回到主母线上，因此 MC、MCR 指令必须成对出现。

（3）使用主控指令的梯形图中，仍然不允许双线圈输出。

（4）MC 指令可以嵌套使用，即在 MC 指令内可再使用 MC 指令，嵌套级 N 的编号 0~7 依次增大，用 MCR 指令返回时，嵌套级的编号由大到小依次解除。

MC、MCR 指令的用法如图 5-12 所示，对应梯形图程序的指令表程序如图 5-13 所示。图 5-12（a）中，X0 动合触点接通，主控条件满足，执行主控段内的程序，再使 X1、X2 动合触点接通一下，Y1 和 Y2 被驱动。图 5-12（b）中，X0 动合触点分断，主控条件不满足，主控程序段内的程序不执行，但由 SET 所驱动的软元件状态不变。

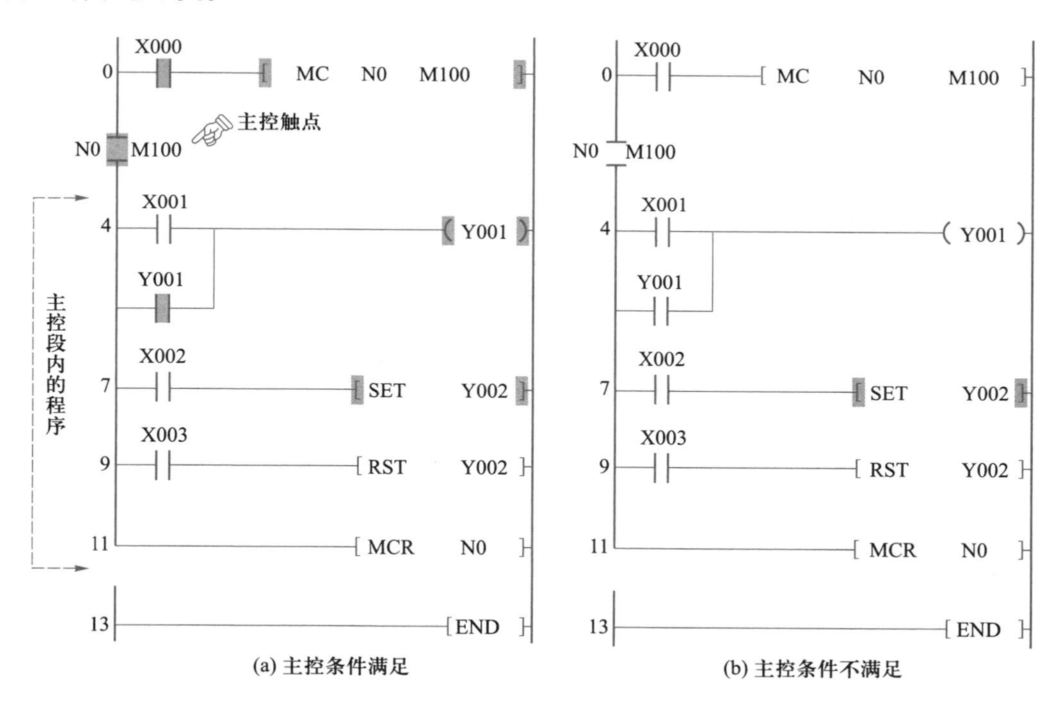

(a) 主控条件满足　　(b) 主控条件不满足

图 5-12　MC、MCR 指令的用法

| | | | | | | |
|---|---|---|---|---|---|---|
| 0 | LD | X000 | | 8 | SET | Y002 |
| 1 | MC | N0 | M100 | 9 | LD | X003 |
| 4 | LD | X001 | | 10 | RST | Y002 |
| 5 | OR | Y001 | | 11 | MCR | N0 |
| 6 | OUT | Y001 | | 13 | END | |
| 7 | LD | X002 | | | | |

图 5-13　MC、MCR 指令对应的指令表程序

## 思考与实践

1. 写出图 5-14 所示梯形图的指令表程序。
2. 写出图 5-15 所示梯形图的指令表程序。

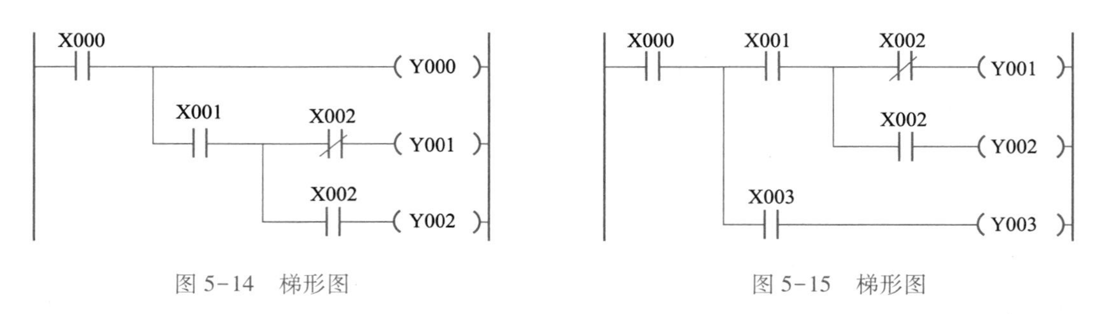


图 5-14　梯形图　　　图 5-15　梯形图

3. 某车间运料传送带分为两段，由两台电动机 M1 和 M2 分别驱动，其继电器-接触器控制电路如图 5-16 所示，控制功能是：

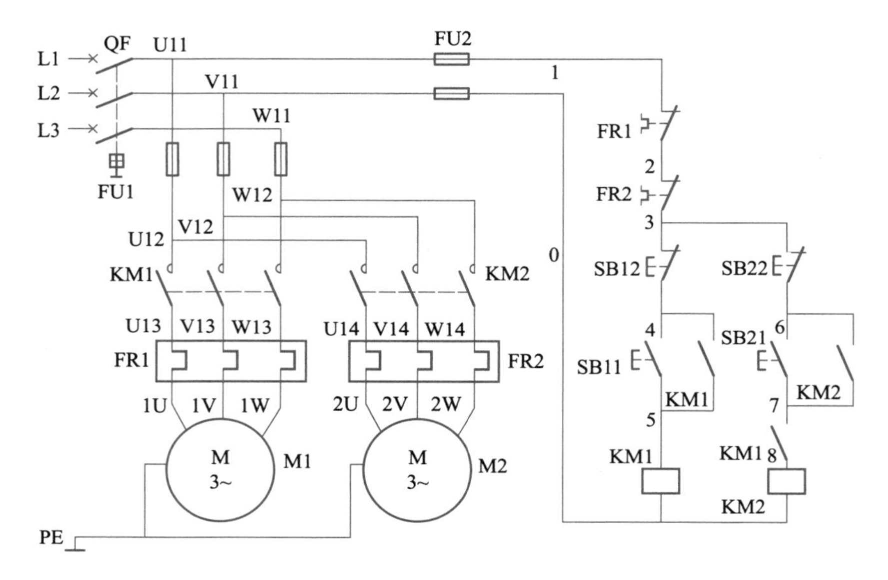


图 5-16　两级传送带控制电路

（1）M1、M2 为顺序启动，即 M1 电动机未启动，M2 电动机不能启动；M1 启动后，M2 才能启动。

（2）M2 电动机可独立停止，但 M1 电动机停止时，M2 电动机也停止。

现要进行 PLC 改造。要求画出主电路，分配 I/O 地址及绘制 PLC 接线图，设计程序并进行调试。

# 项目六

# 三相异步电动机 Y-Δ 降压启动控制

## 项目目标

1. 熟悉定时器的使用方法。
2. 会编辑与调试三相异步电动机 Y-Δ 降压启动控制的 PLC 程序。

## 项目描述

正常运行时三相定子绕组作三角形联结的三相笼形异步电动机可采用 Y-Δ 降压启动，以达到限制启动电流的目的。

图 6-1 所示为三相异步电动机 Y-Δ 降压启动控制原理图，合上电源开关 QS，按下启动按钮 SB1，接触器 KM、$KM_Y$ 和时间继电器 KT 通电，电动机接成星形接法降压启动，当 KT 延时（设定为 5 s）时间到后，接触器 $KM_Y$ 线圈断电，接触器 $KM_\Delta$ 线圈通电，电动机接成三角形全压运行。若按下 SB2 或电动机过载保护 FR 触点动作，则接触器线圈断电，电动机停止运行。

如何使用 PLC 控制来实现三相异步电动机 Y-Δ 启动控制呢？利用 PLC 编程元件中的输入、输出继电器和时间继电器，基本指令可实现上述控制功能要求。

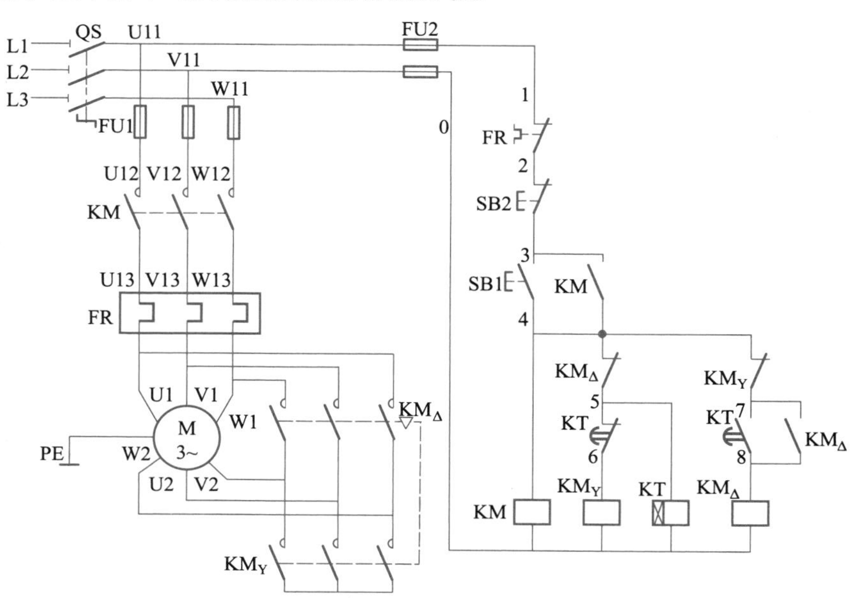


图 6-1　三相异步电动机 Y-Δ 启动控制原理图

## 知识准备

### 一、定时器（T）

PLC 中的定时器（T）相当于继电器-接触器控制系统中的通电延时型时间继电器。定时器是根据PLC 内部时钟脉冲的累积计时的，FX 系列 PLC 内有周期为 1 ms、10 ms、100 ms 的 3 种时钟脉冲。定时器延时从线圈通电开始。当定时器的当前值达到其设定值时，其输出触点动作，即其动合触点闭合，动断触点断开。它可以提供无数对动合、动断触点。定时器中有一个设定值寄存器（一个字长）、一个当前值寄存器（一个字长）和一个用来存储其输出点状态的映像寄存器（占二进制的 1 位），这 3 个寄存器使用同一个元件编号，但使用场合不一样，意义也不同。设定值可用十进制常数 K 直接设定，其设定范围为 1~32767，也可用数据寄存器 D 的内容间接设定。FX 系列 PLC 的定时器分类及编号范围见表 6-1。

**表 6-1　FX 系列 PLC 的定时器分类及编号范围**

<table>
<tr><th rowspan="2">PLC 系列</th><th colspan="3">通用型</th><th colspan="2">积算型</th></tr>
<tr><th>100 ms</th><th>10 ms</th><th>1 ms</th><th>1 ms</th><th>100 ms</th></tr>
<tr><td>FX$_{1S}$</td><td>63 点<br>（T0~T62）</td><td>31 点<br>（T32~T62）</td><td>1 点<br>（T63）</td><td>—</td><td>—</td></tr>
<tr><td>FX$_{1N}$、FX$_{2N}$、FX$_{2NC}$</td><td rowspan="2">200 点<br>（T0~T199）</td><td rowspan="2">46 点<br>（T200~T245）</td><td>—</td><td rowspan="2">4 点<br>（T246~T249）</td><td rowspan="2">6 点<br>（T250~T255）</td></tr>
<tr><td>FX$_{3U}$</td><td>256 点<br>（T256~T511）</td></tr>
</table>

FX 系列中定时器可分为通用型定时器、积算型定时器两种。通用型定时器在驱动定时器线圈接通后开始计时，当定时器的当前值达到设定值时，其触点动作。通用型定时器无断电保持功能，即当线圈驱动条件断开或停电时定时器自动复位（定时器的当前值回零，触点复位）。当线圈驱动条件再次满足时，定时器重新计时。通用型定时器有 100 ms、10 ms 和 1 ms 三种。

**1. 100 ms 通用型定时器**

FX$_{1S}$型 PLC 内有 100 ms 通用型定时器 63 点（T0~T62）；FX$_{1N}$、FX$_{2N}$、FX$_{2NC}$和 FX$_{3U}$型 PLC 内有 100 ms 通用型定时器 200 点（T0~T199），其中 T192~T199 为子程序和中断服务程序专用定时器。这类定时器是对 100 ms 时钟进行累积计数，设定值为 K1~K32767，其定时范围为 0.1~3 276.7 s。

若要使用这种定时器定时 3 s，3 s=30×100 ms，其常数 K=30。

**2. 10 ms 通用型定时器**

当特殊辅助继电器 M8028 为 ON 时，FX$_{1S}$型 PLC 内有 10 ms 通用型定时器 31 点（T32~T62）；FX$_{1N}$、FX$_{2N}$、FX$_{2NC}$和 FX$_{3U}$型 PLC 内有 10 ms 通用型定时器 46 点（T200~T245）。这类定时器是对 10 ms 时钟进行累积计数，设定值为 K1~K32767，其定时范围为 0.01~327.67 s。

若使用这种定时器进行 3 s 定时，3 s=300×10 ms，其常数 K=300。

**3. 1 ms 通用型定时器**

FX$_{1S}$型 PLC 内有 1 ms 通用型定时器 1 点（T63）；FX$_{3U}$型 PLC 内有 1 ms 通用型定时器 256 点（T256~T511）。这类定时器是对 1 ms 时钟进行累积计数，设定值为 K1~K32767，其定时范围为 0.001~32.767 s。

若使用这种定时器进行 3 s 定时，3 s=3 000×1 ms，其常数 K=3 000。

通用型定时器的基本用法如图 6-2 所示，当输入 X0 接通时，定时器 T0 从 0 开始对 100 ms 时钟脉冲进行累积计数，当 T0 的当前值与设定值 K30 相等时，定时器的动合触点接通，Y0 接通，经过的时间为 $30\times100\ ms=3\ s$。当 X0 断开时，定时器 T0 复位，当前值变为 0，其动合触点断开，Y0 也随之断电。若外部电源断电，则定时器被复位。

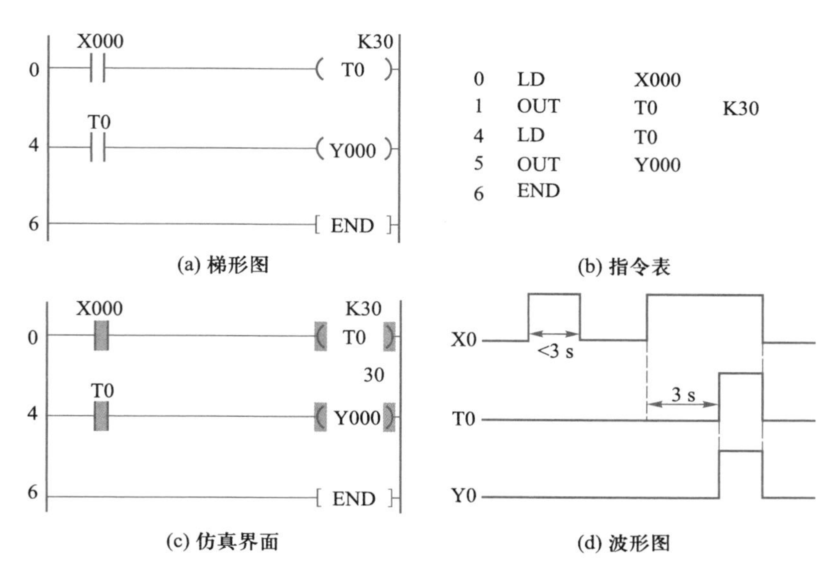


图 6-2　通用型定时器基本用法

## 二、几种常用的通用型定时器用法

### 1. 通电延时接通控制

图 6-3 所示为通电延时接通控制程序，当输入信号 X1 接通时，辅助继电器 M10 通电并自锁，同时定时器 T200 开始定时，当定时值达到 $500\times10\ ms=5\ s$ 时，定时时间到，定时器 T200 的动合触点闭合，输出继电器 Y0 接通，当输入信号 X0 接通时，辅助继电器 M10 断电，定时器 T200 复位，定时器 T200 的动合触点分断，输出继电器 Y0 断电，实现通电延时接通功能。

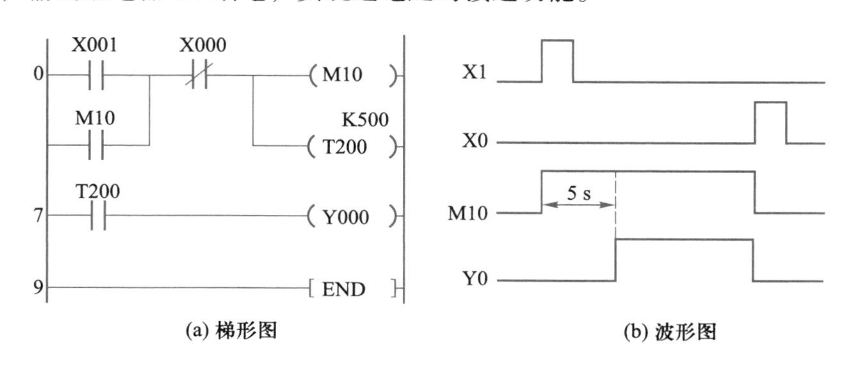


图 6-3　通电延时接通控制程序

### 2. 通电延时断开控制

图 6-4 所示为通电延时断开控制程序，当输入信号 X0 接通时，输出继电器 Y0 通电并自锁，同时定时器 T0 开始定时，当定时值达到 12 s 时，定时时间到的下一个扫描周期，由于定时器 T0 的动断触点分断，输出继电器 Y0 断电，定时器 T0 被复位，实现通电延时断开的功能。

### 3. 断电延时断开控制

图 6-5 所示为断电延时断开控制程序，当输入信号 X1 接通时，辅助继电器 M10 和输出继电器 Y0 同时接通并实现自锁。当输入信号 X0 接通时，辅助继电器 M10 断电，其动断触点闭合（此时 Y0 的动

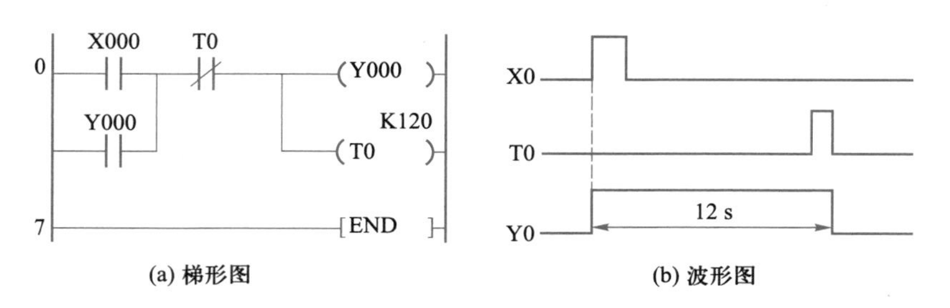


(a) 梯形图　　(b) 波形图

图 6-4　通电延时断开控制程序

合触点仍闭合)，定时器 T0 开始定时，当定时值达到 5 s 时，定时时间到，T0 的动断触点分断，输出继电器 Y0 断电，实现断电延时断开的功能。

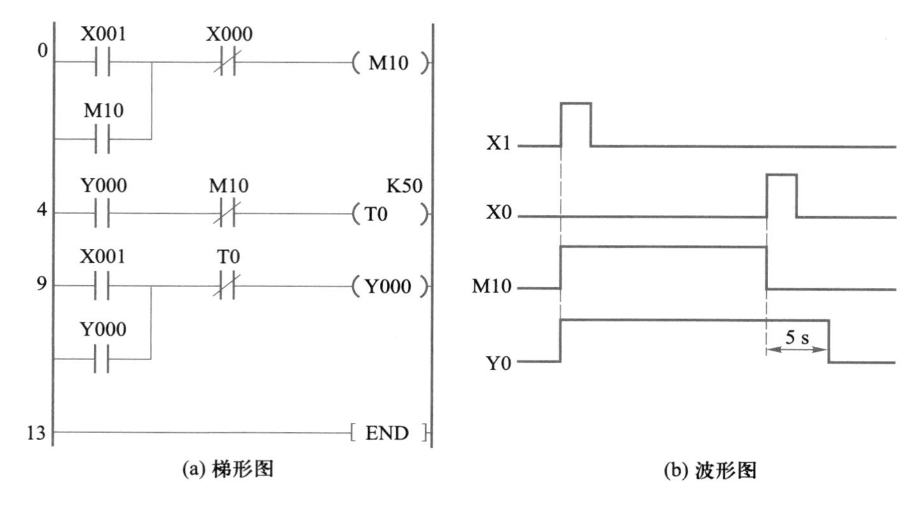


(a) 梯形图　　(b) 波形图

图 6-5　断电延时断开控制程序

**4. 灯光闪烁电路**

控制要求：按下启动按钮后，灯亮 2 s 灭 3 s；按下停止按钮后灯灭。

灯光闪烁电路控制程序如图 6-6 所示。当输入信号 X1 接通时，辅助继电器 M10 接通并实现自锁，辅助继电器 M10 动合触点接通，由于定时器 T0 的动断触点闭合，输出继电器 Y0 通电，同时定时器

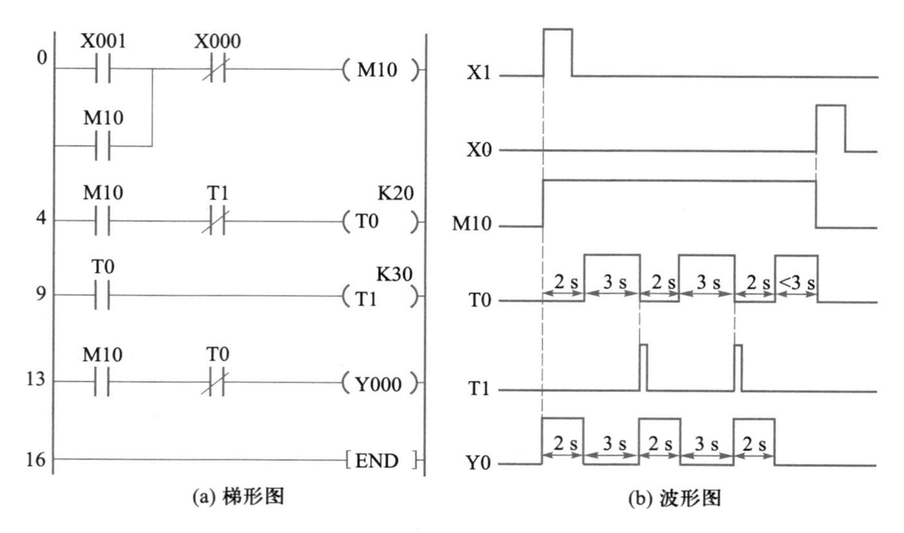


(a) 梯形图　　(b) 波形图

图 6-6　灯光闪烁电路控制程序

T0 开始定时，当定时值达到 2 s 时，T0 的动合触点接通，动断触点分断，Y0 断电，T1 定时器开始定时，当定时值达到 3 s 时，T1 的动断触点分断，定时器 T0 断电，T0 的动合触点恢复断开，定时器 T1 断电，T1 的动断触点恢复闭合，T0 又重新开始定时，输出继电器 Y0 灭 3 s 后又重新亮起，周而复始，直至输入信号 X0 接通，辅助继电器 M10 断电，使输出继电器 Y0 断电。

## 项目实施

### 一、分配 I/O 地址

对于本控制任务，其 I/O 分配见表 6-2。

表 6-2　三相异步电动机 Y-Δ 启动控制 I/O 分配表

| 输入 | | | 输出 | | |
|---|---|---|---|---|---|
| 输入元件 | 作用 | 输入继电器 | 输出元件 | 作用 | 输出继电器 |
| SB1 | 启动按钮 | X0 | KM | 三相电源引入 | Y0 |
| SB2 | 停止按钮 | X1 | $KM_Y$ | 将定子绕组接成星形 | Y1 |
| FR | 过载保护 | X2 | $KM_Δ$ | 将定子绕组接成三角形 | Y2 |

### 二、绘制 PLC 输入/输出接线图

根据输入/输出点的分配，画出三相异步电动机 Y-Δ 降压启动控制 PLC 接线图，如图 6-7 所示。

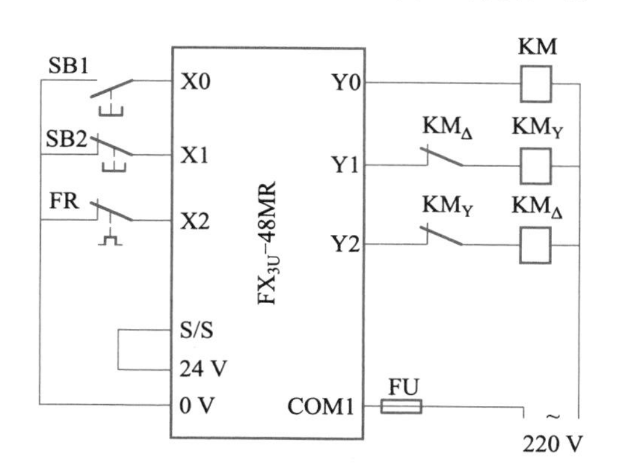


图 6-7　三相异步电动机 Y-Δ 降压启动控制 PLC 接线图

### 三、编制梯形图和指令表程序

此电路如果直接按接触器-继电器控制线路编程，考虑 SB2、FR 使用动断触点接入，因此梯形图中采用负逻辑，X1、X2 使用动断触点，其梯形图和指令表程序如图 6-8 所示，图中一个梯级有三路输出，需要用到多路输出指令。

在继电器-接触器控制电路中，为了减少元件，少用触点，从而节约硬件成本，各个线圈的控制电路相互关联，交织在一起，而梯形图中的触点是软元件，触点无限次使用，不会增加硬件成本，

所以可以将各路的控制电路分离开来，$KM_Y$（Y1）和 KT（T0）支路通电的条件是 KM（Y0）线圈通电，即要在 Y1 和 T0 的支路上串入 Y0 的动合触点形成第二个梯级，同样，在 Y2 的支路上串入 Y0 的动合触点形成第三个梯级，这样可以解决多路输出的问题，经过优化后的梯形图如图 6-9 所示。

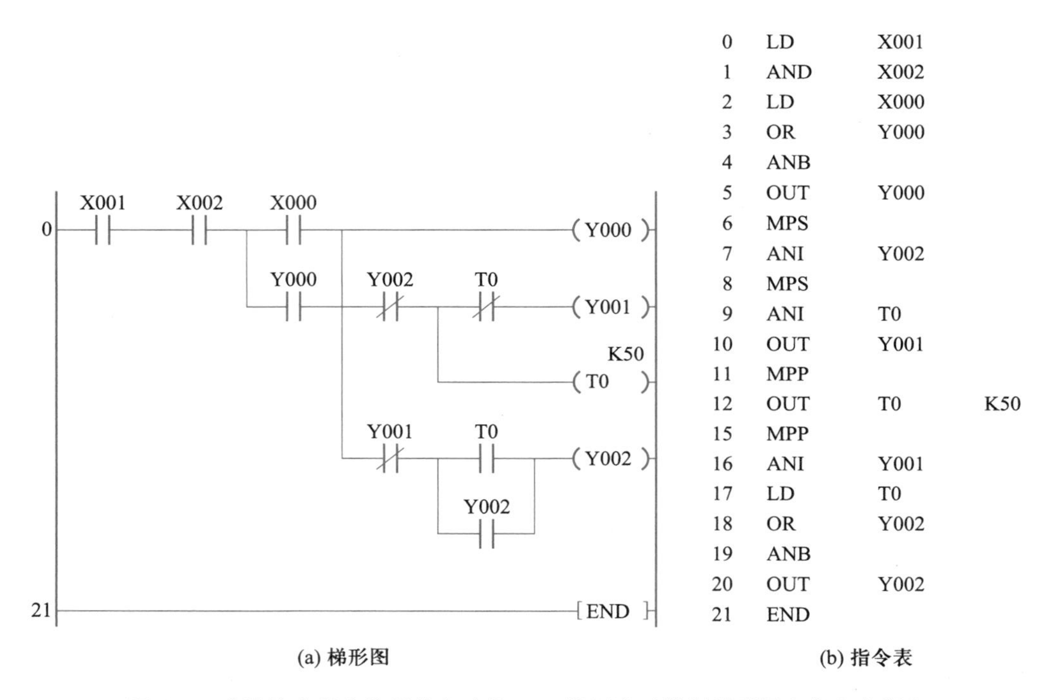


| 步 | 指令 | 元件 | 常数 |
|---|---|---|---|
| 0 | LD | X001 | |
| 1 | AND | X002 | |
| 2 | LD | X000 | |
| 3 | OR | Y000 | |
| 4 | ANB | | |
| 5 | OUT | Y000 | |
| 6 | MPS | | |
| 7 | ANI | Y002 | |
| 8 | MPS | | |
| 9 | ANI | T0 | |
| 10 | OUT | Y001 | |
| 11 | MPP | | |
| 12 | OUT | T0 | K50 |
| 15 | MPP | | |
| 16 | ANI | Y001 | |
| 17 | LD | T0 | |
| 18 | OR | Y002 | |
| 19 | ANB | | |
| 20 | OUT | Y002 | |
| 21 | END | | |

(a) 梯形图　　(b) 指令表

图 6-8　多路输出指令编写的电动机 Y-Δ 降压启动控制梯形图和指令表程序

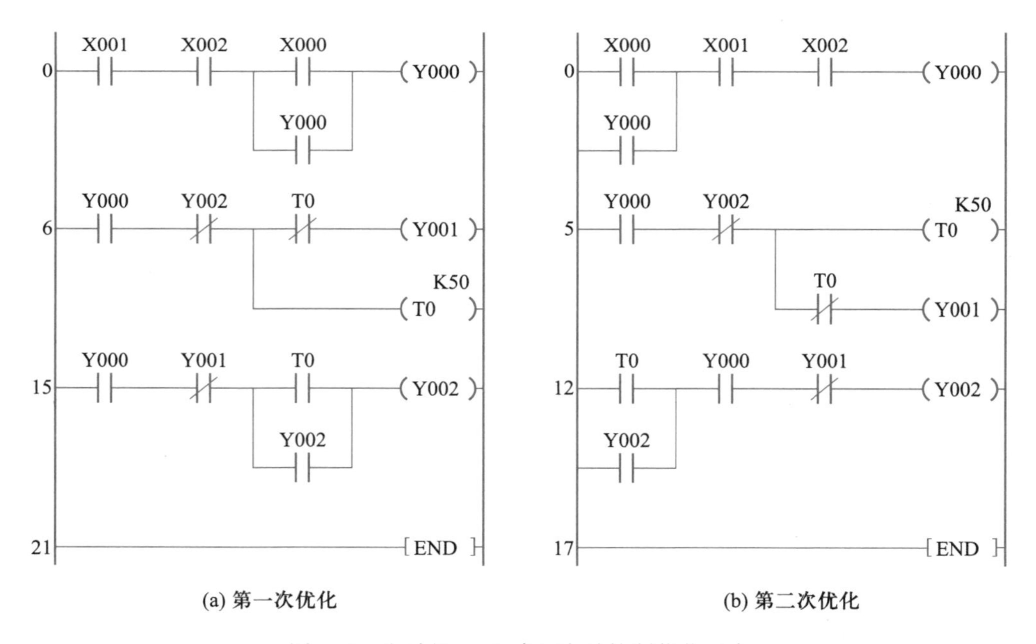


(a) 第一次优化　　(b) 第二次优化

图 6-9　电动机 Y-Δ 降压启动控制优化程序

## 四、根据 PLC 输入/输出接线图安装电路

进行电气线路安装之前，首先确保设备处于断电状态，电路安装结束后，一定要进行通电前的检查，保证电路连接正确。通电之后，对输入点要进行必要的检查，以达到正常工作的需要。

## 五、调试设备达到规定的控制要求

### 1. 下载 PLC 程序

在检查电路正确无误后，利用通信电缆将程序写入 PLC。

### 2. 程序功能调试

程序功能调试要根据工作任务的要求，一步一步进行，边调试边调整程序，最终达到功能要求。本工作任务调试可按以下步骤进行。

第一步：将 PLC 的工作状态置于“RUN”，通过监控观察所有输入点是否处于规定状态，X1、X2 处于接通状态，启动前监视界面如图 6-10 所示。

第二步：按下启动按钮 SB1，观察 Y0、Y1 是否通电或接触器线圈 KM、$KM_Y$ 是否通电，通过监控观察时间继电器有没有工作，电动机 M 有没有星形降压启动，监视界面如图 6-11 所示。

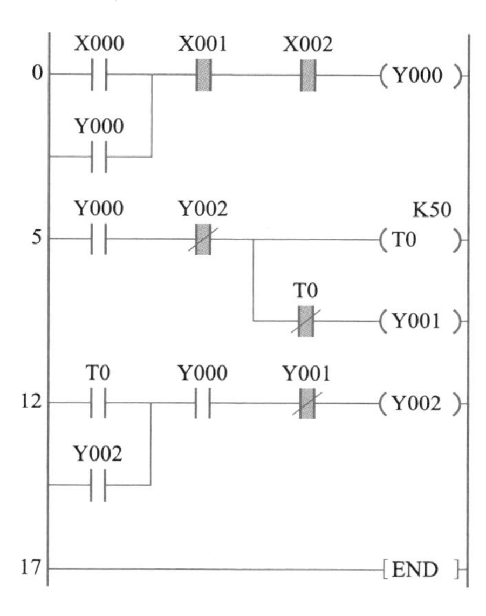


图 6-10　启动前监视界面

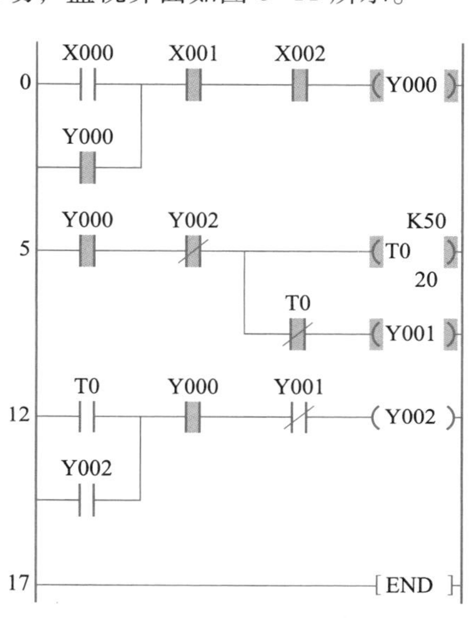


图 6-11　星形启动监视界面

当 T0 计时 5 s 到后，观察 Y1 是否断电，Y0、Y2 是否通电或接触器线圈 KM、$KM_{\Delta}$是否通电，电动机 M 有没有三角形全压运行，监视界面如图 6-12 所示。

第三步：按下停止按钮 SB2 或使 FR 动作，观察设备是否能停止工作。

第四步：再次按下启动按钮 SB1，观察设备是否具备再启动能力。

如果每一步都能满足要求，则说明程序完全符合工作要求，如果有不满足控制要求的地方，根据现象，利用程序的监控，找出错误的地方，修正程序后再重新调试。

操作完成后，将设备停电，并按管理规范要求整理工位。

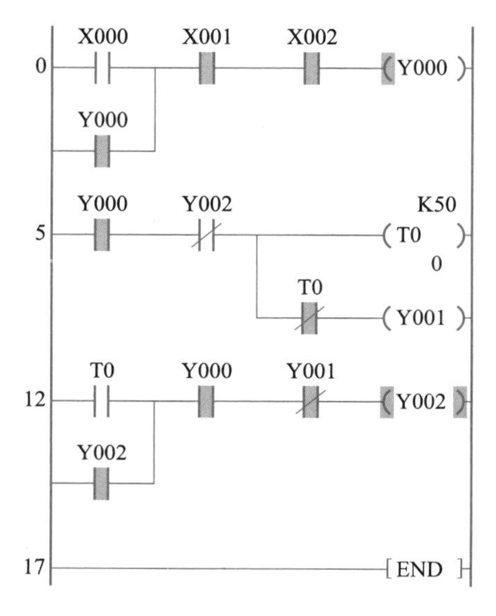


图 6-12　三角形运行监视界面

## 项目评价

项目完成后，填写调试过程记录表（见表 6-3）。对整个项目的完成情况进行评价与考核，可分为教师评价和学生自评两部分，参考评价表见附录表 A-1、附录表 A-2。

表 6-3　调试过程记录表

| 序号 | 项目 | 完成情况记录 | 备注 |
| --- | --- | --- | --- |
| 1 | 电路连接正确 | 是（　　） | |
| | | 不是（　　） | |
| 2 | 程序编写完成 | 是（　　） | |
| | | 不是（　　） | |
| 3 | 程序能下载 | 是（　　） | |
| | | 不是（　　） | |
| 4 | 程序能监控 | 是（　　） | |
| | | 不是（　　） | |
| 5 | 按下按钮 SB1，Y0、Y1 通电或接触器线圈 KM、$KM_Y$ 通电，电动机 M 接成星形降压启动 | 是（　　） | |
| | | 不是（　　） | |
| 6 | 5 s 后，Y1 断电，Y0、Y2 通电或接触器线圈 KM、$KM_\Delta$通电，电动机 M 接成三角形全压运行 | 是（　　） | |
| | | 不是（　　） | |
| 7 | 按下 SB2 或使 FR 动作，设备能停止工作 | 是（　　） | |
| | | 不是（　　） | |
| 8 | 再次按下按钮 SB1，检查设备能否再启动 | 是（　　） | |
| | | 不是（　　） | |
| 9 | 完成后，按照管理规范要求整理工位 | 是（　　） | |
| | | 不是（　　） | |

## 项目拓展

### 积算型定时器

积算型定时器具有计数累积功能。在定时过程中如果驱动信号断开或断电，积算型定时器将保持当前的计数值（当前值），定时器驱动信号再次接通或通电后继续累积，即其当前值有保持功能，积算型定时器必须使用 RST 指令复位，积算型定时器有 1 ms 和 100 ms 两种。

**1. 1 ms 积算型定时器**

$FX_{1N}$、$FX_{2N}$、$FX_{2NC}$和 $FX_{3U}$型 PLC 内有 1 ms 积算型定时器 4 点（T246~T249）。这类定时器是对 1 ms 时钟进行累积计数，设定值为 K1~K32767，其定时范围为 0.001~32.767 s。

**2. 100 ms 积算型定时器**

$FX_{1N}$、$FX_{2N}$、$FX_{2NC}$和 $FX_{3U}$型 PLC 内有 100 ms 积算型定时器 6 点（T250~T255）。这类定时器是对 100 ms 时钟进行累积计数，设定值为 K1~K32767，其定时范围为 0.1~3 276.7 s。

积算型定时器与通用型定时器的区别在于：定时器线圈的驱动信号断开或停电时，积算型定时器当前值保持，当驱动信号再次驱动或恢复来电时积算型定时器累计计时，当前值达到设定值时，输出触点动作；而通用型定时器在驱动信号断开或停电时，其当前值复位，当再次被驱动时，定时器又从 0 开始定时。积算型定时器必须要用复位信号才能复位；而通用型定时器只要驱动信号断开或断电就会被复位。积算型定时器的用法如图 6-13 所示。

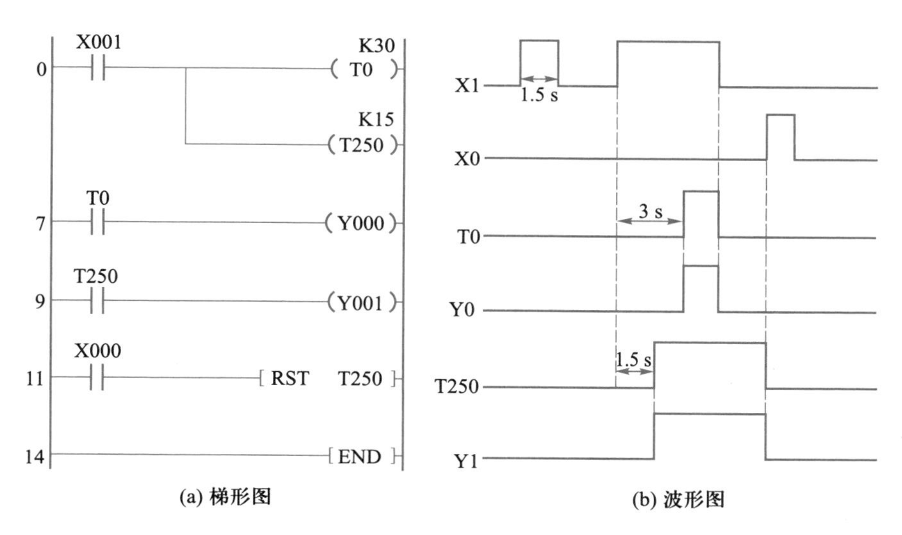


图 6-13　积算型定时器的用法

## 思考与实践

某车间运料传送带分为 2 段，由两台电动机 M1 和 M2 分别驱动，其继电器-接触器控制电路如图 6-14 所示，现要改变其控制功能为：M1、M2 为顺序启动，即 M1 电动机不启动，M2 电动机不能启动；M1 启动 10 s 后，M2 才能按启动按钮启动，其他功能不变。

现要进行 PLC 改造。要求画出主电路，分配 I/O 地址及绘制 PLC 接线图，设计程序并进行调试。

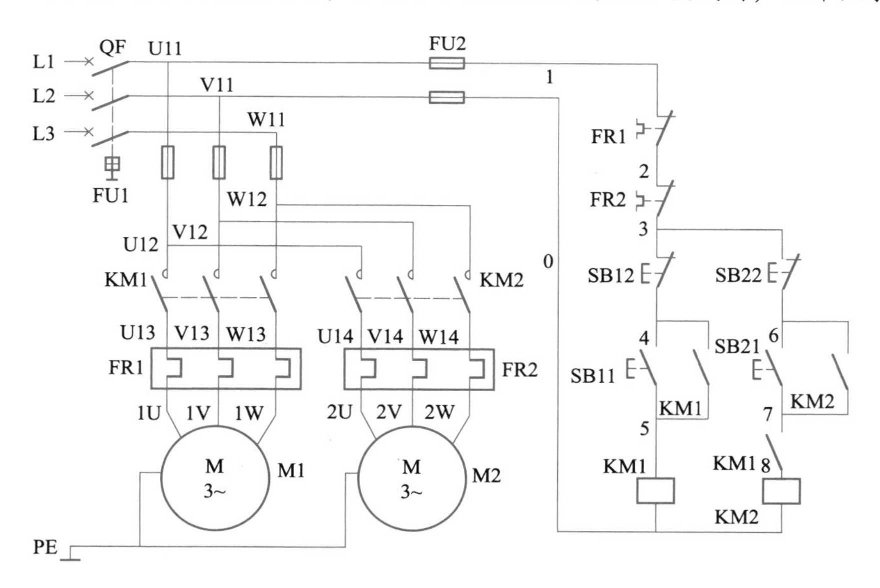


图 6-14　两级传送带控制电路

# 自动感应水龙头出水的控制

## 项目目标

1. 熟悉基本逻辑指令 LDP、LDF、ANDP、ANDF、ORP、ORF、PLS、PLF、MEP、MEF 的使用方法。

2. 会编辑与调试自动感应水龙头出水控制的 PLC 程序。

## 项目描述

某机场洗手间自动感应水龙头的出水控制要求为：当手伸到水龙头下方时，装在水龙头上的光电接近开关动作，经过 1 s 延时后出水电磁阀打开，出水时间为 5 s；当使用者离开后，再一次使出水电磁阀打开，出水时间为 2 s。

根据工作任务的控制要求，可以画出输入（光电接近开关）与输出（电磁阀）的波形关系，如图 7-1 所示。

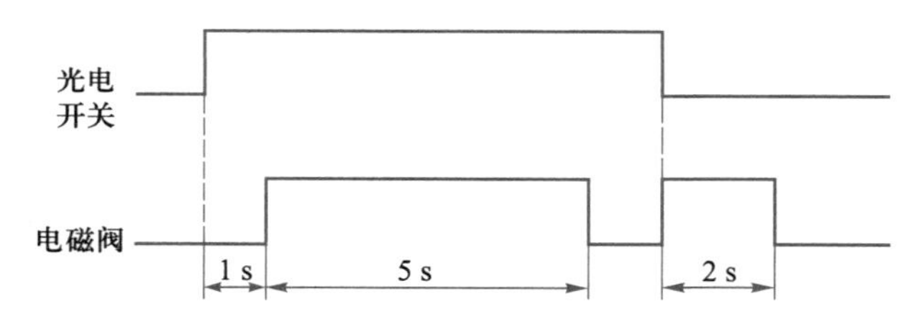


图 7-1　自动感应水龙头出水控制的波形图

从波形图上可以看出，当有人使用时（光电开关接通一次）电磁阀要接通两次，光电开关接通后延时 1 s 第一次接通电磁阀，这是一种时间控制，可用定时器（T）来实现。然后当使用者离开后第二次接通电磁阀，控制发生在光电接近开关由通到断的下跳瞬间，可使用光电开关的边沿检出指令来实现。

## 知识准备

### 边沿检出触点指令

#### 1. LDP 上升沿检出运算开始指令

功能：在与左母线相连指定的触点上升沿时，接通一个扫描周期，即取脉冲上升沿。

**2. LDF** 下降沿检出运算开始指令

功能：在与左母线相连指定的触点下降沿时，接通一个扫描周期，即取脉冲下降沿。

**3. ANDP** 上升沿检出串联指令

功能：与其他触点串联且指定的触点上升沿时，接通一个扫描周期，即取脉冲上升沿。

**4. ANDF** 下降沿检出串联指令

功能：与其他触点串联且指定的触点下降沿时，接通一个扫描周期，即取脉冲下降沿。

**5. ORP** 上升沿检出并联指令

功能：与其他触点并联且指定的触点上升沿时，接通一个扫描周期，即取脉冲上升沿。

**6. ORF** 下降沿检出并联指令

功能：与其他触点并联且指定的触点下降沿时，接通一个扫描周期，即取脉冲下降沿。

指令使用说明：

（1）这是一组与 LD、AND、OR 动合触点指令相对应的边沿检出指令，没有动断触点所对应的边沿检出指令。

（2）边沿检出指令的操作元件有 X、Y、M、T、C 和 S。

边沿检出指令的用法如图 7-2 所示

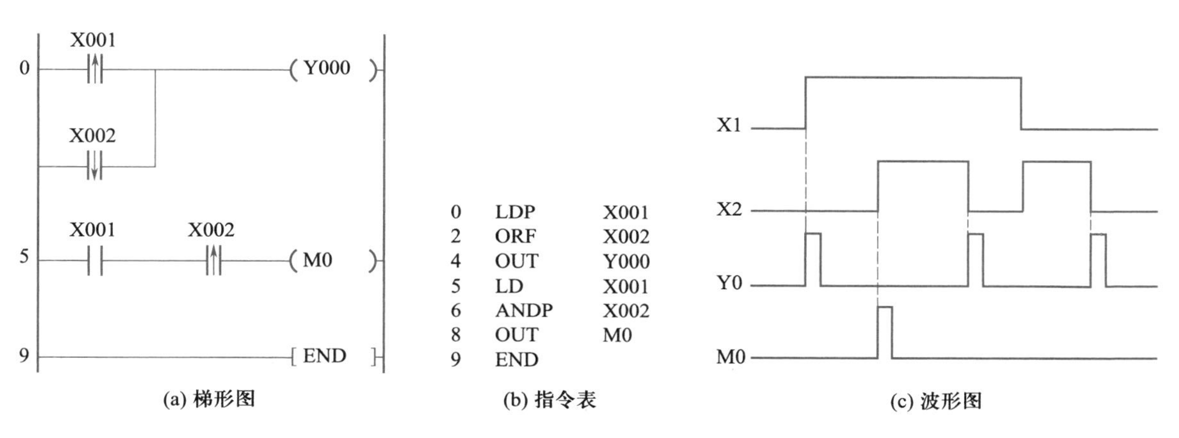


图 7-2　边沿检出指令的用法

## 项目实施

### 一、分配 I/O 地址

对于本控制任务，其 I/O 分配见表 7-1。

表 7-1　自动感应水龙头出水控制 I/O 分配表

| 输入 | | | 输出 | | |
|---|---|---|---|---|---|
| 输入元件 | 作用 | 输入继电器 | 输出元件 | 作用 | 输出继电器 |
| SQ | 光电接近开关 | X0 | YV | 电磁阀 | Y0 |

### 二、绘制 PLC 输入/输出接线图

根据输入/输出点的分配，画出 PLC 的接线图，如图 7-3 所示。

## 三、编制梯形图和指令表程序

下面设计自动感应水龙头出水控制程序。当有人使用时，装在水龙头上的光电接近开关（X0）动作，经过 1 s（T0）延时后出水电磁阀（Y0 被驱动）打开，出水时间为 5 s（T1），这可以由通电延时接通程序变化而来，无非是延时接通也由时间控制，考虑在整个洗手过程中，光电接近开关（X0）始终处于接通状态，所以要采用边沿检出指令，防止 M0 被再次驱动；当使用者离开后，再一次使出水电磁阀（Y0 被驱动）打开，出水时间为 2 s（T2），这可以采用接通延时断开程序，同样驱动的条件是使用者离开，处在光电接近开关（X0）下降沿时刻，其梯形图和指令表程序如图 7-4 所示。

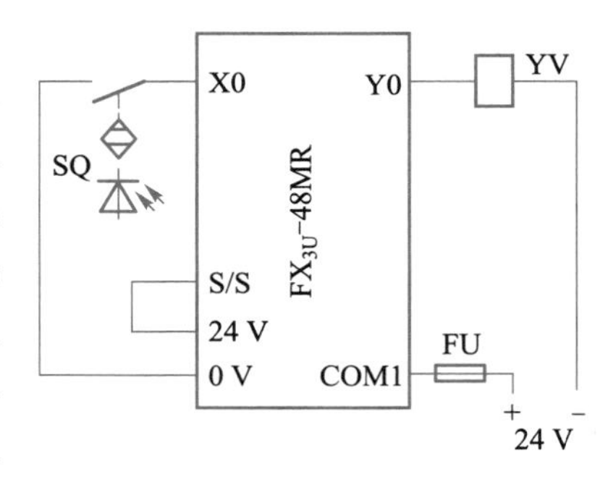


图 7-3　自动感应水龙头出水控制的 PLC 接线图

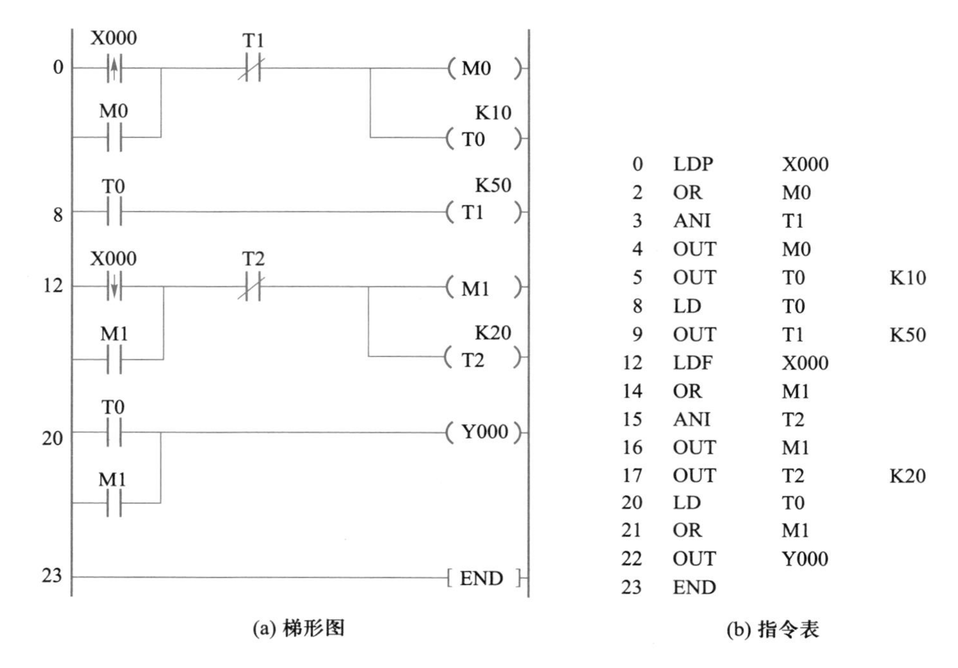


| | | | |
|---|---|---|---|
| 0 | LDP | X000 | |
| 2 | OR | M0 | |
| 3 | ANI | T1 | |
| 4 | OUT | M0 | |
| 5 | OUT | T0 | K10 |
| 8 | LD | T0 | |
| 9 | OUT | T1 | K50 |
| 12 | LDF | X000 | |
| 14 | OR | M1 | |
| 15 | ANI | T2 | |
| 16 | OUT | M1 | |
| 17 | OUT | T2 | K20 |
| 20 | LD | T0 | |
| 21 | OR | M1 | |
| 22 | OUT | Y000 | |
| 23 | END | | |

(b) 指令表

图 7-4　自动感应水龙头出水控制的 PLC 梯形图和指令表程序

## 四、根据 PLC 输入/输出接线图安装电路

进行电气线路安装之前，首先确保设备处于断电状态，电路安装结束后，一定要进行通电前的检查，保证电路连接正确。通电之后，对输入点（输入点最好使用不能自动复位的按钮或开关来接入）要进行必要的检查，以达到正常工作的需要。

## 五、调试设备达到规定的控制要求

### 1. 下载 PLC 程序

在检查电路正确无误后，利用通信电缆将程序写入 PLC。

### 2. 程序监控、功能调试

程序功能的调试要根据工作任务的要求，一步一步进行，边调试边调整程序，最终达到功能要求。本工作任务调试可按以下步骤进行。

第一步：将 PLC 的工作状态置于“RUN”，按 F3 键或单击工具栏中按钮，进入程序监视模式，通过监控界面观察所有输入点是否处于规定状态，初始监视界面如图 7-5 所示。

第二步：第一次出水检查：持续接通输入信号 X0，T0 开始定时，1 s 到后，Y0 通电，同时 T1 开始定时，5 s 到后，Y0 断电，第一次出水监视界面如图 7-6 所示。

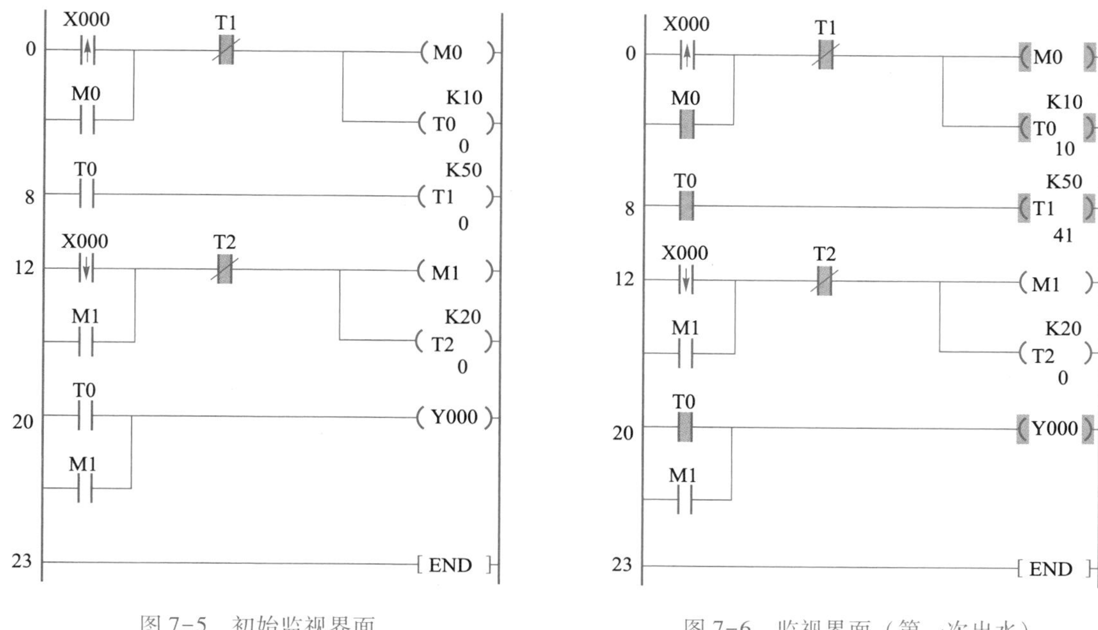


图 7-5　初始监视界面　　　　图 7-6　监视界面（第一次出水）

第三步：第二次出水检查：断开输入信号 X0，T2 开始定时，同时 Y0 通电，2 s 到后，Y0 断电，第二次出水监视界面如图 7-7 所示。

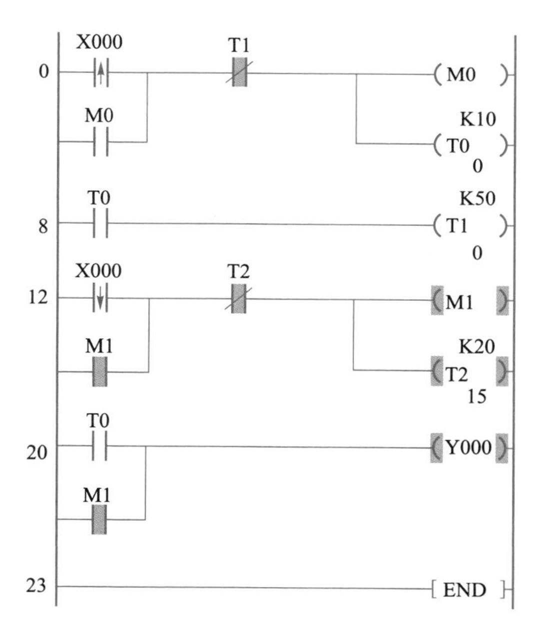


图 7-7　监视界面（第二次出水）

第四步：运行检查，再一次让 X0 通电，检查设备是否具有再运行功能，有时可能由于设计原因，该复位的 T、M 等未能复位，造成第二次工作不正常。

如果以上每一步都满足要求，则说明程序完全符合工作要求。如果有不满足控制要求的地方，根据现象，利用程序的监控，找出错误的地方，修正程序后再重新调试。

操作完成后，将设备停电，并按管理规范要求整理工位。

## 项目评价

项目完成后，填写调试过程记录表 7-2。对整个项目的完成情况进行评价与考核，可分为教师评价和学生自评两部分，参考评价表见附录表 A-1、附录表 A-2。

表 7-2　调试过程记录表

| 序号 | 项目 | 完成情况记录 | 备注 |
| --- | --- | --- | --- |
| 1 | 电路连接正确 | 是（　　）<br>不是（　　） | |
| 2 | 程序编写完成 | 是（　　）<br>不是（　　） | |
| 3 | 程序能下载 | 是（　　）<br>不是（　　） | |
| 4 | 程序能监控 | 是（　　）<br>不是（　　） | |
| 5 | 当 SQ（X0）接通后，Y0（YV）延时 1 s 后通电 | 是（　　）<br>不是（　　） | |
| 6 | Y0（KM1）通电 5 s 后断电 | 是（　　）<br>不是（　　） | |
| 7 | 断开 X0（SQ）后，Y0（YV）通电 2 s 后断电 | 是（　　）<br>不是（　　） | |
| 8 | 再次接通 X0，设备能再启动 | 是（　　）<br>不是（　　） | |
| 9 | 完成后，按照管理规范要求整理工位 | 是（　　）<br>不是（　　） | |

## 项目拓展

### 一、PLS/PLF 上升沿/下降沿微分指令

功能：当驱动信号的上升沿/下降沿到来时，操作元件接通一个扫描周期。

PLS/PLF 指令的使用说明：

（1）PLS、PLF 指令的目标元件为 Y 和 M。

（2）使用 PLS 时，仅在驱动输入接通后的一个扫描周期内接通目标元件，如图 7-8 所示，M0 仅在 X0 的动合触点由断到通的一个扫描周期内接通；使用 PLF 指令时只是利用输入信号的下降沿驱动，其他与 PLS 相同。

【应用举例】　使用 PLS/PLF 指令设计用单按钮控制灯的开关控制程序

要求：按钮（X0）第一次合上，灯（Y0）接通；X0 第二次合上，Y0 断开；X0 第三次合上，灯 Y0 接通，如此轮流。

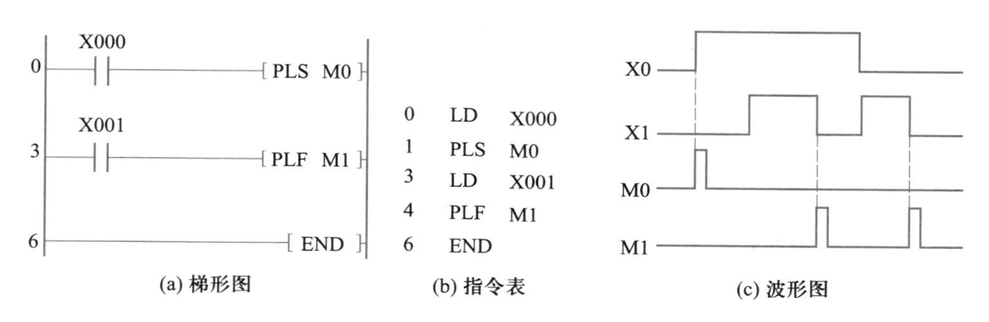


图 7-8　PLS/PLF 指令的用法

梯形图和波形图如图 7-9 所示，当 X0 第一次接通时，M0 接通一个扫描周期，M0 的动合触点闭合，又由于 Y0 初始没有接通，Y0 的动断触点闭合，所以 Y0 线圈通电，Y0 动合触点闭合，下一个扫描周期，M0 复位，M0 的动断触点恢复闭合，又由于 Y0 动合触点闭合，所以 Y0 通电自锁。当 X0 第二次接通时，M0 又接通一个扫描周期，M0 的动断触点分断，Y0 线圈断电，下一个扫描周期，虽然 Y0 的动断触点恢复闭合，但 M0 的动合触点也恢复断开了，所以 Y0 断电。这样依次轮流。

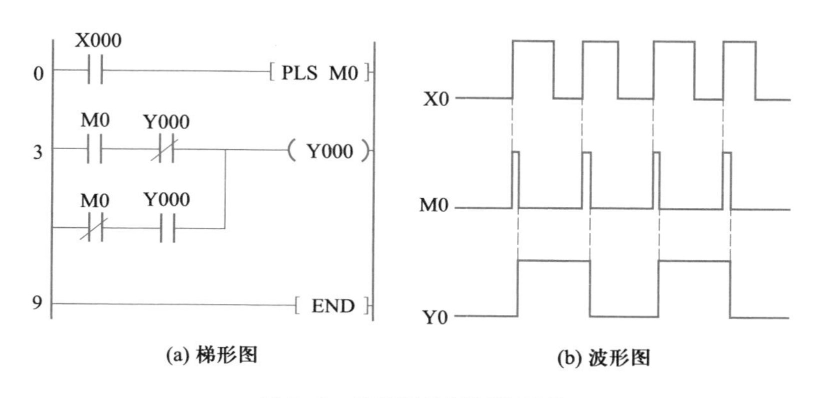


图 7-9　单按钮控制灯的开关

## 二、MEP/MEF 上升沿/下降沿检测运算结果脉冲化指令

### 1. MEP 上升沿检测运算结果脉冲化指令

无操作元件，在到 MEP 指令为止的运算结果，从 OFF-ON 时变为导通状态。如果使用 MEP 指令，则在串联了多个触点的情况下，非常容易实现脉冲化处理，$FX_{3U}$ 和 $FX_{3UC}$ 系列 PLC 有此指令，$FX_{2N}$ 系列 PLC 无此指令，其用法如图 7-10 所示。

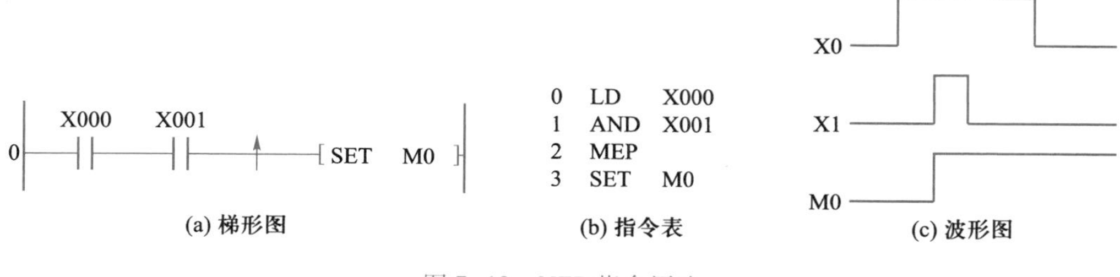


图 7-10　MEP 指令用法

### 2. MEF 下降沿检测运算结果脉冲化指令

无操作元件，在到 MEF 指令为止的运算结果，从 ON-OFF 时变为导通状态。如果使用 MEF 指令，

则在串联了多个触点的情况下，非常容易实现脉冲化处理，$FX_{3U}$和$FX_{3UC}$系列 PLC 有此指令，$FX_{2N}$系列 PLC 无此指令，其用法如图 7-11 所示。

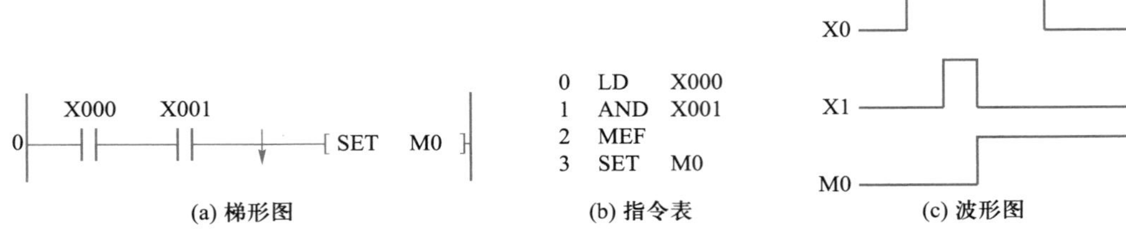


图 7-11　MEF 指令用法

## 思考与实践

设计一个汽车库自动门控制系统。具体控制要求是：当汽车到达车库门前时，超声波开关 SQ1 接收到车来的信号，门电动机正转（KM1 得电），车库门上升。当升到顶点碰到上限位开关 SQ3 时，车库门停止上升。当汽车驶入车库后，光电开关 SQ2 发出信号，20 s 后门电动机反转（KM2 得电），车库门下降。当碰到限位开关 SQ4 后，车库门电动机停止。

请使用 PLC 进行控制，要求分配 I/O 地址，绘制 PLC 接线图，设计程序并进行调试。

# 项目八

# 物料运送自动控制

## 项目目标

1. 熟悉内部计数器（C）的使用方法。
2. 了解数据寄存器（D）的使用方法。
3. 会编辑与调试物料运送自动控制的 PLC 程序。

## 项目描述

某工厂生产线的终端有一条物料运送传送带和一个打包机，在传送带的终端有一个行程开关 SQ，如图 8-1 所示。工作时，按下启动按钮 SB2，传送带向右运行（由接触器 KM 控制传送带电动机工作），当物料到达打包处的数量达到 12 件时，要进行 5 s 的打包处理。此时，传送带停止工作，同时打包机进行打包（打包机的工作用指示灯 HL 常亮来代替），打包完成后，打包机停止工作，传送带又继续运行。若要停止，可按下停止按钮 SB1，设备立即停止工作。

本控制任务的关键是要对到达打包处的物料进行统计计数。解决的思路是在传送带的终端设置行程开关或传感器检测是否有物料到达，然后对检测的信号进行计数。这需要用到 PLC 的另一个编程元件——计数器 C。

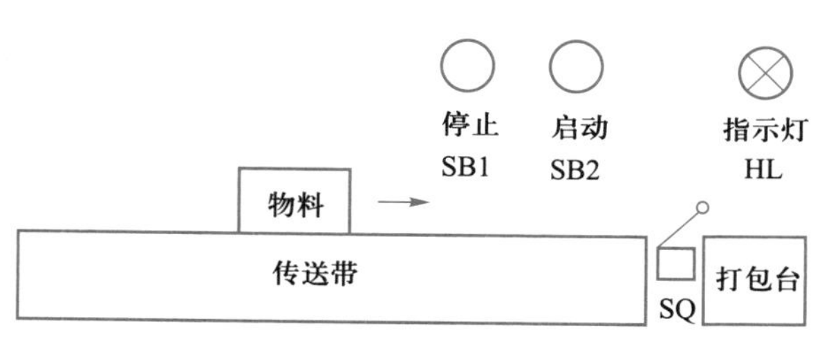


图 8-1 物料运送自动控制示意图

## 知识准备

### 一、计数器（C）

计数器在 PLC 控制中用于计数控制，三菱 FX 系列中计数器分为内部计数器和外部计数器，内部计数器在执行扫描操作时对内部元件 X、Y、M、S、T 和 C 的信号进行计数，因此其接通和断开时间应大于 PLC 扫描周期。外部计数器是对外部高频信号进行计数，因此这类计数器又称高速计数器，工作在中断方式下。由于高频信号来自机外，所以 PLC 中高速计数器都设有专用的输入端子和控制端子。这些专用的输入端子既能完成普通端子的功能，又能接收高频信号。

内部计数器又可分为 16 位增计数器和 32 位增减计数器，FX 系列 PLC 的计数器也采用十进制编号。FX 系列 PLC 内部计数器分类及编号范围见表 8-1。

表 8-1　FX 系列 PLC 内部计数器分类及编号范围

<table>
<tr><th rowspan="2">PLC 系列</th><th colspan="2">16 位增计数器</th><th colspan="2">32 位增减计数器</th></tr>
<tr><th>通用型</th><th>断电保持型</th><th>通用型</th><th>断电保持型</th></tr>
<tr><td>$FX_{1S}$</td><td>16 点<br>（C0～C15）</td><td>16 点<br>（C16～C31）</td><td>—</td><td>—</td></tr>
<tr><td>$FX_{1N}$</td><td>16 点<br>（C0～C15）</td><td>184 点<br>（C16～C199）</td><td rowspan="2">20 点<br>（C200～C219）</td><td rowspan="2">15 点<br>（C220～C234）</td></tr>
<tr><td>$FX_{2N}$、$FX_{2NC}$和 $FX_{3U}$</td><td>100 点<br>（C0～C99）</td><td>100 点<br>（C100～C199）</td></tr>
</table>

## 二、16 位增计数器

16 位增计数器的设定值及当前值寄存器均为二进制 16 位寄存器，其设定值为 K1～K32767 范围内的有效数。设定值 K0 和 K1 的意义相同，均在第一次计数时，计数器动作。FX 系列 PLC 有两种类型的 16 位增计数器，一种是通用型，另一种是断电保持型。

（1）通用型增计数器：$FX_{1S}$和 $FX_{1N}$型 PLC 内有 16 点（C0～C15）；$FX_{2N}$、$FX_{2NC}$和 $FX_{3U}$型 PLC 内有 100 点（C0～C99），它们设定值均为 K1～K32767。计数器输入信号每接通一次，计数器当前值增加 1，当计数器的当前值达到设定值时，计数器动作，其动合触点接通，之后即使计数输入再接通，计数器的当前值保持不变。只有复位输入信号接通时，计数器被复位，计数器当前值才复位为 0，其输出触点也随之复位。计数过程中如果电源断电，计数器当前值复位为 0，再次通电，将重新计数。

（2）断电保持型增计数器：$FX_{1S}$型 PLC 内有 16 点（C16～C31）；$FX_{1N}$型 PLC 内有 184 点（C16～C199）；$FX_{2N}$、$FX_{2NC}$和 $FX_{3U}$型 PLC 内有 100 点（C100～C199），它们的设定值均为 K1～K32767。其工作过程与通电型相同。区别在于计数过程中如果电源断电，断电保持型增计数器的当前值和输出触点的置位/复位状态保持不变。

计数器与定时器一样，设定值寄存器可以以用户程序存储器内的常数 K（十进制）作为设定值，也可以以数据寄存器（D）中的内容作为设定值。通用型计数器的计数过程如图 8-2 所示。

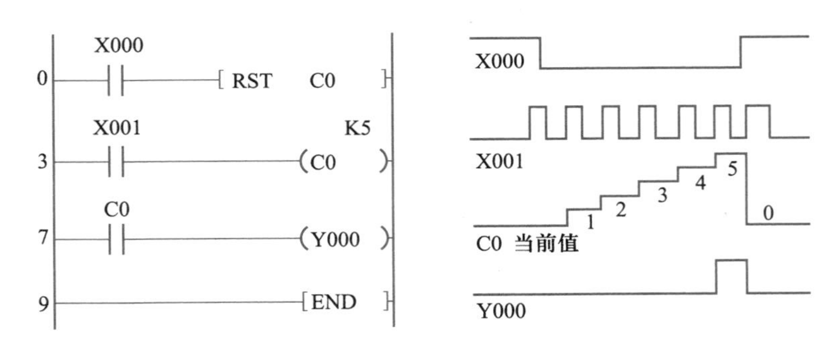


图 8-2　通用型加计数器计数过程

从图 8-2 中可以看出通用型加计数器的计数原理：当复位信号 X0 断开时，计数信号 X1 每接通一次（上升沿到来时），计数器的当前值加 1，当前值达到设定值时，计数器动合触点闭合且不再计数，当复位信号 X0 接通时计数器复位，此时，当前值清 0，触点复位。因此，计数器要重复计数，必须与复位指令 RST 配合使用。

## 项目实施

### 一、分配 I/O 地址

对于本控制任务，其 I/O 分配见表 8-2。

表 8-2　物料运送自动控制 I/O 分配表

| 输入 | | | 输出 | | |
|---|---|---|---|---|---|
| 输入元件 | 作用 | 输入继电器 | 输出元件 | 作用 | 输出继电器 |
| SB1 | 停止按钮 | X0 | KM | 传送带运行接触器 | Y1 |
| SB2 | 启动按钮 | X1 | HL | 打包机工作指示 | Y2 |
| SQ | 计数用 | X2 | | | |
| FR | 过载保护 | X3 | | | |

### 二、绘制主电路和 PLC 输入/输出接线图

由于传送带为单方向运转，其主电路如图 8-3（a）所示，根据输入/输出点的分配，画出 PLC 的接线图，如图 8-3（b）所示。

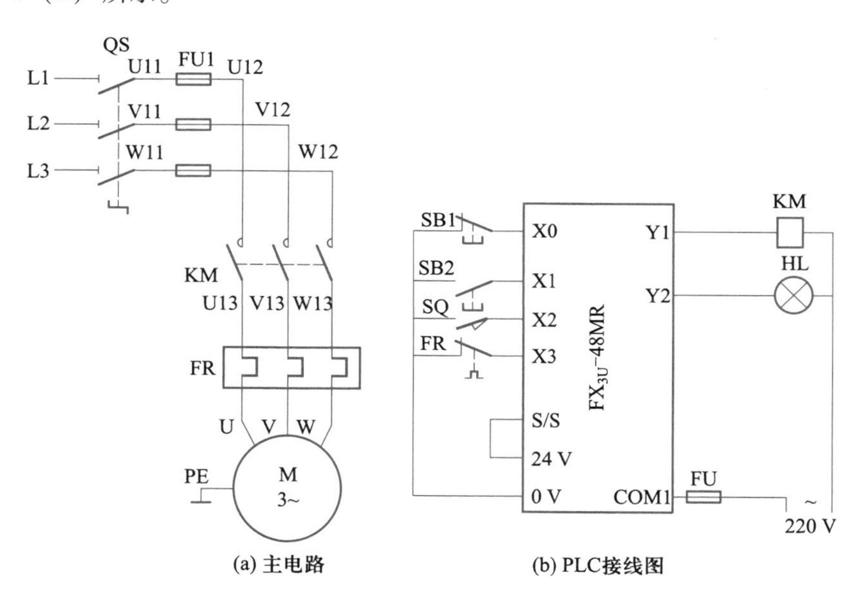


图 8-3　物料运送自动控制电路

### 三、编制梯形图和指令表程序

设计物料运送自动控制程序时，M10 作为启停控制程序，传送带控制 Y1（KM）通电的条件是启动了（M10 动合触点闭合）且没有在打包（C0 的动断触点处于闭合状态）的情况下，利用 X2（SQ）进行计数，当计到 12 个物品后，C0 到达设定值，将传送带停止，同时进行 5 s 的定时并打包处理。为了保证程序的再次运行，当 5 s 打包时间到了之后，利用 T0 的动合触点对 C0 进行复位，设备又继续运行。梯形图和指令表如图 8-4 所示。

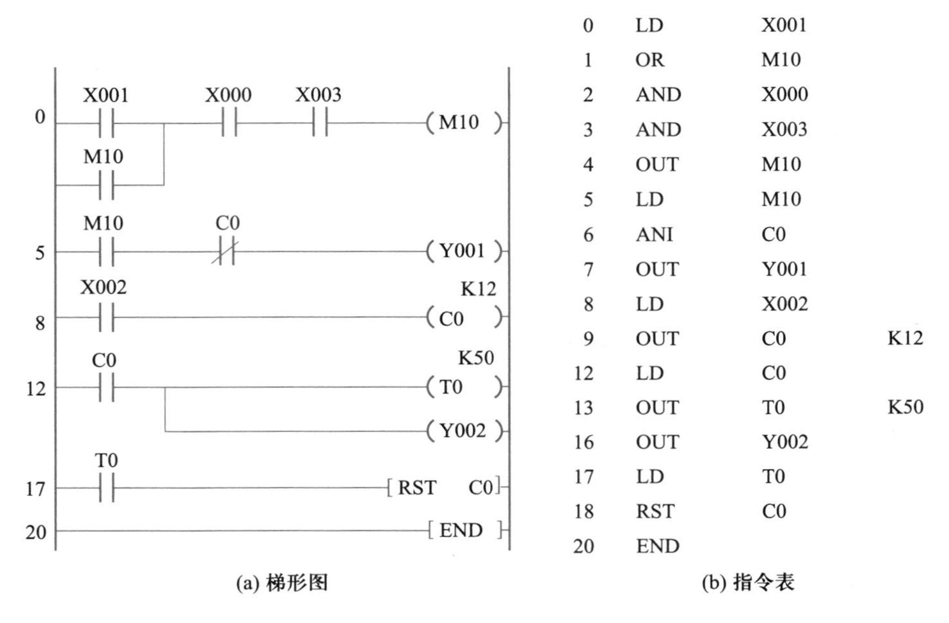


| 步 | 指令 | 元件 | 常数 |
|---|---|---|---|
| 0 | LD | X001 | |
| 1 | OR | M10 | |
| 2 | AND | X000 | |
| 3 | AND | X003 | |
| 4 | OUT | M10 | |
| 5 | LD | M10 | |
| 6 | ANI | C0 | |
| 7 | OUT | Y001 | |
| 8 | LD | X002 | |
| 9 | OUT | C0 | K12 |
| 12 | LD | C0 | |
| 13 | OUT | T0 | K50 |
| 16 | OUT | Y002 | |
| 17 | LD | T0 | |
| 18 | RST | C0 | |
| 20 | END | | |

图 8-4　物料运送自动控制的 PLC 梯形图和指令表程序

## 四、根据 PLC 输入/输出接线图安装电路

进行电气线路安装之前，首先确保设备处于断电状态，电路安装结束后，一定要进行通电前的检查，保证电路连接正确。通电之后，对输入点（输入点最好使用不能自动复位的按钮或开关来接入）要进行必要的检查，以达到正常工作的需要。

## 五、调试设备达到规定的控制要求

### 1. 下载 PLC 程序

在检查电路正确无误后，利用通信电缆将程序写入 PLC。

### 2. 程序监控、功能调试

程序功能的调试要根据工作任务的要求，一步一步进行，边调试边调整程序，最终达到功能要求。本工作任务调试可按以下步骤进行。

第一步：将 PLC 的工作状态置于“RUN”，按 F3 键或单击工具栏中按钮，进入程序监视模式，通过监控界面观察所有输入点是否处于规定状态，监视界面如图 8-5 所示。

第二步：按下按钮 SB2，Y1 通电，监视界面如图 8-6 所示。

第三步：通断 SQ，C0 计数器的当前值在变化，如图 8-6 所示。

第四步：当 C0 的计数值达到 12 次后，Y2 通电（HL 灯亮）、Y1 断电，同时定时器 T0 开始定时，当 T0 定时值到 5 s 后，C0 能复位，Y2 断电，Y1 又通电，监视界面如图 8-7 所示。

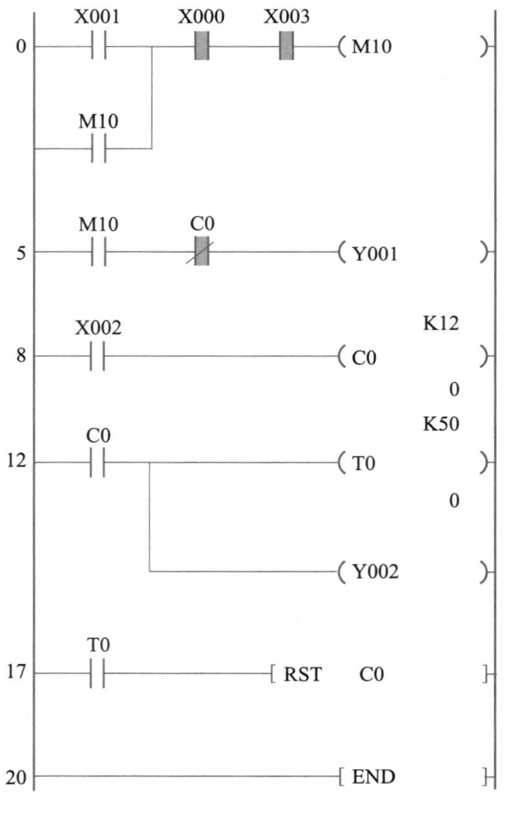


图 8-5　初始监视界面

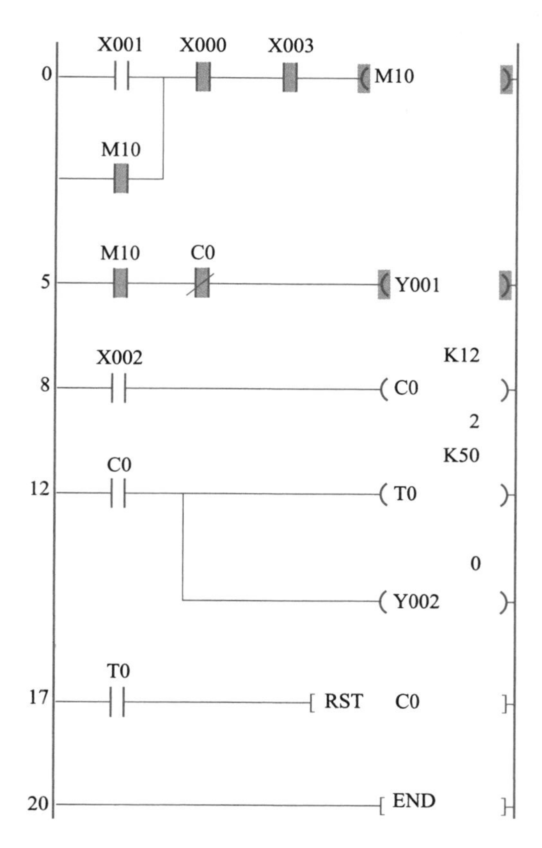


图 8-6　监视界面（按下 SB2 后）

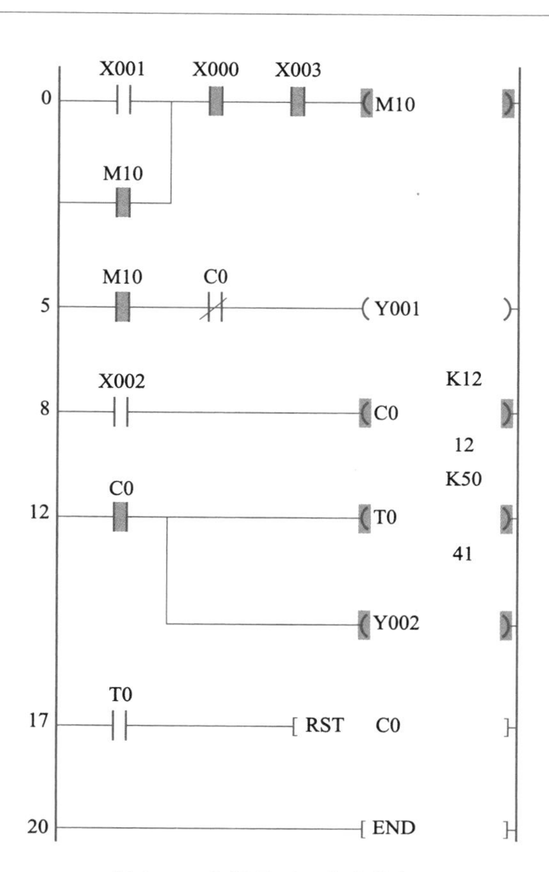


图 8-7　监视界面（打包期间）

第五步：按下停止按钮 SB1，Y1 断电，监视界面如图 8-5 所示。

第六步：再一次按启动按钮 SB2，检查设备是否具有再运行功能，有时可能由于设计原因，该复位的 T、M 等未能复位，造成第二次工作不正常。按下模拟过载 FR，X3 断开，Y1 断电。

如果以上每一步都满足要求，则说明程序完全符合工作要求。如果有不满足控制要求的地方，根据现象，利用程序的监控，找出错误的地方，修正程序后再重新调试。

操作完成后，将设备停电，并按管理规范要求整理工位。

## 项目评价

项目完成后，填写调试过程记录表 8-3。对整个项目的完成情况进行评价与考核，可分为教师评价和学生自评两部分，参考评价表见附录表 A-1、附录表 A-2。

表 8-3　调试过程记录表

| 序号 | 项目 | 完成情况记录 | 备注 |
|---|---|---|---|
| 1 | 电路连接正确 | 是（　　） | |
| | | 不是（　　） | |
| 2 | 程序编写完成 | 是（　　） | |
| | | 不是（　　） | |
| 3 | 程序能下载 | 是（　　） | |
| | | 不是（　　） | |

续表

| 序号 | 项目 | 完成情况记录 | 备注 |
| --- | --- | --- | --- |
| 4 | 程序能监控 | 是（ ） | |
| | | 不是（ ） | |
| 5 | 按下启动按钮 SB2，Y1（KM）通电，电动机工作 | 是（ ） | |
| | | 不是（ ） | |
| 6 | 通断 SQ，C0 的计数值增加，当到达 12 次后，Y2（HL）通电，Y1 断电 | 是（ ） | |
| | | 不是（ ） | |
| 7 | Y2 通电 5 s 后，Y2 断电，Y1 又恢复通电 | 是（ ） | |
| | | 不是（ ） | |
| 8 | 按下停止按钮 SB1，Y1（KM）断电，电动机停止运行 | 是（ ） | |
| | | 不是（ ） | |
| 9 | 再次启动后，Y1（KM）通电，模拟热继电器 FR 动作后，Y1（KM）断电 | 是（ ） | |
| | | 不是（ ） | |
| 10 | 完成后，按照管理规范要求整理工位 | 是（ ） | |
| | | 不是（ ） | |

## 项目拓展

### 一、FX 系列 PLC 的 32 位增减计数器

32 位增减计数器设定值为-2 147 483 648～2 147 483 647。FX 系列 PLC 有两种 32 位增减计数器，一种是通用型，另一种是断电保持型。

**1. 通用型 32 位增减计数器**

$FX_{1N}$、$FX_{2N}$、$FX_{2NC}$和 $FX_{3U}$型 PLC 内有通用型 32 位增减计数器 20 点（C200～C219），其增减计数方式由特殊辅助继电器 M8200～M8219 设定。计数器与特殊辅助继电器一一对应，如计数器 C215 对应 M8215。当对应的特殊辅助继电器为 ON 时为减计数，当对应的特殊辅助继电器为 OFF 时为增计数。计数器的设定值可以直接用十进制数 K 设定或间接用数据寄存器 D 的内容设定，但间接设定时，要用元件编号连在一起的两个数据寄存器组成 32 位。

**2. 断电保持型 32 位增减计数器**

$FX_{1N}$、$FX_{2N}$、$FX_{2NC}$和 $FX_{3U}$型 PLC 内有断电保持型 32 位增减计数器 15 点（C220～C234），其增减计数方式由特殊辅助继电器 M8220～M8234 设定。其工作过程与通用型 32 位增减计数器相同，不同之处在于断电保持型 32 位增减计数器的当前值和触点状态在断电时均能保持。

如图 8-8 所示，用 X0 通过 M8200 控制双向计数器 C200 的计数方向，当前值大于等于设定值时，计数器输出触点动作；当前值小于设定值时，计数器输出触点复位。与通用计数器一样，当复位信号到来时，双向计数器就处于复位状态，此时，当前值清零，触点复位，且不计数。

### 二、数据寄存器（D）

数据寄存器是存储数值型数据的软元件，它以“D+编号”的形式指定，数据寄存器的编号以十进制数形式分配。

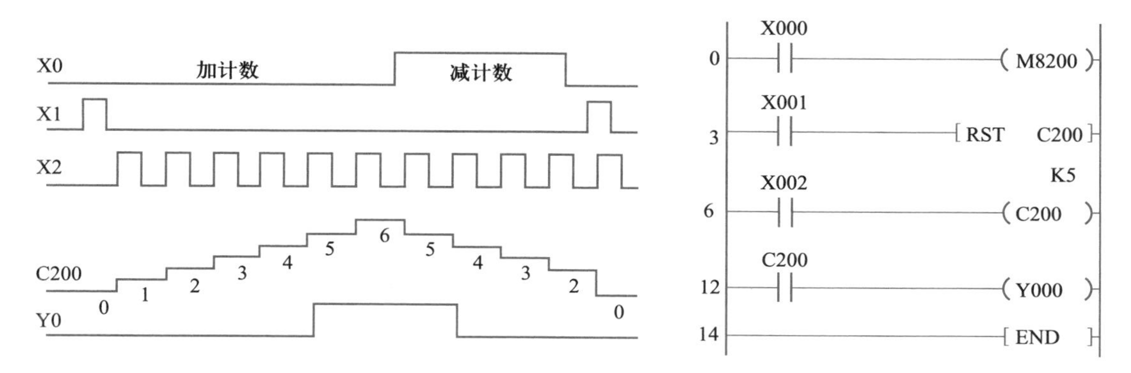


图 8-8　32 位增减计数器计数原理图

数据寄存器的用法不一样时，可存储的数据大小也不一样，一个数据寄存器可存储 16 位二进制数据，如将 2 个相邻编号的数据寄存器组合使用，则为 32 位数据寄存器。例如，用 D10 和 D11 存储 32 位二进制数，D10 存储低 16 位，D11 存储高 16 位。数据寄存器最高位为符号位，0 表示为正数，1 表示为负数。数据寄存器的读出与写入一般采用功能指令。

数据寄存器主要可分为通用数据寄存器、断电保持数据寄存器和特殊数据寄存器。FX 系列 PLC 主要数据寄存器的分类及编号范围见表 8-4。

**表 8-4　FX 系列 PLC 主要数据寄存器的分类及编号范围**

| 数据寄存器 | $FX_{1S}$ | $FX_{1N}$ | $FX_{2N}$、$FX_{2NC}$ | $FX_{3U}$ |
|---|---|---|---|---|
| 通用数据寄存器 | 128 点（D0～D127） | | 200 点（D0～D199） | |
| 断电保持数据寄存器 | 128 点（D128～D255） | 7 872 点（D128～D7999） | 7 800 点（D200～D7999） | |
| 特殊数据寄存器 | 256 点（D8000～D8255） | | | 512 点（D8000～D8511） |

**1. 通用数据寄存器**

$FX_{1S}$和 $FX_{1N}$型 PLC 内有通用数据寄存器 128 点（D0～D127）；$FX_{2N}$、$FX_{2NC}$和 $FX_{3U}$型 PLC 内有通用数据寄存器 200 点（D0～D199）。将数据写入通用数据寄存器后，其值不会变化，直到下一次被写入。但是在 PLC 由 RUN→STOP 或停电时，所有数据被清零（如果驱动特殊辅助继电器 M8033，则数据可以保持）。通用数据寄存器可通过设定参数变更为断电保持数据寄存器。

**2. 断电保持数据寄存器**

$FX_{1S}$型 PLC 内有断电保持数据寄存器 128 点（D128～D255）；$FX_{1N}$型 PLC 内有断电保持数据寄存器 7872 点（D128～D7999）；$FX_{2N}$、$FX_{2NC}$ 和 $FX_{3U}$ 型 PLC 内有断电保持数据寄存器 7800 点（D200～D7999）。对于断电保持数据寄存器，在 PLC 由 RUN→STOP 或停电时，所有数据将被保持。可使用 RST 指令或传送指令进行清零。

**3. 特殊数据寄存器**

$FX_{1S}$、$FX_{1N}$、$FX_{2N}$和 $FX_{2NC}$型 PLC 内有特殊数据寄存器 256 点（D8000～D8255）；$FX_{3U}$型 PLC 内有特殊数据寄存器 512 点（D8000～D8511）。特殊数据寄存器是指写入特定目的的数据，或已事先写入特定内容的数据寄存器。其内容在电源接通时被置于初始值。例如，D8120 用于写入通信参数。

## 三、反转指令（INV）

图 8-9　反转指令使用示例

INV 指令是将执行之前的运算结果反转的指令，不需要指定软元件。其使用示例如图 8-9 所示。如果 X000 接通，经过 INV 反转后条件不满足，Y000 不通电；若 X000 断开，经过 INV 反转后条件满足，Y000 通电。

## 四、空操作（NOP）

NOP 指令为空操作指令，无操作元件。将程序全部清除时，所有指令都成为 NOP。在一般的指令和指令之间加入 NOP 时，可编程控制器会无视存在而继续运行。此外，若将已经写入的指令换成 NOP 指令，则回路会发生变化，请务必注意。

## 思考与实践

有一个小型仓库，需要对每天存放进来的货物进行统计：当货物达到 150 件时，仓库监控室的绿灯亮；当货物达到 200 件时，仓库监控室的红灯以 1 Hz 频率闪烁报警。货物的到达用按钮 SB 来代替，绿灯为 HL1，红灯为 HL2。

请用 PLC 来设计控制，要求分配 I/O 地址及绘制 PLC 接线图，设计程序并进行调试。

# 学习模块二 FX系列PLC步进指令的应用

2

本模块通过两台三相异步电动机顺序控制、按钮式人行横道交通灯控制和物料分拣机构的自动控制3个项目的学习与训练，掌握FX系列PLC步进指令的编程方法。

| | | |
|---|---|---|
| 教学目标 | 能力目标 | 1. 能分析顺序控制系统的工作过程<br>2. 能合理分配I/O地址，画出PLC接线图，绘制顺序功能图<br>3. 会使用GX Developer编程软件编制顺序功能图程序<br>4. 能正确安装PLC，并完成输入/输出的接线<br>5. 能进行程序的离线和在线调试 |
| | 知识目标 | 1. 熟悉PLC的状态继电器和步进指令的使用<br>2. 掌握顺序功能图与步进梯形图的相互转换<br>3. 掌握单序列、选择序列和并行序列控制程序的设计方法 |
| 教学重点 | | 1. 顺序功能图<br>2. 单序列、选择序列和并行序列控制程序的设计 |
| 教学难点 | | 并行序列的编程 |
| 教学方法、手段建议 | | 采用项目教学法、任务驱动法和理实一体化教学法等开展教学，在教学过程中，教师讲授与学生讨论相结合，传统教学与信息化技术相结合，充分利用翻转课堂、微课等教学手段，把课堂转移到实训室，引导学生做中学、做中教，教、学、做合一 |
| 参考学时 | | 18学时 |

# 两台三相异步电动机顺序控制

## 项目目标

1. 熟悉状态继电器（S）的使用方法。
2. 熟悉顺控指令 STL、RET 的使用方法。
3. 熟悉单分支步进梯形图程序的编写方法。
4. 会编辑与调试两台三相异步电动机顺序控制的 PLC 程序。

## 项目描述

在实际生产机械中，往往有多台电动机，而各电动机所起的作用是不同的，有时需要按一定的顺序启动或停止，这样才能保证操作过程的合理性、方便性和工作的安全可靠性。例如，多级传送带启动运行时，往往需要第一级传送带启动运行后，第二级才能启动，这样才能避免物料在传送带上堆积而造成事故。

图 9-1 为两台三相异步电动机顺序控制原理图，合上电源开关 QF，按下启动按钮 SB1，接触器 KM1 先通电，电动机 M1 先启动，再按下启动按钮 SB2，接触器 KM2 后通电，电动机 M2 后启动，若先按 SB2，则 M2 电动机无法启动，实现顺序起动。若按下 SB3 或任何一台电动机过载保护触点动作，则所有接触器线圈断电，两台电动机同时停止运行。

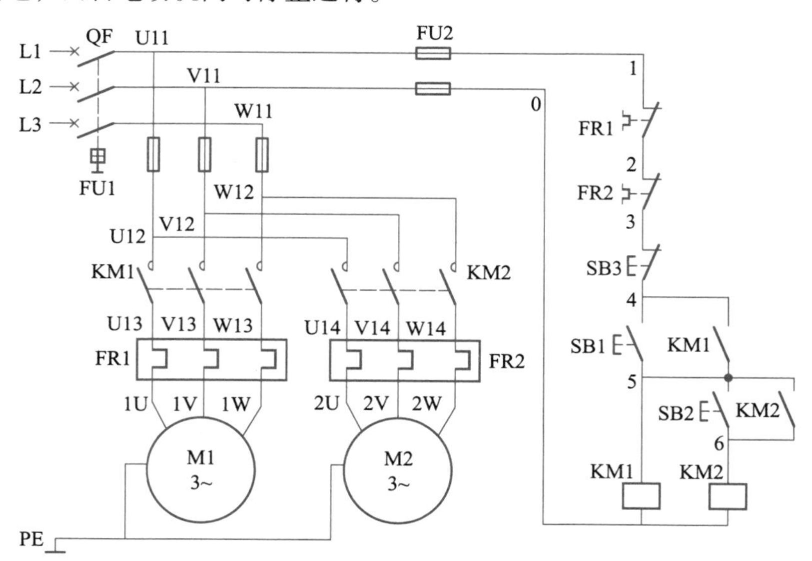


图 9-1　两台三相异步电动机顺序控制原理图

如何使用PLC控制来实现两台三相异步电动机顺序控制呢？当然，利用PLC的基本指令可实现上述控制功能要求，也可根据工作流程，使用步进顺控的编程方法来实现。

## 知识准备

### 一、步进顺控概述

前面项目梯形图设计方法采用的是经验设计法，经验设计法没有一套固定的步骤，具有很大的试探性和随意性。在设计较复杂的梯形图时，分析比较困难，并且修改某一局部电路时，可能对系统其他部分产生意想不到的影响，往往花了很长时间却得不到满意的结果，而且用经验设计法设计出来的梯形图不易阅读，改进也困难。

步进顺控设计法是一种简便的设计方法，很容易被初学者接受，有经验的设计工作师利用步进顺控设计法，也会提高设计效率，程序调试、修改和阅读也更方便。

### 二、状态继电器（S）

状态继电器是一种在步进顺控的编程中表示状态或步的继电器。状态继电器是构成顺序功能图（状态转移图）的基本元素，是可编程控制器的软元件之一，它与后述的步进接点指令STL组合使用。状态继电器的分类及编号范围见表9-1。

表9-1　状态继电器的分类及编号范围

<table>
<tr><th>PLC系列</th><th>初始化用</th><th>回零用</th><th>通用</th><th>断电保持用</th><th>报警用</th></tr>
<tr><td>$FX_{1S}$</td><td rowspan="4">10点<br>（S0~S9）</td><td>10点（S10~S19）</td><td rowspan="2">—</td><td>128点<br>（S0~S127）</td><td rowspan="2">—</td></tr>
<tr><td>$FX_{1N}$</td><td>—</td><td>1 000点<br>（S0~S999）</td></tr>
<tr><td>$FX_{2N}$和$FX_{2NC}$</td><td rowspan="2">10点（S10~S19）</td><td rowspan="2">480点<br>（S20~S499）</td><td>400点<br>（S500~S899）</td><td rowspan="2">100点<br>（S900~S999）</td></tr>
<tr><td>$FX_{3U}$</td><td>3 496点<br>（S500~S899）、<br>（S1000~S4095）</td></tr>
</table>

注：

（1）状态继电器与辅助继电器一样，有无数的动合/动断触点可供使用，在不用于步进梯形时，S可与M一样使用。

（2）FX系列PLC可通过外围设备参数的设定，变更一般状态和断电用状态的分配。

（3）在SFC编程中，SFC块初始状态号为S0~S9，接下来状态号从S10开始自动由小到大分配，也可人为变更状态号（一般不建议）。

$FX_{1S}$型PLC共有状态继电器128点（S0~S127）；$FX_{1N}$、$FX_{2N}$和$FX_{2NC}$型PLC共有状态继电器1 000点（S0~S999）；$FX_{3U}$型PLC共有状态继电器4 096点（S0~S4095）。状态继电器共有5种类型：初始状态继电器、回零状态继电器、通用状态继电器、断电保持状态继电器和报警状态继电器。$FX_{3U}$型PLC状态继电器分类如下：

**1. 初始状态继电器**

元件号为 S0~S9，共 10 点，在顺序功能图（状态转移图）中指定为初始状态。

**2. 回零状态继电器**

元件号为 S10~S19，共 10 点，在多种运行模式控制中，指定返回原点的状态。

**3. 通用状态继电器**

元件号为 S20~S499，共 480 点，在顺序功能图中，指定为中间工作状态。

**4. 断电保持状态继电器**

元件号为 S500~S899 和 S1000~S4095，共 3 496 点，在顺序功能图中，用于通电后继续执行断电前状态的场合。

**5. 报警状态继电器**

元件号为 S900~S999，共 100 点，可作报警组件用。

## 三、顺序功能图

FX 系列 PLC 除了梯形图形式的图形程序以外，还采用了顺序功能图（sequential function chart，SFC）语言，用于编制复杂的顺序控制程序，利用这种编程方法能够较容易地编制出复杂的控制系统程序。

**1. 顺序功能图的定义**

顺序功能图又称状态转移图，是用步（或称为状态，用状态继电器 S 表示）、转移条件和负载驱动来描述控制过程的一种图形。顺序功能图并不涉及所描述的控制功能的具体技术，是一种通用的技术语言，具有简单、直观的特点，是设计 PLC 顺控程序的一种有力工具。

**2. 顺序功能图的组成要素**

顺序功能图主要由步、有向线段、转移、转移条件和驱动动作（或命令）等要素组成。其中，转移条件和转移目标是必不可少的，驱动动作要视具体情况而定，也可能没有实际动作，如图 9-2 所示。

（1）步

① 步的表示。顺序控制设计法最基本的思想是分析被控对象的工作过程及控制要求，根据控制系统输出状态的变化将系统的一个工作周期分为若干个顺序相连的阶段，这些阶段就称为步。在顺序功能图中用矩形框表示步，框内是该步的编号。编程时一般用 PLC 内部的编程元件来代表步，因此经常直接用代表步的编程元件的元件号作为步的编号，如图 9-2 所示，各步的编号分别是 S0、S10、S11。这样在设计梯形图时较为方便。

② 初始步。与系统的初始状态相对应的步称为初始步。初始步一般是系统等待启动命令的相对静止的状态。初始步在顺序功能图中用双方框表示，如图 9-2 所示的 S0 步，每个顺序功能图至少有一个初始步。

③ 活动步。当系统正处于某一步时，该步处于活动状态，称该步为活动步。步处于活动状态时，相应的动作被执行。若为保持型动作，则该步不活动时继续执行该动作；若为非保持型动作，则该步不活动时，动作也停止执行。如图 9-2 所示，若 S10 为活动步，Y1 被驱动；若 S10 变为非活动步，Y1 不能被驱动，因为 Y1 是用输出指令 OUT 来驱动的，是非保持型动作，若用 SET 来驱动，则为保持型动作。

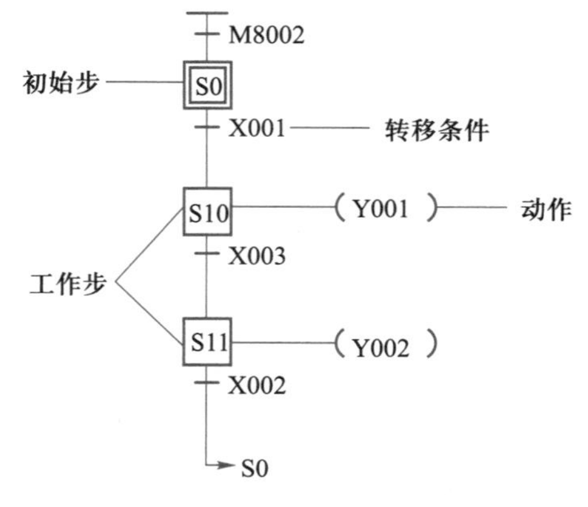


图 9-2　状态转移图的画法

（2）有向线段、转移和转移条件

① 有向线段。在顺序功能图中，随着时间的推移和转移条件的满足，将会发生步的活动状态的顺序进展，这种进展按有向连线规定的路线和方向进行。在画顺序功能图时，将代表各步的框按它们成为活动步的先后顺序排列，并用有向线段将它们连接起来。活动状态的进展方向习惯上是从上到下、从左到右，在这两个方向有向连线上的箭头可以省略。如果不是上述方向，应在有向连线上用箭头注明进展方向。

如果在画顺序功能图时有向连线必须中断，应在有向连线中断处标明下一步的标号，并在有向连线中断处用箭头标记，如图 9-2 所示，最后一步 S11 转移的方向是 S0。

② 转移。转移用有向连线上与有向连线垂直的短线来表示，转移将相邻两步分隔开。步的活动状态的进展是由转移的实现来完成的，并与控制过程的发展相对应。

③ 转移条件。转移条件是与转移相关的逻辑命题。转移条件可以用文字语言、逻辑表达式或图形符号标注在表示转移的短线旁边。如图 9-2 所示，初始步 S0 转移到 S10 步的转移条件是 X1 为“1”（为接通状态）。

（3）驱动动作

在某一步要完成某些“动作”，“动作”是指某步活动时，PLC 向被控对象发出的命令，或被控系统应执行的动作。如图 9-2 所示，初始步 S0 没有驱动动作；在 S10 步，Y1 为驱动动作。

**3. 顺序功能图的基本结构**

根据步与步之间转移的不同情况，顺序功能图有单序列结构，选择性序列结构，并行序列结构和跳步、重复和循环序列结构 4 种不同的结构形式。

单序列由一系列相继激活的步组成，每一步后面仅接有一个转移，每一个转移后面只有一个步，如图 9-2 所示。

**4. 顺序功能图中转换实现的基本规则**

在顺序功能图中，步的活动状态的进展是由转换来实现的，转换的实现需要同时满足两个条件：一是前级步必须是活动步；二是对应的转换条件要满足。这样就实现步的转换，一旦后级步转换成活动步，前级步就要复位成为非活动步。

**5. 绘制顺序功能图的注意事项**

（1）两个步绝对不能直接相连，必须用一个转换条件将它们隔开。

（2）两个转换也不能直接相连，必须用一个步将它们隔开。

（3）顺序功能图的初始步一般对应于系统等待启动的初始状态，初始步可能没有驱动动作，但初始步是必不可少的。如果没有初始步，则无法表示初始状态，当然系统也无法返回初始状态。

（4）在顺序功能图中，只有当某一步的前级步是活动步时，该步才有可能变为活动步。如果用没有断电保持功能的编程元件代表各步，PLC 进入 RUN 工作方式时，它们均处于 OFF 状态，必须用初始化脉冲 M8002 的动合触点作为转移条件，将初始步预置为活动步，否则因顺序功能图中没有活动步，系统将无法工作，如图 9-2 所示。

## 四、步进梯形图指令

FX 系列 PLC 有两条专用于编制步进梯形图的指令——步进触点驱动指令（STL）和步进返回指令（RET）。按一定规则编写的步进梯形图也可作为顺序功能图（SFC）处理，顺序功能图反过来也可形成步进梯形图。

**1. STL**

STL 指令取某步状态元件的动合触点与左母线相连，使用 STL 指令的触点称为步进触点，如图 9-3 所示。

图 9-3　STL 指令

**2. RET**

一系列 STL 指令的后面，在步进程序的结尾处必须使用 RET 指令，表示步进顺控功能（主控功能）结束，RET 指令无操作元件。

步进指令的使用说明如图 9-4 所示。

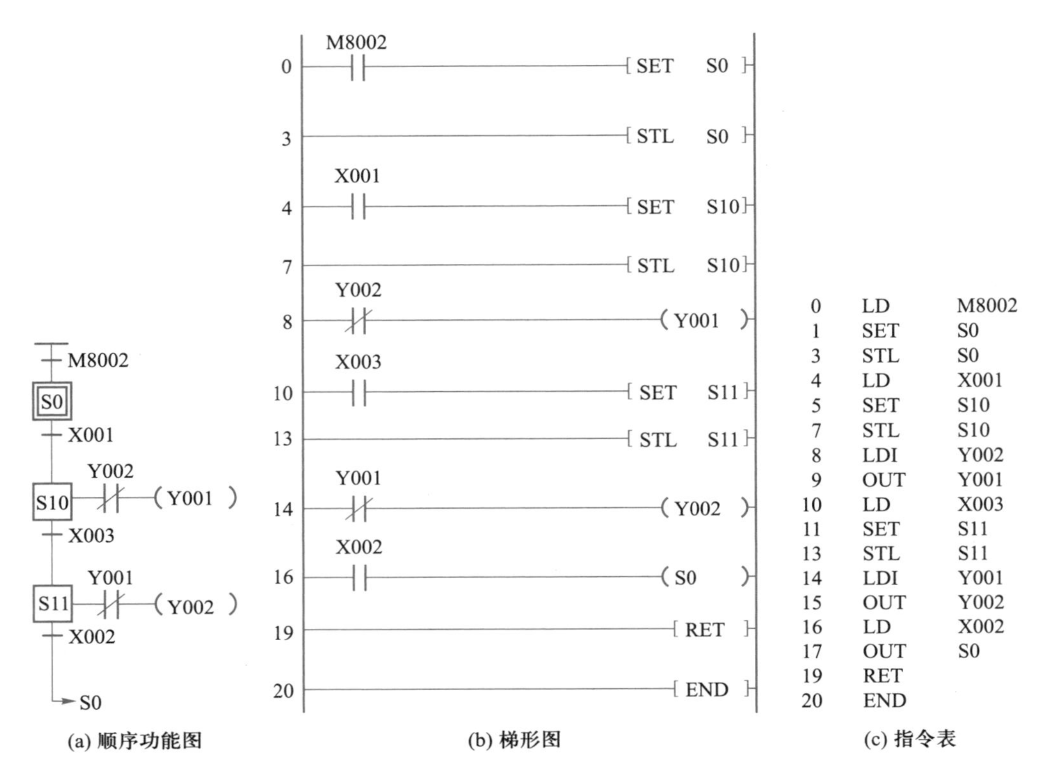


图 9-4　步进指令的使用说明

（1）步进梯形开始指令 STL 只有与状态继电器（S）配合才具有步进功能。使用 STL 指令的状态继电器动合触点称为 STL 触点，没有动断的 STL 触点。用状态继电器代表顺序功能图的各步，每一步具有 3 个功能：负载的驱动处理、指定的转移条件和指定的转移目标。先进行驱动处理，再进行状态转移处理，不能颠倒。

（2）STL 触点是与左母线相连的动合触点，类似于主控触点，并且同一状态继电器的 STL 触点只能使用一次（并行序列的合并除外）。

（3）STL 触点可以直接驱动或通过别的触点驱动 Y、M、S、T 或 C 等元件的线圈，STL 触点也可以使 Y、M 和 S 等元件置位或复位。与 STL 触点相连的触点应使用 LD、LDI、LDP 和 LDF 指令。若某步中既有直接驱动，又有通过别的触点驱动的负载，必须将直接驱动放在最上方，有条件驱动的放在下方，否则会出现 CPU 报错。

（4）如果使状态继电器置位的指令不在 STL 触点驱动的电路块内，那么执行置位指令时，系统程序不会自动地将前级步对应的状态继电器复位。

（5）驱动负载使用 OUT 指令。当同一负载需要连续多步驱动时，可使用多重输出，也可使用 SET 指令将负载置位，等到负载不需要驱动时再用 RST 复位即可。

（6）STL 触点之后不能使用 MC 或 MCR 指令，但可以使用跳转指令。

（7）由于 CPU 只执行活动步对应的电路块，因此使用 STL 指令时允许“双线圈”输出。

（8）在状态转移过程中，由于在瞬间（1 个扫描周期），两个相邻的状态步有可能同时接通，因此为了避免不能同时通电从而使一对输出同时接通，必须设置外部硬接线互锁和软件联锁，如图 9-4 所示，Y1 与 Y2 在相邻步采用了软件联锁。

（9）各 STL 触点的驱动电路块放在一起，最后一个 STL 电路块结束时，一定要用步进返回指令 RET 使其返回主母线。

（10）要实现步进梯形图和顺序功能图（SFC）的相互转换，最后返回初始状态 S0 要用 OUT 指令，不能使用 SET 指令，如图 9-4 所示。

## 五、步进指令编程的方法

### 1. 使用 STL 指令编程的一般步骤

（1）列出现场信号与 PLC 软继电器编号的对照表，即进行输入/输出分配。

（2）绘制 PLC 输入/输出接线图。

（3）根据控制的具体要求绘制顺序功能图。

（4）将顺序功能图转化为梯形图（按照图 9-4 所示的处理方法来处理每一个状态）。

（5）写出梯形图对应的指令表。

### 2. 单序列顺序控制的 STL 编程举例

单序列顺序控制是由一系列相继执行的工序步组成，每一个工序步只能接一个转移条件，而每一个转移条件之后仅有一个工序步。

每一个工序步即一个状态，用一个状态继电器进行控制，各工序步使用的状态继电器没有必要一定按顺序编号（其他序列也是如此）。

某锅炉的鼓风机和引风机的控制要求为：开机时，先启动引风机，10 s 后自动开鼓风机；关机时，先关鼓风机，5 s 后自动关引风机。试设计满足上述要求的控制程序。

（1）分配 I/O 地址。该锅炉控制 I/O 分配见表 9-2。

表 9-2　锅炉控制 I/O 分配表

| 输入 | | | 输出 | | |
|---|---|---|---|---|---|
| 输入元件 | 作用 | 输入继电器 | 输出元件 | 作用 | 输出继电器 |
| SB1 | 启动按钮 | X0 | KM1 | 引风机接触器 | Y0 |
| SB2 | 停止按钮 | X1 | KM2 | 鼓风机接触器 | Y1 |

（2）绘制顺序功能图。根据控制要求，整个控制过程分为 4 步：初始步 S0，没有驱动动作，转移条件是按下启动按钮 SB1，即 X0 为 ON；启动引风机 S10，驱动 Y0 为 ON，启动引风机，同时，驱动定时器 T0，延时 10 s，转移条件是 10 s 计时到，即 T0 为 ON；启动鼓风机 S11，Y0 仍为 ON，引风机保持继续运行，同时，驱动 Y1 为 ON，启动鼓风机，转移条件是按下停止按钮 SB2，即 X1 为 ON；关闭鼓风机 S12，Y0 为 ON，Y1 为 OFF，引风机保持继续运行，鼓风机停止运行，同时，驱动定时器 T1，延时 5 s，转移条件是 5 s 计时到，即 T1 为 ON。其顺序功能图如图 9-5 所示。这里需要说明的是，引风机启动后，一直处于运行状态，直到最后停机，在步进顺序控制中，STL 触点驱动的电路块，OUT 指令驱动的输出仅在当前步是活动步时有效，所以顺序功能图上步 S10、S11 和 S12 均需要有 Y0，否则，引风机启动后进入下一步就会停机。也可以使用 SET 指令在步 S10 置位 Y0，这样在 S11、S12 就可以不出现 Y0，但在步 S0 一定要复位 Y0。

（3）编制程序。利用步进指令，按照每一步 STL 指令驱动电路块需要完成的两个任务，先进行负载驱动处理，然后执行转移处理，将顺序功能图转化为梯形图，如图 9-5 所示。

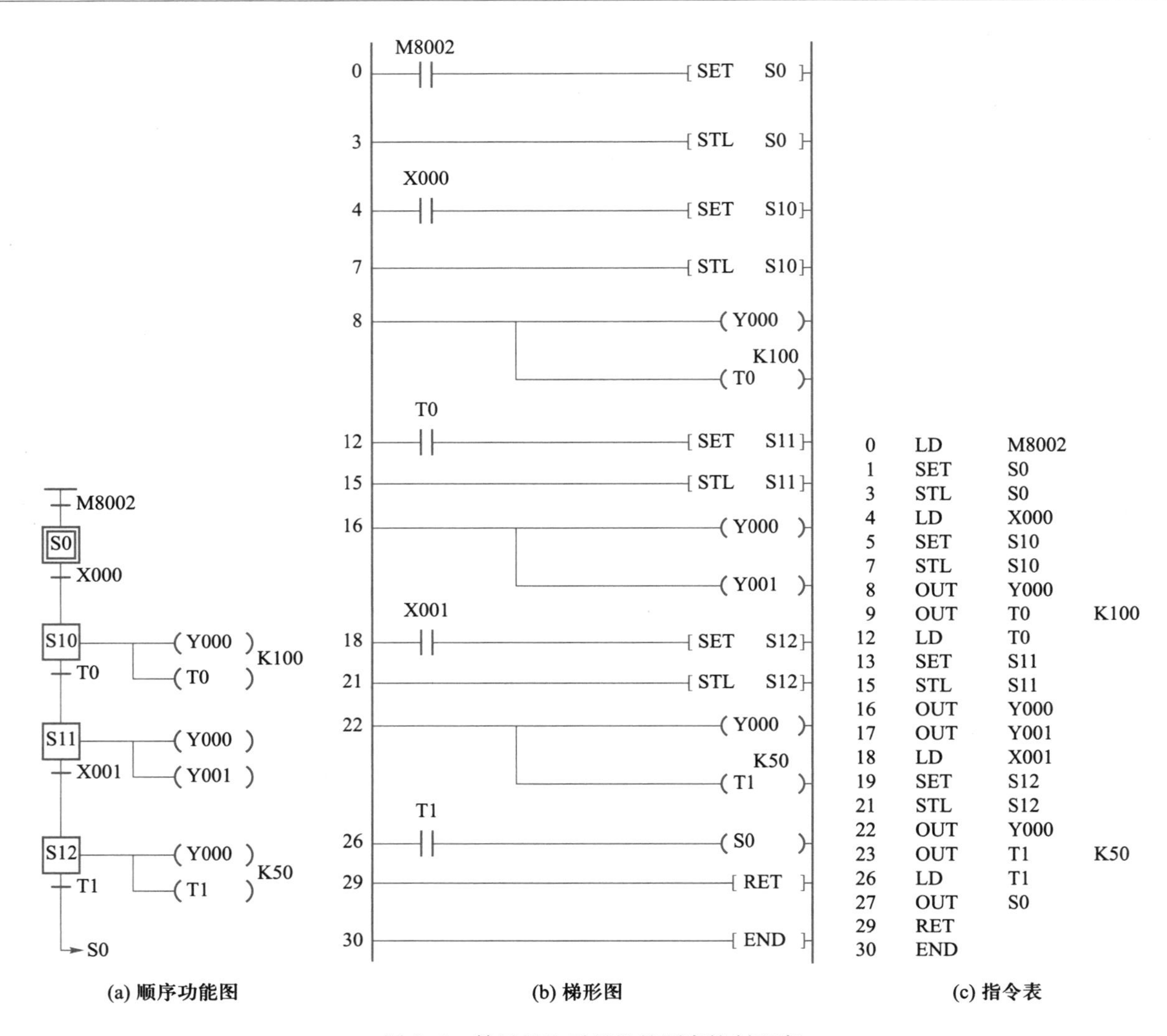


图 9-5　鼓风机和引风机的顺序控制程序

## 项目实施

### 一、分配 I/O 地址

对于本控制任务，其 I/O 分配见表 9-3，为了节省 PLC 输入点，将两台电动机的过载保护动断触点串联在接触器线圈的公共回路上，作为硬件的过载保护。

表 9-3　两台三相异步电动机顺序控制 I/O 分配表

| 输入 | | | 输出 | | |
|---|---|---|---|---|---|
| 输入元件 | 作用 | 输入继电器 | 输出元件 | 作用 | 输出继电器 |
| SB1 | M1 启动按钮 | X0 | KM1 | M1 电动机工作 | Y0 |
| SB2 | M2 启动按钮 | X1 | KM2 | M2 电动机工作 | Y1 |
| SB3 | 停止按钮 | X2 | | | |

## 二、绘制 PLC 输入/输出接线图

根据输入/输出点的分配，画出两台三相异步电动机顺序控制 PLC 的接线图，如图 9-6 所示。

## 三、编制状态转移图

根据控制要求，整个控制过程分为 3 步：初始步 S0，没有驱动动作，转移条件是按下启动按钮 SB1，即 X0 为 ON；启动 S10，驱动 Y0 为 ON，启动第一台电动机，转移条件是按下启动按钮 SB2，即 X1 为 ON；启动 S11，Y0 仍为 ON，第一台电动机保持继续运行，同时，驱动 Y1 为 ON，启动第二台电动机，转移条件是按下停止按钮 SB3，即 X2 为 ON。其顺序功能图如图 9-7 所示，为单序列顺序功能图。这里需要说明的是，第一台启动后，一直处于运行状态，直到最后停机，在步进顺序控制中，STL 触点驱动的电路块，OUT 指令驱动的输出仅在当前步是活动步时有效，所以顺序功能图上步 S10 和 S11 均需要有 Y0，否则，第一台电动机启动后进入下一步就会停机。也可以使用 SET 指令在步 S10 置位 Y0，这样在 S11 就可以不出现 Y0，但在步 S0 一定要复位 Y0。

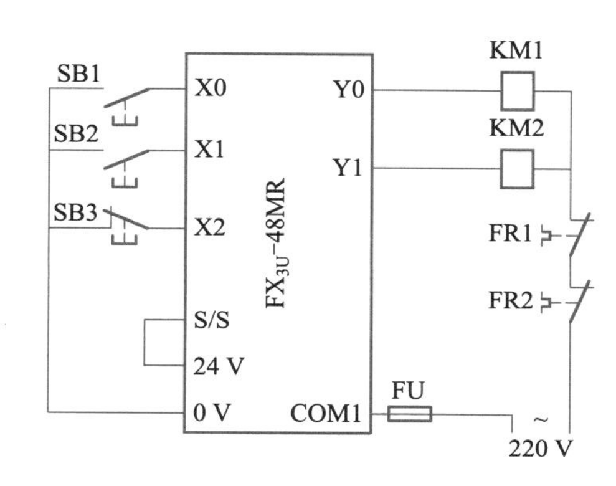


图 9-6　两台三相异步电动机顺序控制 PLC 接线图

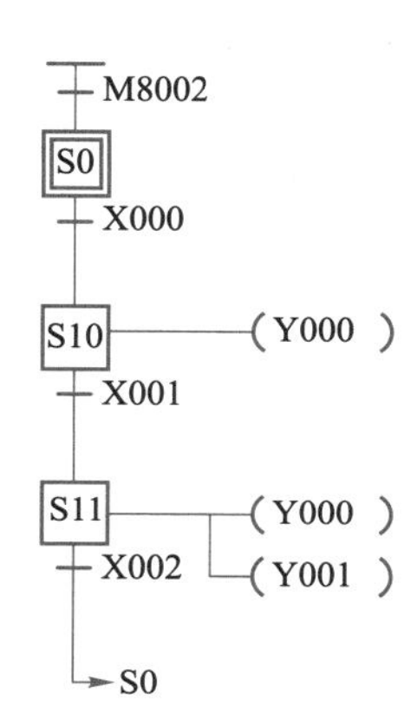


图 9-7　电动机顺序控制顺序功能图

## 四、编制梯形图程序

根据上述顺序功能图，编制对应的步进梯形图程序，如图 9-8 所示。在每一个步中都是先处理驱动，再用转移条件进行状态转移处理。因为使用了 STL 指令编程，所以无须考虑前级步的复位问题，只要在最后一步加 RET 即可。

需要说明的是，在 S11 步中，线圈 Y0 和 Y1 都是无条件驱动，要将它们并联在一起后连接在临时左母线上，不然会造成程序的非法。

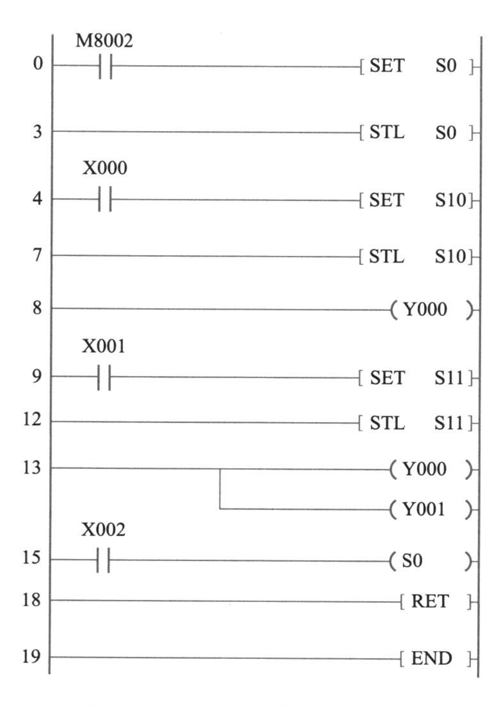


图 9-8　电动机顺序控制梯形图

## 五、根据 PLC 输入/输出接线图安装电路

进行电气线路安装之前，首先确保设备处于断电状态，电路安装结束后，一定要进行通电前的检查，保证电路连接正确。通电之后，对输入点要进行必要的检查，以达到正常工作的需要。

## 六、调试设备达到规定的控制要求

### 1. 下载 PLC 程序

在检查电路正确无误后，利用通信电缆将程序写入 PLC。

### 2. 程序功能调试

程序功能的调试要根据工作任务的要求，一步一步进行，边调试边调整程序，最终达到功能要求。本工作任务调试可按以下步骤进行。

第一步：将 PLC 的工作状态置于 “RUN”，通过监控观察所有输入点是否处于规定状态，X002 处于接通状态，状态 S0 被驱动。

第二步：按下启动按钮 SB1，观察 Y0 是否通电或接触器线圈 KM1 是否通电，电动机 M1 有没有启动，监视界面如图 9-9 所示，S10 成为活动步。

第三步：按下启动按钮 SB2，观察 Y0、Y1 是否通电或接触器线圈 KM1、KM2 是否通电，电动机 M1 有没有继续运转，电动机 M2 有没有启动，监视界面如图 9-10 所示，S11 成为活动步。

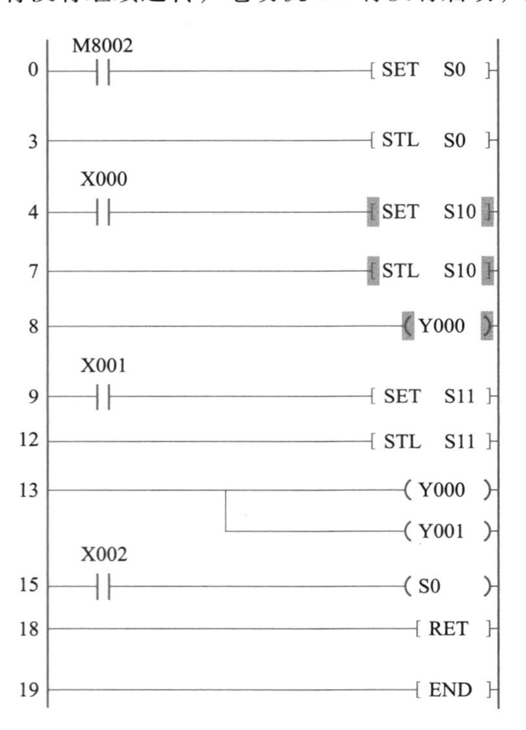


图 9-9　第一台电动机启动监视界面

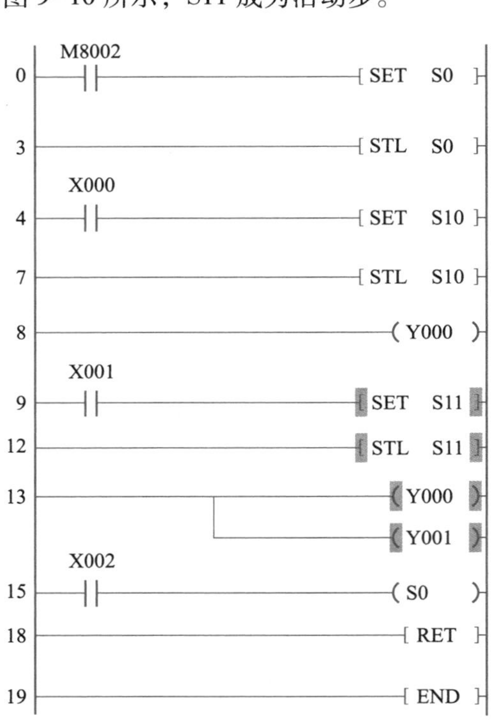


图 9-10　第二台电动机启动监视界面

第四步：按下停止按钮 SB3，设备是否能停止工作。

第五步：再次按下启动按钮 SB1，观察设备是否具备再启动能力。

如果每一步都能满足要求，则说明程序完全符合工作要求，如果有不满足控制要求的地方，根据现象，利用程序的监控，找出错误的地方，修正程序后再重新调试。

操作完成后，将设备停电，并按管理规范要求整理工位。

## 项目评价

项目完成后，填写调试过程记录表 9-4。对整个项目的完成情况进行评价与考核，可分为教师评价和学生自评两部分，参考评价表见附录表 A-1、附录表 A-2。

表 9-4　调试过程记录表

| 序号 | 项目 | 完成情况记录 | 备注 |
| --- | --- | --- | --- |
| 1 | 电路连接正确 | 是（　　） | |
| | | 不是（　　） | |
| 2 | 程序编写完成 | 是（　　） | |
| | | 不是（　　） | |
| 3 | 程序能下载 | 是（　　） | |
| | | 不是（　　） | |
| 4 | 程序能监控 | 是（　　） | |
| | | 不是（　　） | |
| 5 | 按下按钮 SB1，Y0 通电或接触器线圈 KM1 通电，电动机 M1 启动 | 是（　　） | |
| | | 不是（　　） | |
| 6 | 按下按钮 SB2，Y0、Y1 通电或接触器线圈 KM1、KM2 通电，电动机 M1 是否继续运行，电动机 M2 启动。 | 是（　　） | |
| | | 不是（　　） | |
| 7 | 按下 SB3，设备能停止工作 | 是（　　） | |
| | | 不是（　　） | |
| 8 | 再次按下按钮 SB1，检查设备能否再启动 | 是（　　） | |
| | | 不是（　　） | |
| 9 | 完成后，按照管理规范要求整理工位 | 是（　　） | |
| | | 不是（　　） | |

## 项目拓展

PLC 的基本指令主要用于逻辑功能处理，步进顺控指令用于顺序控制系统。但在工业自动化控制领域中，许多场合需要数据处理和特殊处理。三菱 FX 系列 PLC 有很多数据处理指令，属于功能指令。

### 一、区间复位指令（ZRST）

区间复位指令（ZRST）是将［D1］、［D2］指定的元件号范围内的同类元件成批复位。目标数可取 T、C、D 或 Y、M、S，［D1］的元件号应小于［D2］的元件号。如图 9-11 所示，利用上电脉冲将 S0~S100 的 100 位状态继电器清零。

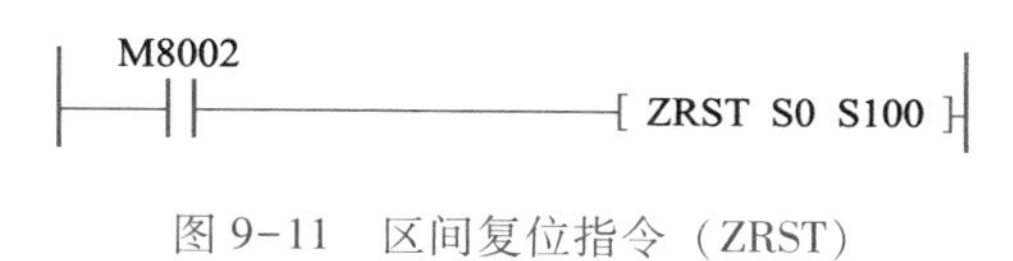


图 9-11　区间复位指令（ZRST）

当使用步进顺控指令编程时，最好利用 PLC 上电脉冲将状态继电器清零，并进入初始状态。

### 二、传送指令（MOV）

传送指令（MOV）是将源的内容传送到指定的目标操作数内，即［S］→［D］，源操作数内的数据不改变。如图 9-12 所示，当 X000 接通（X000=1）时，源操作数［S］中的常数 K100 传送到目标操作元件 D10 中。当指令执行时，常数 K100 自动转换成二进制数，当 X000 断开时，指令不执行，D10 内的数据保持不变。

图 9-12　传送指令（MOV）

## 思考与实践

图 9-13 为某矿区的一运料小车工作示意图。

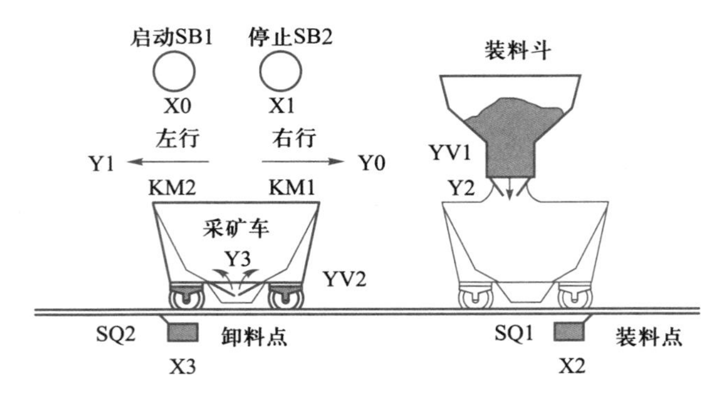


图 9-13　运料小车示意图

其工作顺序如下：按下启动按钮 SB1，KM1 线圈通电；采矿车向右运行至装料点（SQ1）处，停 2 s；2 s 后 YV1 通电，料斗底门打开进行装料，装料时间为 15 s；15 s 到后 YV1 断电，料斗底门关闭；延时 2 s 后 KM2 线圈通电，采矿车向左运行至卸料点（SQ2）处，停 1 s；1 s 后 YV2 通电，采矿车底门打开进行卸料，卸料时间为 8 s；8 s 后 YV2 断电，采矿车底门关闭；延时 1 s 后采矿车又向右运行重复前面的工作过程。若要停止，可按下停止按钮 SB2，采矿车在完成一个工作周期后停在卸料点。

试用 PLC 来设计控制，要求分配 I/O 地址及绘制 PLC 接线图，设计程序并进行调试。

# 项目十

# 按钮式人行横道交通灯控制

## 项目目标

1. 熟悉并行分支的步进梯形图程序的编写方法。
2. 会编辑与调试按钮式人行横道交通灯控制的 PLC 程序。
3. 知道使用 SFC 编辑按钮式人行横道交通灯控制程序。

## 项目描述

在车辆纵向行驶的交通系统中，需要考虑人行横道的控制。这种情况下人行横道常用按钮进行启动，交通情况如图 10-1 所示，由图可见，东西方向是车道，南北方向是人行横道。正常情况下，车道上有车辆行驶，如果有行人要过交通路口，先要按动按钮，等到绿灯亮时，方可通过，此时东西方向车道上红灯亮。延时一段时间后，南北方向人行横道的红灯亮，东西方向车道上的绿灯亮。各段时间分配时序图如图 10-2 所示。

当行人有过马路请求时，按动按钮，车道和人行横道要同时进行控制，这种结构称为并行分支结构。

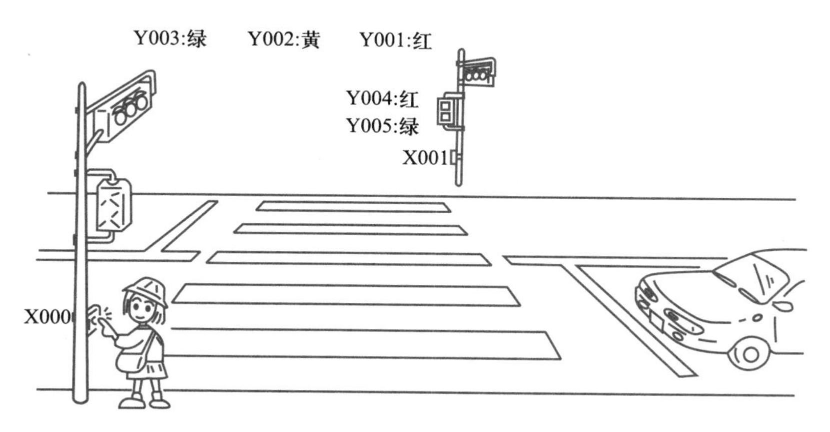


图 10-1　交通路口按钮式人行横道交通灯工作示意图

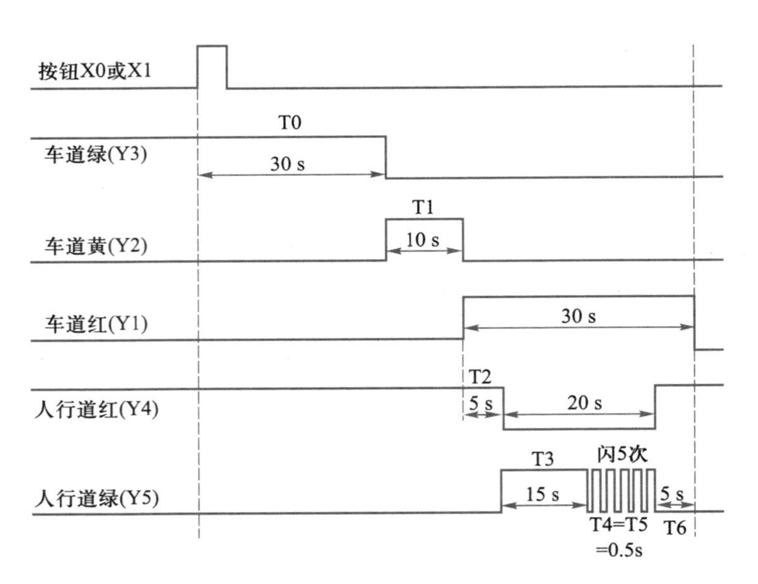


图 10-2　各段时间分配时序图

## 知识准备

### 一、并行分支的步进顺控设计法

多个流程全部同时执行的分支称为并行分支，并行分支的各个单序列同时开始且同时结束，构成并行序列的每一分支的开始和结束处没有独立的转移条件，而是共用一个转移和转移条件，在顺序功能图上分别画在水平连线上和水平连线下，并行序列功能图中分支与汇合处的横线画成双线。并行序列分支处的支路数不能超过 8 条。

并行序列分支与汇合的顺序功能图如图 10-3 所示。S10 被激活成为活动步后，若转换条件 X0 成立，则并行性分支的 2 个单序列 S11、S13 同时动作，各分支流程开始动作。当各流程动作全部结束时（两个分支流程到达 S12 和 S14 步），若转换条件 X3 成立，则汇合状态 S15 动作，转移前的 S12、S14 这 2 个状态全部变为不动作。这种汇合又称等待汇合。

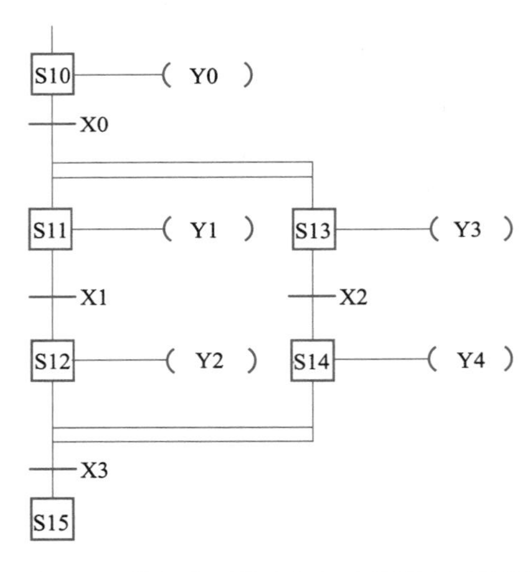


图 10-3　并行序列分支与汇合的顺序功能图

### 二、并行分支、汇合的编程

并行分支、汇合的编程原则是先集中处理分支转移情况，然后依顺序进行各分支程序处理，最后集中处理汇合状态，如图 10-4 所示。

### 三、并行分支结构编程注意事项

（1）一条并行分支的支路数限制在 8 条以下，每个初始状态的总支路数不得超过 16 条。

（2）在并行分支、汇合处不允许有图 10-5（a）所示的转移条件，而必须将其转化为图 10-5（b）所示的结构后再进行编程。

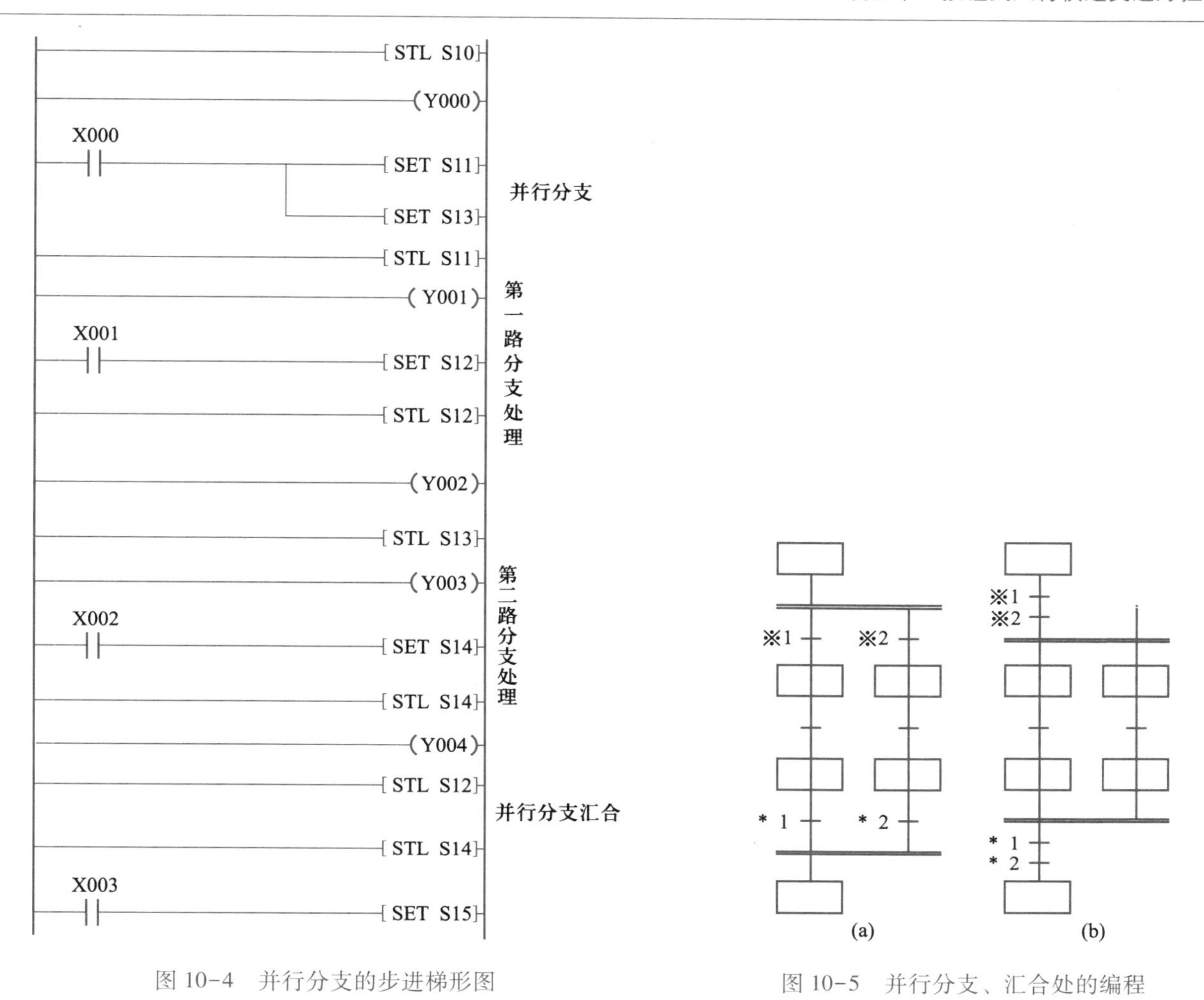


图 10-4 并行分支的步进梯形图

图 10-5 并行分支、汇合处的编程

## 项目实施

### 一、分配 I/O 地址

对于本控制任务，其 I/O 分配见表 10-1。

表 10-1 按钮式人行横道交通灯控制 I/O 分配表

| 输入 | | | 输出 | | |
|---|---|---|---|---|---|
| 输入元件 | 作用 | 输入继电器 | 输出元件 | 作用 | 输出继电器 |
| SB1 | 启动按钮 1 | X0 | HL1 | 车道红灯 | Y1 |
| SB2 | 启动按钮 2 | X1 | HL2 | 车道黄灯 | Y2 |
| | | | HL3 | 车道绿灯 | Y3 |
| | | | HL4 | 人行横道红灯 | Y4 |
| | | | HL5 | 人行横道绿灯 | Y5 |

### 二、绘制 PLC 输入/输出接线图

根据输入/输出点的分配，画出 PLC 的接线图，如图 10-6 所示。

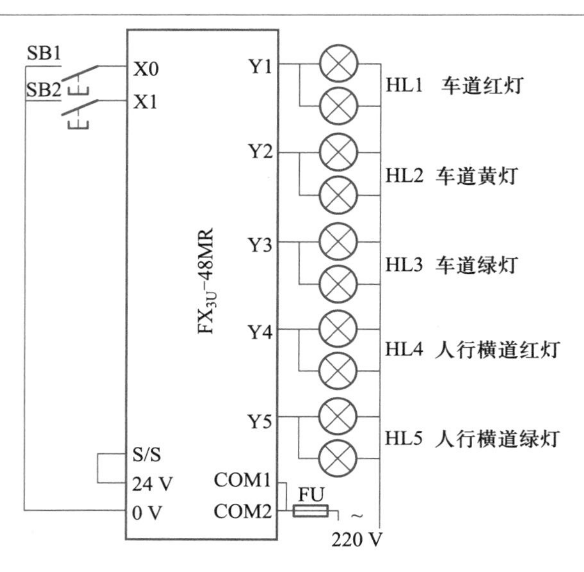


图 10-6　按钮式人行横道交通灯控制 PLC 接线图

## 三、编制状态转移图

根据控制要求，绘制顺序功能图如图 10-7 所示。初始状态（S0）是车道绿灯、人行横道红灯，按下人行横道按钮 SB1（X0）或 SB2（X1）后系统进入并行分支运行状态，分为车道灯控制和人行横道

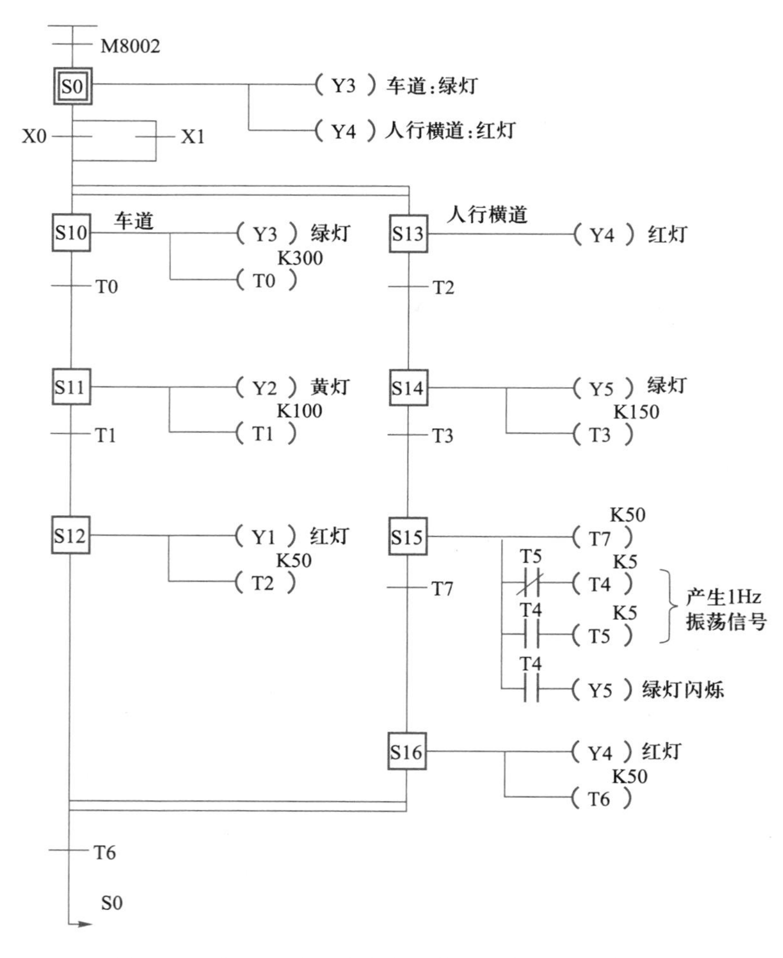


图 10-7　按钮式人行横道交通信号灯控制顺序功能图

灯控制两条并行分支；其中车道灯控制分三步，分别是S10、S11和S12，对应车道绿灯亮30 s、车道黄灯亮10 s、车道红灯；人行横道灯的控制分四步，分别是S13、S14、S15和S16，对应人行横道红灯、人行横道绿灯亮15 s、人行横道绿灯闪烁5 s和人行横道红灯亮5 s；并行分支汇合的条件是人行横道红灯亮5 s时间到，5 s后返回初始状态，等待再有行人请求过马路。

## 四、编制梯形图程序

根据上述顺序功能图编制的步进梯形图如图10-8所示。程序中“人行横道绿灯闪烁5 s”用T4、T5组成的振荡电路产生，5 s的定时用T7来完成，也可用计数器来实现。

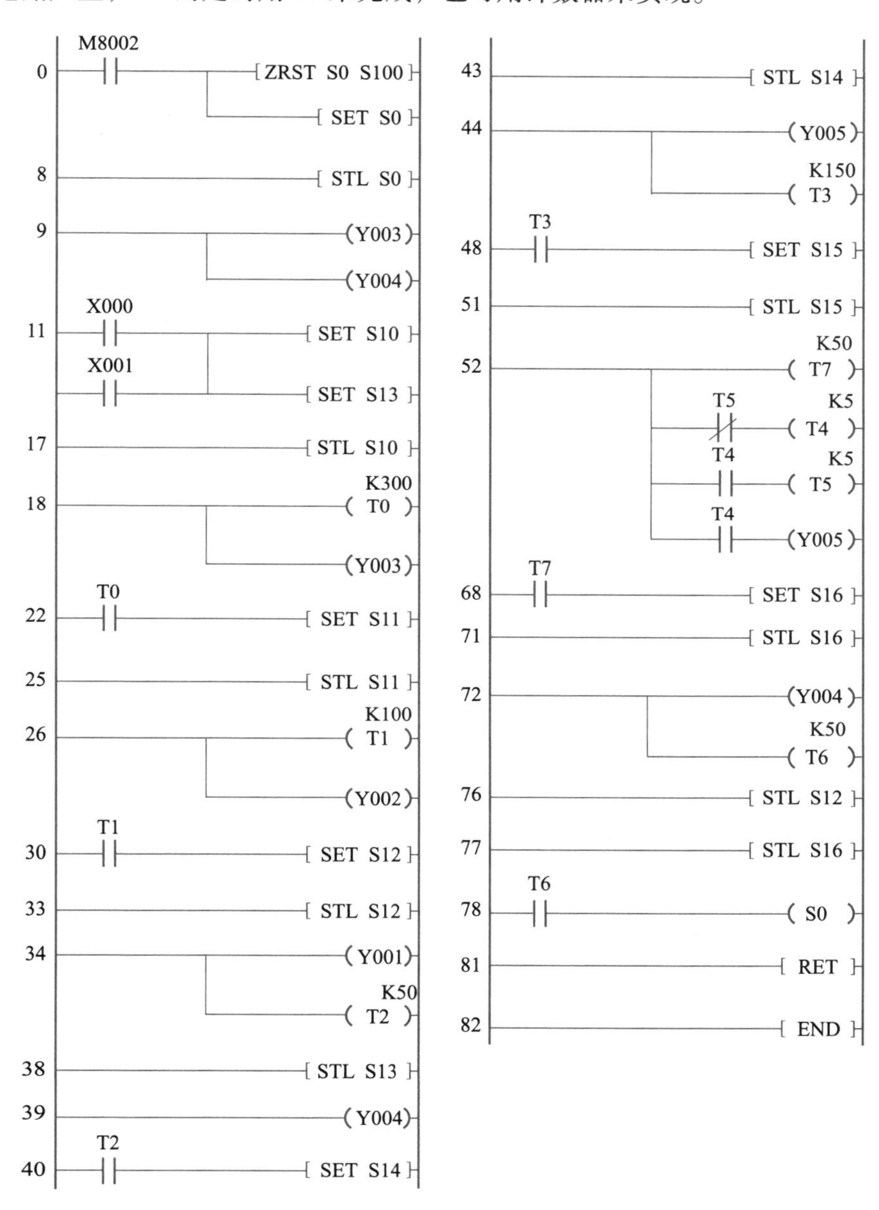


图10-8　按钮式人行横道交通信号灯控制梯形图

## 五、根据PLC输入/输出接线图安装电路

进行电气线路安装之前，首先确保设备处于断电状态，电路安装结束后，一定要进行通电前的检查，保证电路连接正确。通电之后，对输入点要进行必要的检查，以达到正常工作的需要。

## 六、调试设备达到规定的控制要求

### 1. 下载 PLC 程序

在检查电路正确无误后，利用通信电缆将程序写入 PLC。

### 2. 程序功能调试

程序功能的调试要根据工作任务的要求，一步一步进行，边调试边调整程序，最终达到功能要求。本工作任务可按以下步骤进行。

第一步：将 PLC 的工作状态置于“RUN”，通过监控观察所有输入点是否处于规定状态，车道绿灯 Y3（HL3）和人行横道红灯 Y4（HL4）是否亮起。

第二步：按下启动按钮 SB1 或 SB2，观察各指示灯是否按照规定的要求进行动作。

如果每一步都满足要求，则说明程序完全符合工作要求，如果有不满足控制要求的地方，根据现象，利用程序的监控，找出错误的地方，修正程序后再重新调试。

操作完成后，将设备停电，并按管理规范要求整理工位。

## 项目评价

项目完成后，填写调试过程记录表 10-2。对整个项目的完成情况进行评价与考核，可分为教师评价和学生自评两部分，参考评价表见附录表 A-1、附录表 A-2。

表 10-2　调试过程记录表

<table>
<tr><th>序号</th><th>项目</th><th>完成情况记录</th><th>备注</th></tr>
<tr><td rowspan="2">1</td><td rowspan="2">电路连接正确</td><td>是（　　）</td><td rowspan="2"></td></tr>
<tr><td>不是（　　）</td></tr>
<tr><td rowspan="2">2</td><td rowspan="2">上电后，车行道绿灯亮，人行横道红灯亮</td><td>是（　　）</td><td rowspan="2"></td></tr>
<tr><td>不是（　　）</td></tr>
<tr><td rowspan="2">3</td><td rowspan="2">按下 SB1 或 SB2 后，车行道绿灯亮，人行横道红灯亮</td><td>是（　　）</td><td rowspan="2"></td></tr>
<tr><td>不是（　　）</td></tr>
<tr><td rowspan="2">4</td><td rowspan="2">30 s 后，车行道黄灯亮，人行横道红灯亮</td><td>是（　　）</td><td rowspan="2"></td></tr>
<tr><td>不是（　　）</td></tr>
<tr><td rowspan="2">5</td><td rowspan="2">10 s 后，车行道红灯亮，人行横道红灯亮</td><td>是（　　）</td><td rowspan="2"></td></tr>
<tr><td>不是（　　）</td></tr>
<tr><td rowspan="2">6</td><td rowspan="2">5 s 后，车行道红灯亮，人行横道绿灯亮</td><td>是（　　）</td><td rowspan="2"></td></tr>
<tr><td>不是（　　）</td></tr>
<tr><td rowspan="2">7</td><td rowspan="2">15 s 后，车行道红灯亮，人行横道绿灯以 1 Hz 频率闪烁</td><td>是（　　）</td><td rowspan="2"></td></tr>
<tr><td>不是（　　）</td></tr>
<tr><td rowspan="2">8</td><td rowspan="2">5 s 后，车行道红灯亮，人行横道红灯亮</td><td>是（　　）</td><td rowspan="2"></td></tr>
<tr><td>不是（　　）</td></tr>
<tr><td rowspan="2">9</td><td rowspan="2">5 s 后，车行道绿灯亮，人行横道红灯亮</td><td>是（　　）</td><td rowspan="2"></td></tr>
<tr><td>不是（　　）</td></tr>
<tr><td rowspan="2">10</td><td rowspan="2">完成后，按照管理规范要求整理工位</td><td>是（　　）</td><td rowspan="2"></td></tr>
<tr><td>不是（　　）</td></tr>
</table>

## 项目拓展

### 用 SFC 编制 PLC 程序入门

用 PLC 设计步进顺控程序时，可以先根据控制功能要求画出顺序功能图，然后按顺序功能图编写出相应的梯形图，再输入 PLC 进行调试运行，这是一种编程方法。另一种方法是直接应用 GX Developer 编程软件中的 SFC 功能进行编程。对于程序相对复杂，并行程序较多，又有许多跳转与分支的情况，使用 SFC 编程有利于对程序总体的把握，使调试特别方便。具体操作步骤如下：

**1. 打开编程软件**

打开 GX Developer 编程软件，出现图 10-9 所示窗口。

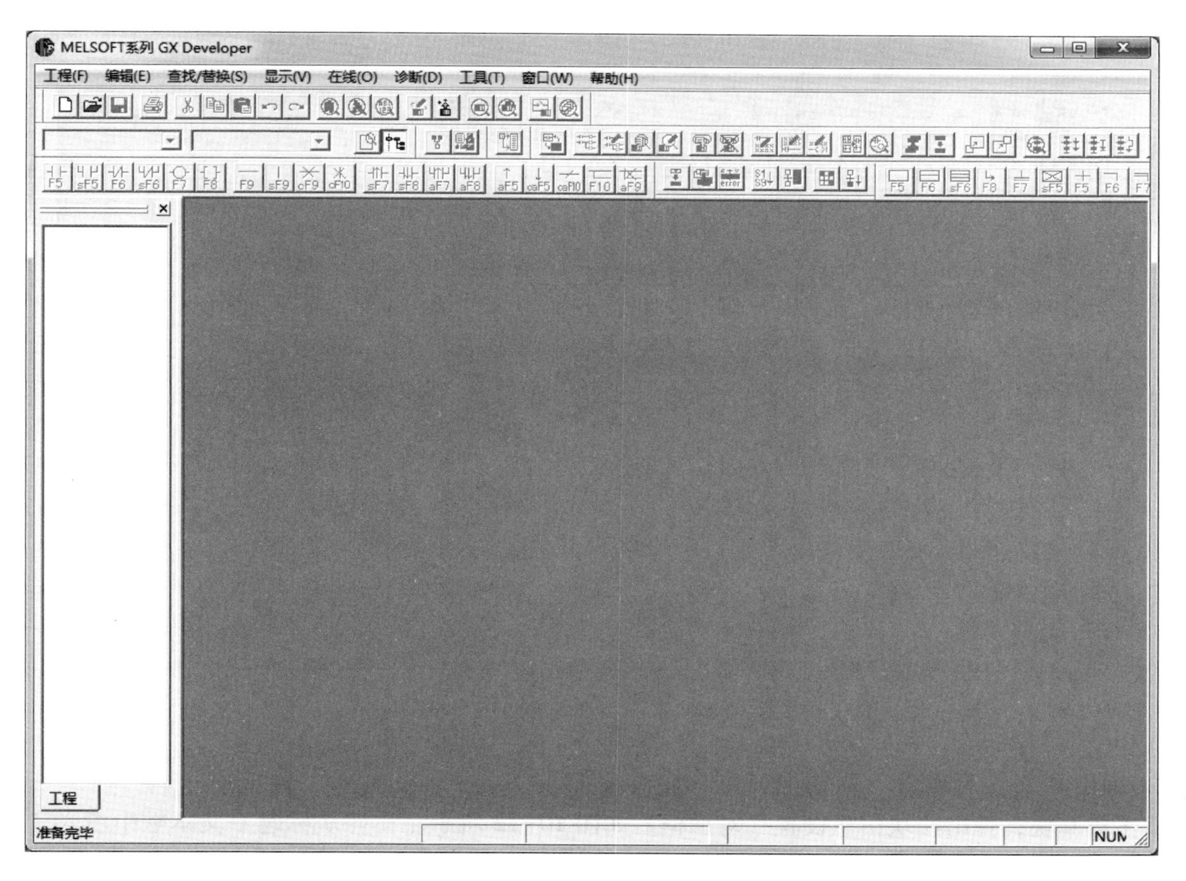


图 10-9　GX Developer 编程软件窗口

**2. 创建新工程**

单击菜单“工程”→“创建新工程”命令或单击新建工程按钮“ ”，弹出“创建新工程”对话框，如图 10-10 所示。在“PLC 系列”下拉列表中选择“FXCPU”，“PLC 类型”下拉列表框中选择“FX3U（C）”，在“程序类型”项中选择“SFC”，在“工程名设定”项中设置好工程名和保存路径，之后单击“确定”按钮。

**3. 弹出块列表窗口**

弹出块列表窗口，如图 10-11 所示。

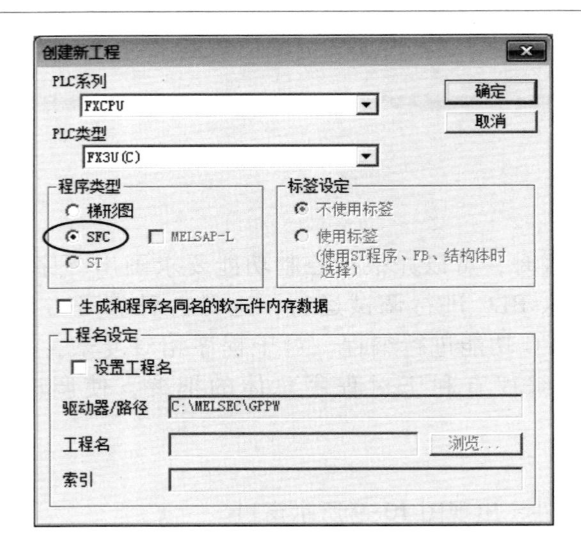


图 10-10　“创建新工程”对话框

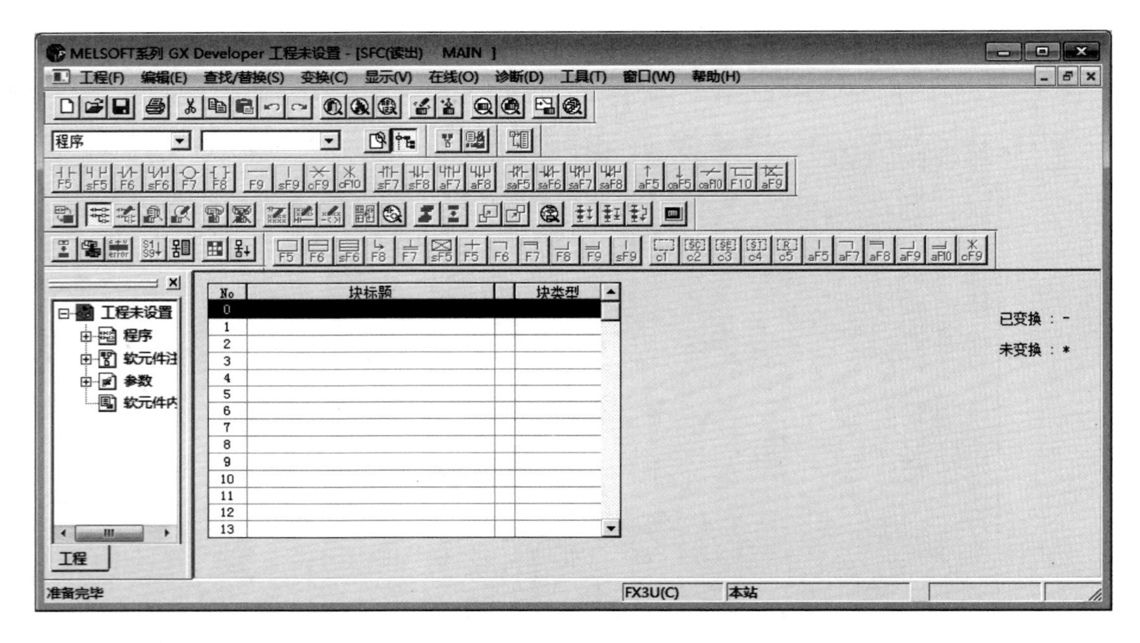


图 10-11　块列表窗口

## 4. 弹出“块信息设置”对话框

双击第 0 块，弹出“块信息设置”对话框，如图 10-12 所示。在“块标题”文本框中填入“激活步进梯形图”（也可填其他标题或不填），在“块类型”设置项中选择“梯形图块”，编写此段梯形图的目的是激活 SFC 编程的初始状态步，放在 SFC 程序的起始部分（即第一块）。

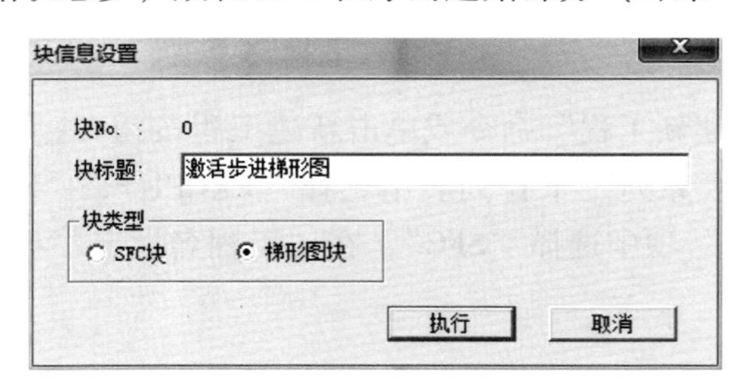


图 10-12　“块信息设置”对话框

**5. 梯形图块编辑窗口**

单击“执行”按钮，弹出梯形图块编辑窗口，如图 10-13 所示。

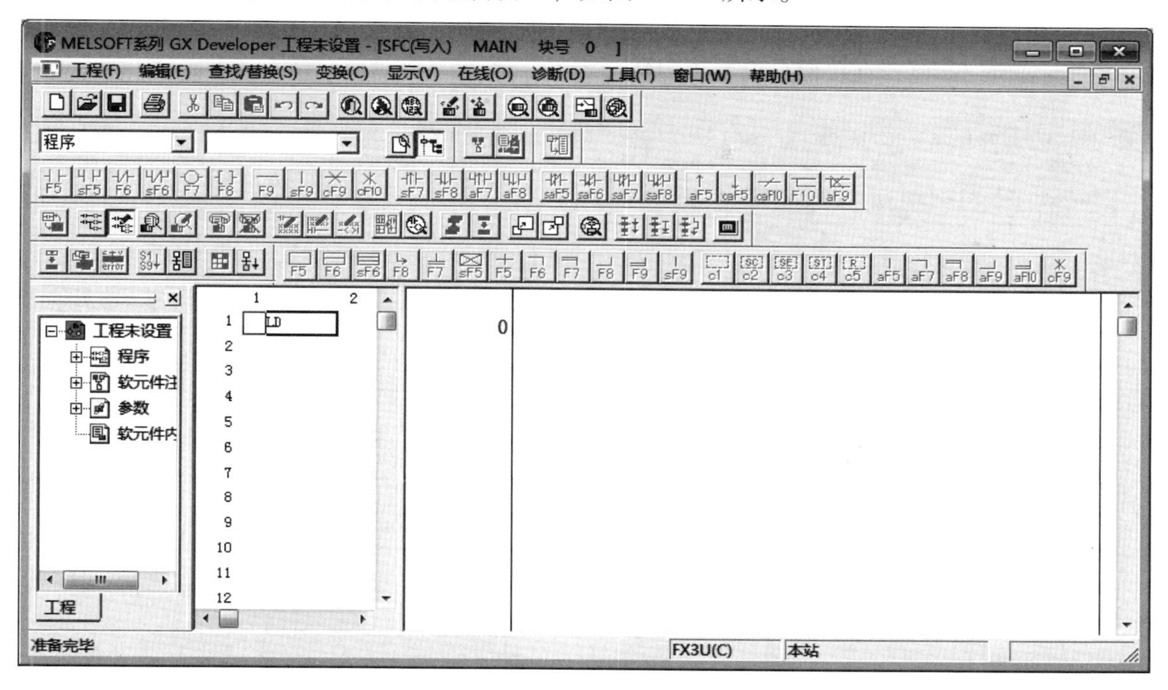

图 10-13 梯形图块编辑窗口

在进行 SFC 编程时，块分为两种类型，一种是梯形图块，另一种是 SFC 块。所谓梯形图块，是指不属于步状态，游离在整个步结构之外的梯形图部分，如起始、结束及其他专门要求的内容，这些内容无法编制到 SFC 中去，只能单独处理。而 SFC 块指的是步与步相连的顺序功能图。

**6. 梯形图块的输入**

图 10-14 所示为本项目的梯形图程序段。

在右侧的梯形图程序编辑区输入如图 10-14 所示的程序，完成的功能是利用 PLC 内部的初始化脉冲 M8002，将 S0～S100 共 101 个状态继电器清零，完成后将 S0 置 1，程序进入初始状态，为状态转移做好准备，这两条指令有先后顺序，不能放反，否则无法进入初始状态。完成后单击菜单“变换”中的“变换”命令或按 F4 快捷键，完成激活初始状态梯形图的变换。

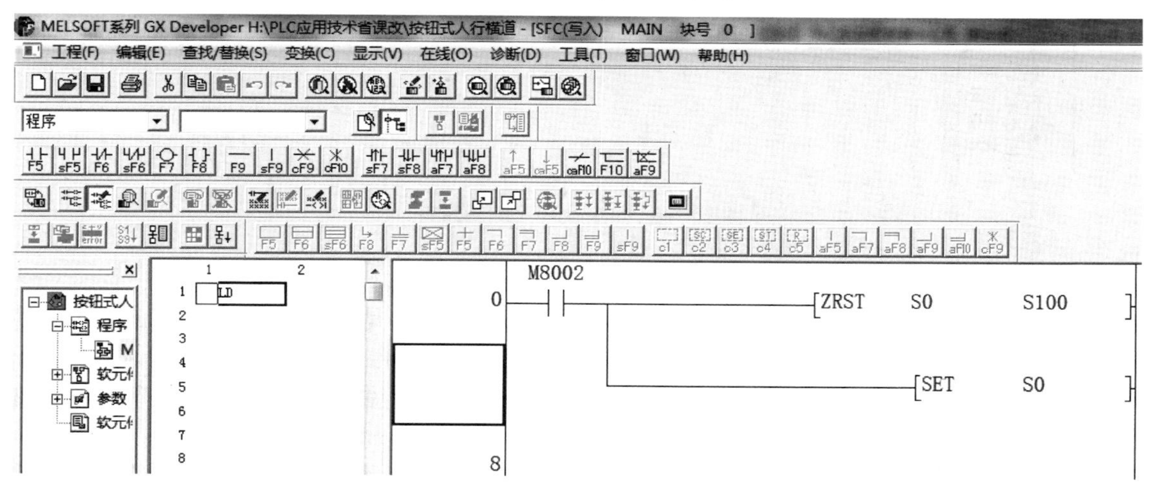


图 10-14 梯形图程序段

**7. SFC 块的输入**

梯形图块程序编写完成后，双击左边工程数据列表窗口中“程序”中的“MAIN”返回块列表窗口。双击第一块，弹出“块信息设置”对话框，如图 10-15 所示，在块标题文本框中填入“主流程”（也可填其他标题或不填），在块信息设置项中选择 SFC。

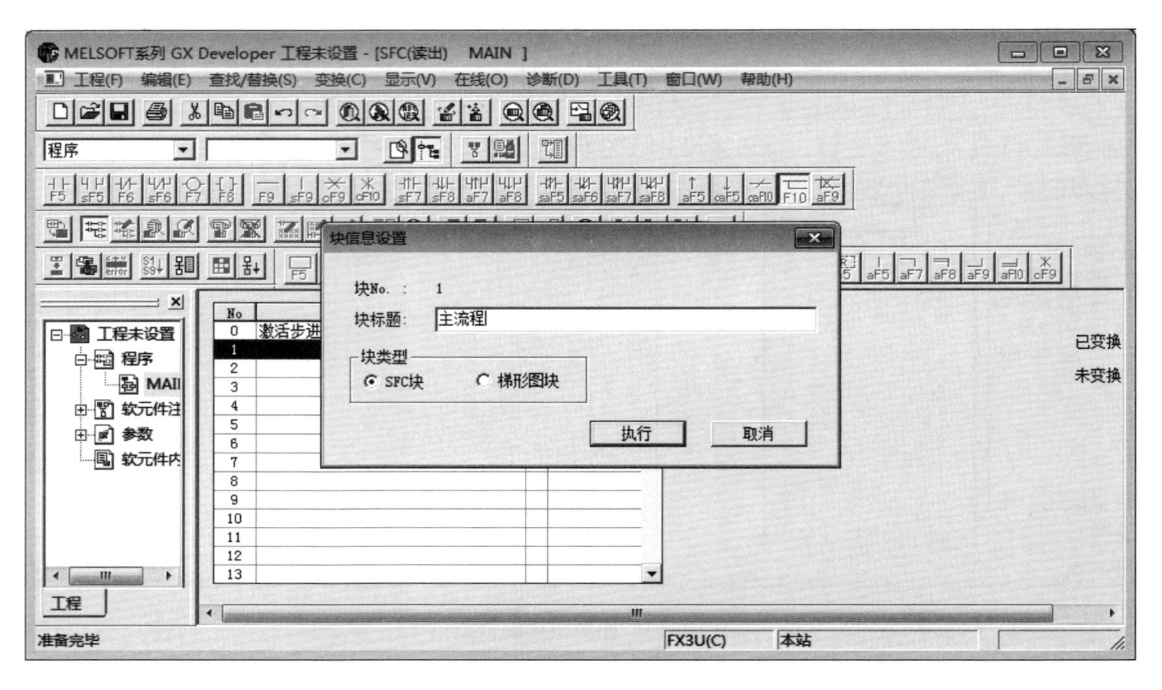


图 10-15　流程“块信息设置”对话框

单击“执行”按钮，弹出 SFC 块程序编辑窗口，如图 10-16 所示。其中“？0”表示 S0 步目前是空步。

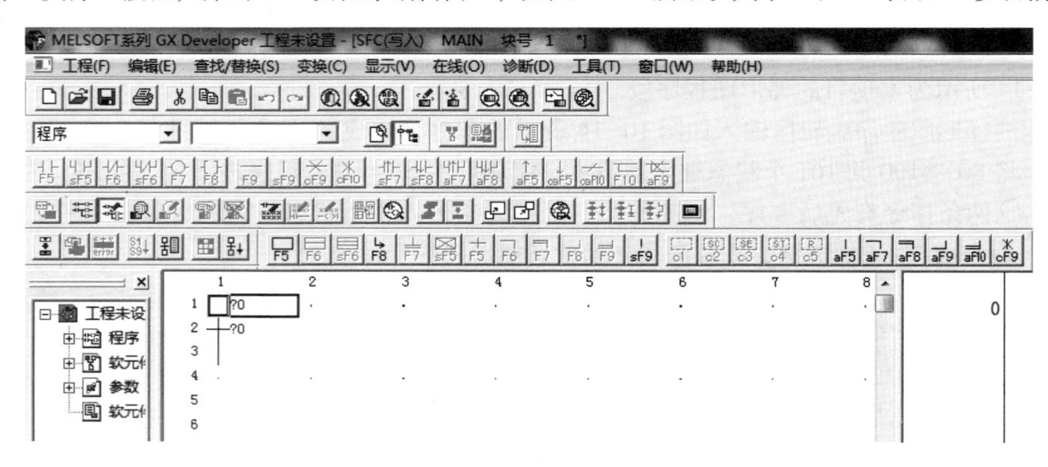


图 10-16　SFC 块程序编辑窗口

（1）状态步程序的输入

接下来进入 SFC 程序块编程，首先编写第 S0 步的程序，S0 步是 PLC 上电后所指向的第一步，这步可以有驱动元件，也可以不做任何动作，只等待系统启动命令执行。对于本项目，要求在没有行人过马路请求时车行道绿灯（Y3 通电）、人行横道红灯亮（Y4 通电）。输入完成后必须进行变换。变换完成后的 S0 步程序如图 10-17 所示。

注意，Y3 和 Y4 均为直接驱动，若有多个直接驱动的线圈，要将后面直接驱动的线圈挂在第一个直接驱动的下方，否则程序会报错。

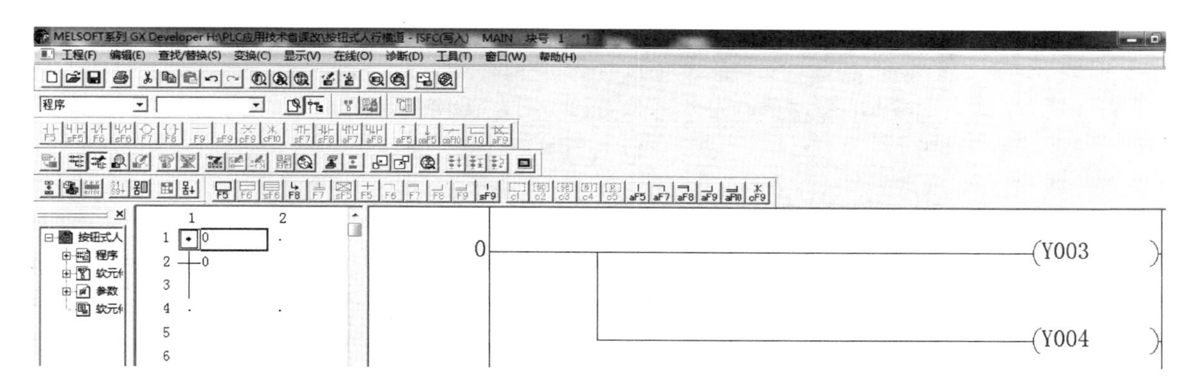

图 10-17　第 S0 步的程序

（2）转移条件的输入

SFC 编程状态转移条件的编辑。以编号 0 转移条件的编辑为例，方法如下，将光标移到状态转移条件 0，输入状态转移条件（有行人过马路的请求，X0 和 X1 是并联的关系），按 F7 键或 F8 键，如图 10-18 所示，单击“确定”按钮，再按 F4 键变换，完成状态转移条件 0 的编辑，完成后如图 10-19 所示。

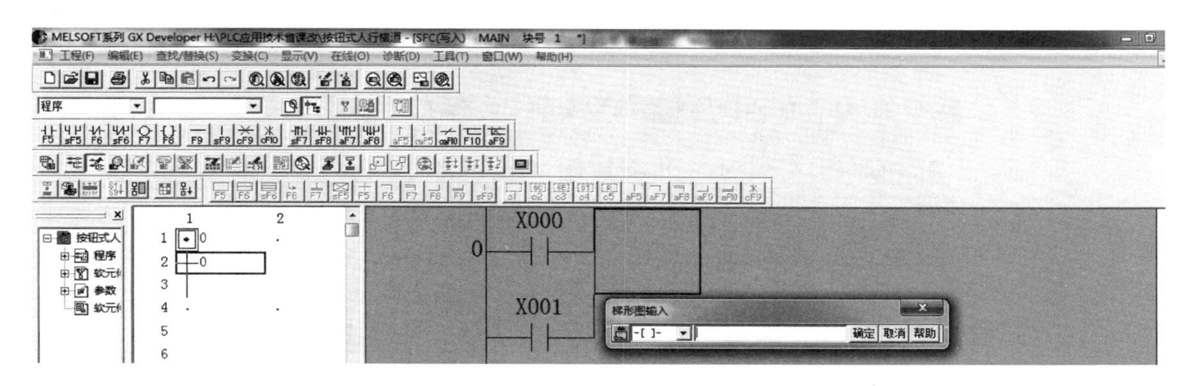

图 10-18　状态转移条件 0 的编辑

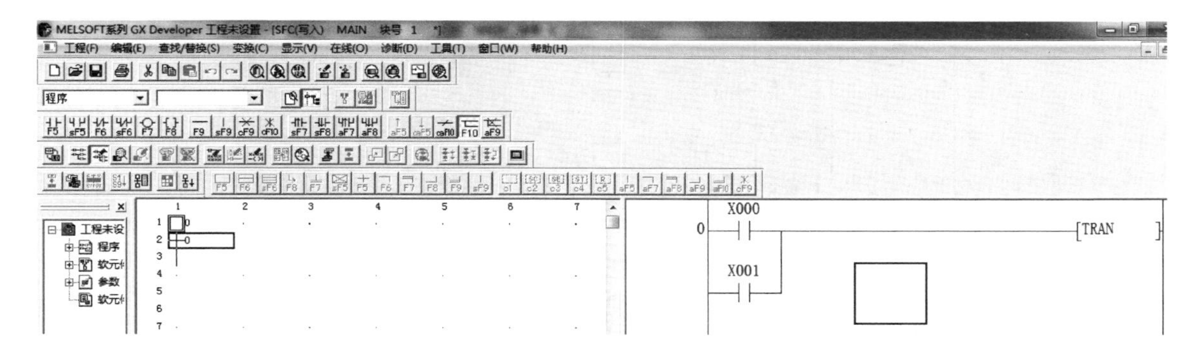

图 10-19　变换后的状态转移条件 0

（3）SFC 块框架的构建

由本项目分析可知，行人按下过马路请求按钮后，分成车道和人行横道两个并行分支，图 10-20 所示为并行分支的建立。接下来的步和转移条件可以按 Enter 键来建立，完成后进行并行分支的汇合，如图 10-21 所示。

当步执行完成，并满足转移条件后跳回到初始步，如图 10-22 所示。

（4）完成 SFC 程序的输入

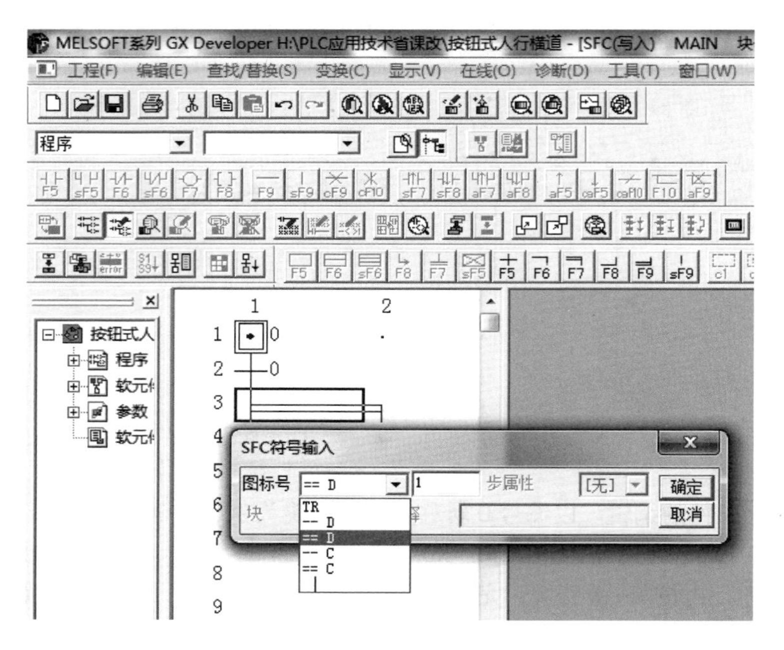

图 10-20　SFC 块并行分支

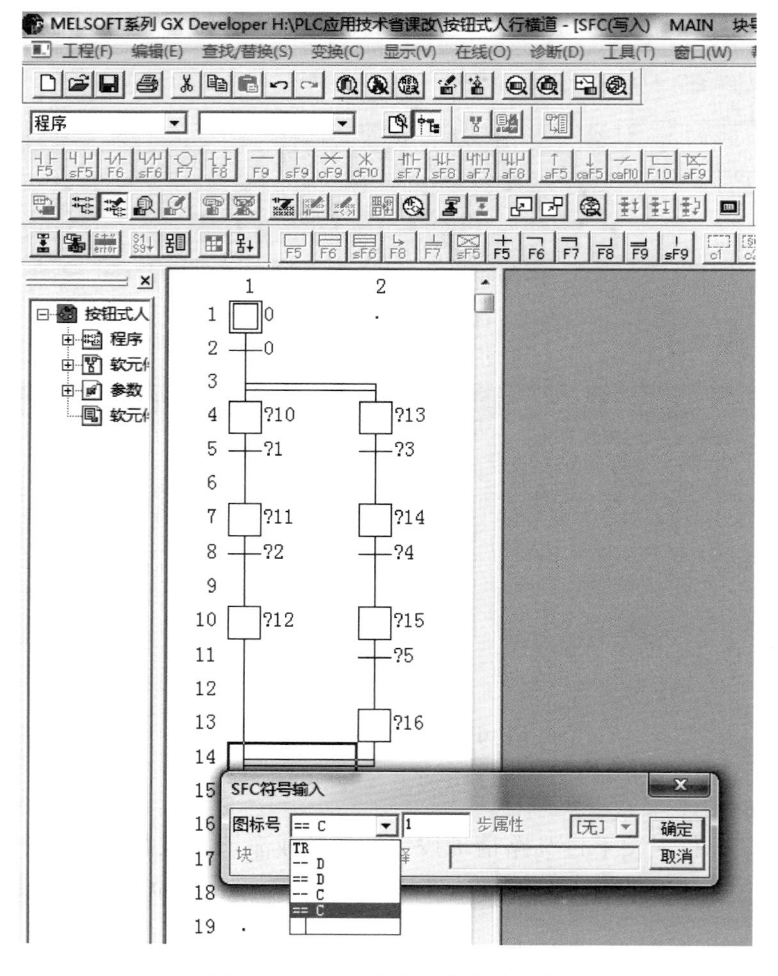

图 10-21　SFC 块并行分支的汇合

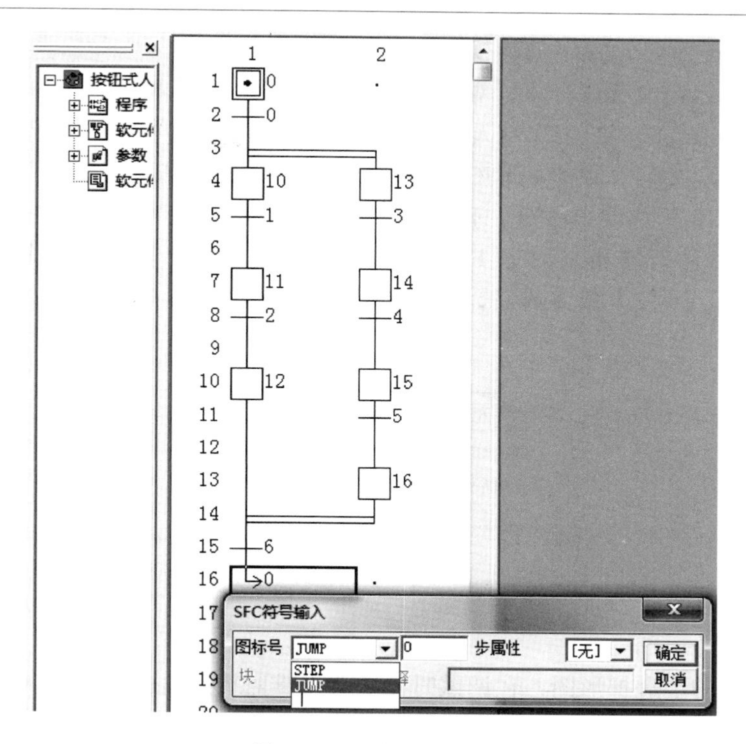


图 10-22　跳回初始步

本项目 SFC 程序如图 10-23 所示。S0 步和条件 0 的程序分别如图 10-17 和图 10-19 所示。输入完成后按 F4 键进行程序的变换，再进行程序的保存。

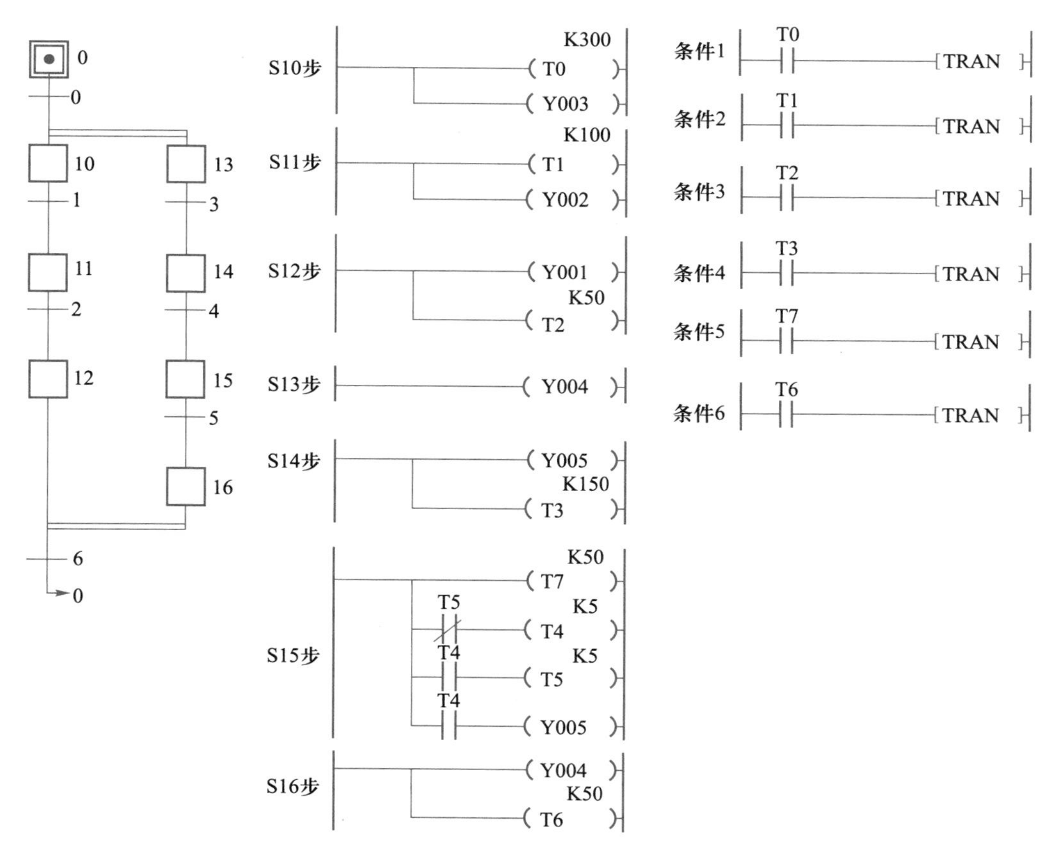


图 10-23　按钮式人行横道交通灯控制 SFC 程序

### 8. SFC 程序与步进梯形图程序的转换

由于 SFC 程序的写入是全程序写入，对于 $FX_{2N}$系列 PLC 而言写入的速度比较慢，可以将 SFC 程序变换成梯形图程序进行步范围的写入，写入完成后再把梯形图程序转换成 SFC 程序进行调试。

整个 SFC 程序转换完成后，才能把 SFC 程序类型改变成梯形图程序类型。可单击菜单“工程”→“编辑数据”→“改变程序类型”命令，弹出如图 10-24 所示的对话框，在对话框中选择梯形图，单击“确定”按钮即可进行转换（对于 $FX_{3U}$系列 PLC 而言，由于其传输率较快，程序类型无须转换，用 SFC 程序写入即可），下载完成后，再将梯形图程序转换回 SFC 程序，以方便程序调试时的监控。

图 10-24　SFC 程序与梯形图程序的转换

### 9. SFC 程序的调试

对于程序相对复杂的步进梯形图，在调试时往往会很难监控到程序的运行状况，很难发现程序存在的问题。而对于使用 SFC 程序进行调试，就变得较为轻松了，因为整个步的运行过程在一个计算机界面中运行，程序有几步开通，运行在什么地方，一目了然，这就给程序的调试与修改带来了极大的便利。本项目的监控如图 10-25 所示。

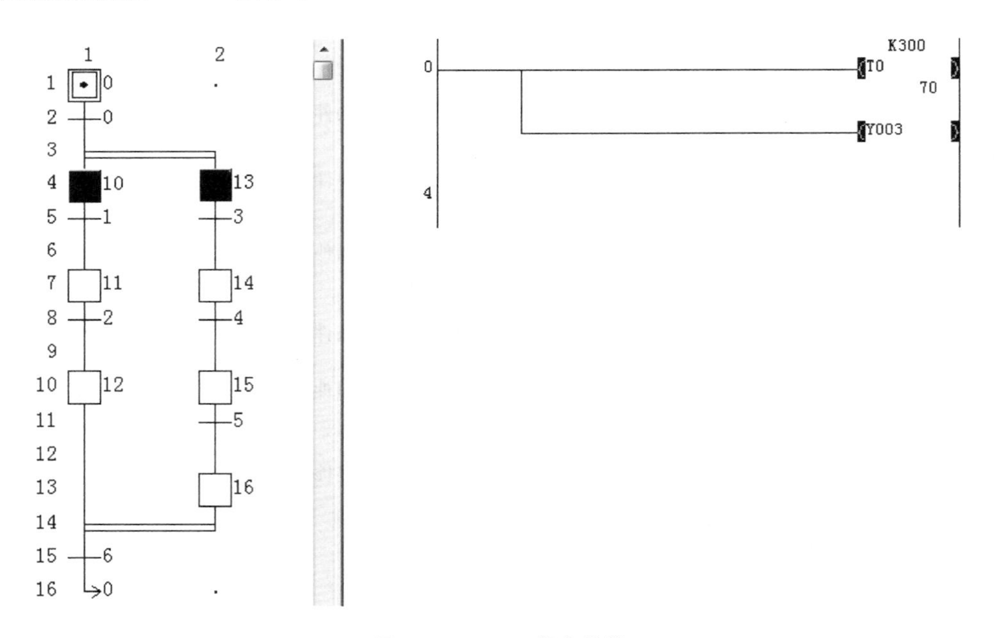


图 10-25　SFC 程序监控

## 思考与实践

如图 10-26 所示，有一流水线由两台小车送料，要求当按下按钮 SB1 后，小车甲由行程开关 SQ1 处前进至 SQ2 处停 5 s，再退到 SQ1 处停下；按下 SB1 的同时，小车乙由行程开关 SQ3 处前进至 SQ4 处停 8 s，再退到 SQ3 处停下。

试用 PLC 来设计控制，要求分配 I/O 地址及绘制 PLC 接线图，设计程序并进行调试。

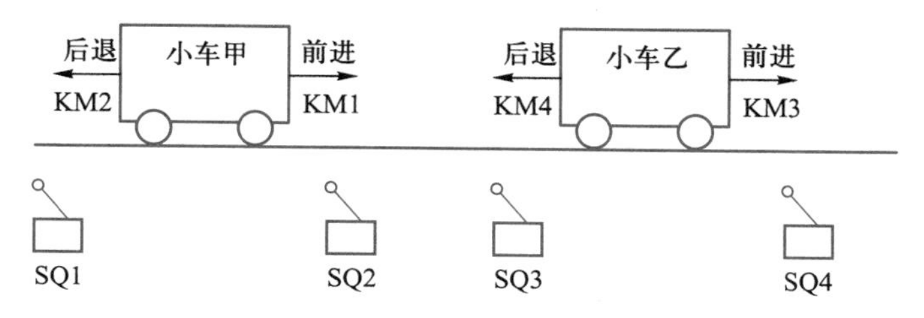


图 10-26　小车送料示意图

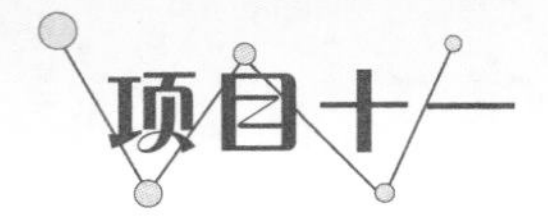


# 物料分拣机构的自动控制

## 项目目标

1. 熟悉选择性分支步进梯形图程序的编写方法。
2. 会编辑与调试物料分拣机构自动控制的步进梯形图程序。
3. 会编辑与调试物料分拣机构自动控制的 SFC 程序。

## 项目描述

在生产过程中，经常要对流水线上的产品进行分拣，图 11-1 所示是用于分拣大小球的机械臂装置。

设备初始位置为：机械臂处于左上位，并且机械手臂电磁铁不通电。若设备启动前处于初始位置，则原位指示灯 HL 亮，指示设备处于原位；若设备不在原位，则原位指示灯 HL 不亮，可按复位按钮 SB3 进行有序复位，复位完成后指示灯 HL 亮。

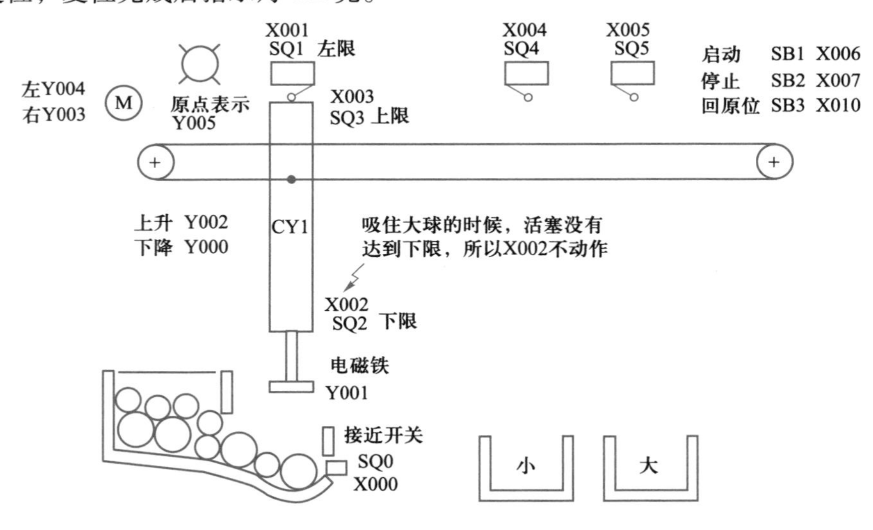


图 11-1 分拣大小球的机械臂装置示意图

设备处于原位后，可按启动按钮 SB1 启动设备，启动后若接近开关 SQ0 检测到有球，其工作顺序是：向下（2 s）→吸住球（1 s）→向上→向右运行（若吸住的是小球，运行至 SQ4 处；若吸住的是大球，则运行至 SQ5 处）→向下→释放（1 s）→向上→向左运行至初始位置，若设备未停止，机械臂继续去分拣小球大球。当机械手臂下降时，若电磁铁吸着的是大球，下限位开关 SQ2 断开，若吸着小球则 SQ2 接通（以此来判断是大球还是小球）。

若要停止，按下停止按钮 SB2，机械臂完成一个工作周期后回原位停止。

本项目中，当机械臂向下去吸球时，吸住的球要么是大球，要么是小球，两者只能选其一，这是典型的选择性分支流程结构。

## 知识准备

### 一、选择性分支结构

从多个流程中选择执行某一个流程执行称为选择性分支，如图 11-2 所示。图中 S20 为分支状态，该顺序功能图在 S20 以后分成了 2 个分支，供选择执行，转换条件 X0、X10 不能同时成立。

当 S20 步激活成为活动步后，若转换条件 X0 接通，则动作状态就向 S21 转移，S20 变为不动作；若 S20 成为活动步后，转换条件 X10 接通，则动作状态就向 S31 转移，S20 变为不动作。

选择序列的结束称为选择性分支的汇合或合并。在图 11-2 中，S50 为汇合状态。程序如果选择第一条序列执行，当 S22 为活动步，并且转移条件 X2=1，则发生由步 S22 向汇合步 S50 的转移；程序如果选择第二条序列执行，当 S32 为活动步，并且转移条件 X12=1，则发生由步 S32 向汇合步 S50 的转移。

### 二、选择性分支的编程

选择性分支结构的编程原则是先集中处理分支转移情况，在 S20 之后有 2 个选择性分支，从左到右逐个编程；然后依从左到右的顺序进行各分支程序处理；最后从左到右进行汇合转移。梯形图程序如图 11-3 所示。

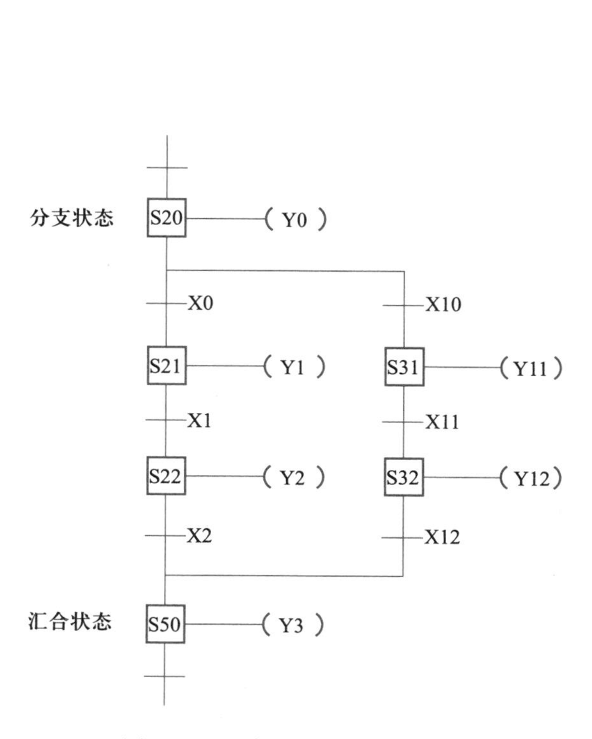


图 11-2　选择性分支顺序功能图

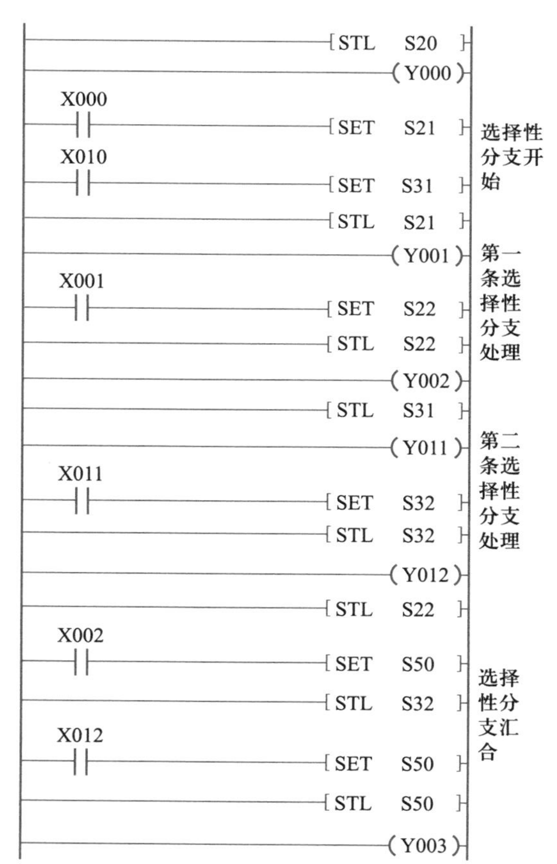


图 11-3　选择性分支状态步进梯形图

## 项目实施

### 一、分配 I/O 地址

对于本控制任务，其 I/O 分配见表 11-1。

表 11-1　物料分拣机构 I/O 分配表

| 输入 | | | 输出 | | |
|---|---|---|---|---|---|
| 输入元件 | 作用 | 输入继电器 | 输出元件 | 作用 | 输出继电器 |
| SQ0 | 有球 | X0 | KM1 | 机械臂下降 | Y0 |
| SQ1 | 左限位 | X1 | YA | 吸球电磁铁 | Y1 |
| SQ2 | 下限位 | X2 | KM2 | 机械臂上升 | Y2 |
| SQ3 | 上限位 | X3 | KM3 | 机械臂右移 | Y3 |
| SQ4 | 释放小球限位 | X4 | KM4 | 机械臂左移 | Y4 |
| SQ5 | 释放大球限位 | X5 | HL | 原位指示灯 | Y5 |
| SB1 | 启动按钮 | X6 | | | |
| SB2 | 停止按钮 | X7 | | | |
| SB3 | 回原位 | X10 | | | |

### 二、绘制 PLC 输入/输出接线图

根据输入/输出点的分配，画出 PLC 的接线图，如图 11-4 所示。其中 KM1 与 KM2、KM3 与 KM4 实现电动机的正反转，要进行硬件互锁，以防止电源两相短路。

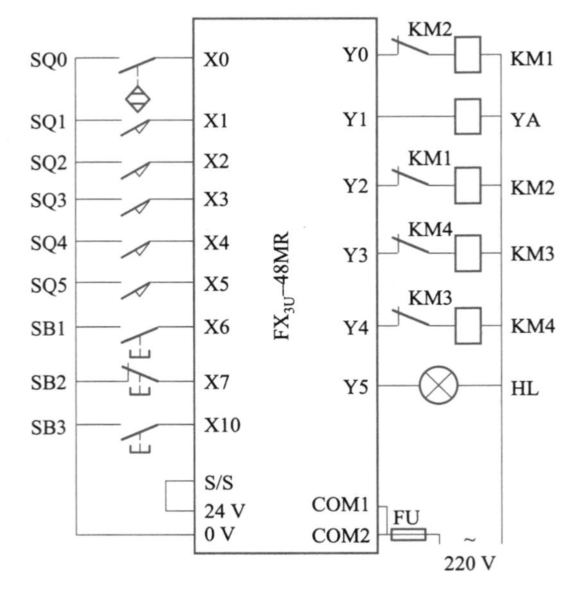


图 11-4　物料分拣机构 PLC 接线图

## 三、编制状态转移图

根据工艺要求，该控制流程可根据下降时间到达后 SQ2 的状态（即对应大、小球）分成两个分支，此处为分支点，即 $T0 \cdot X2 = 1$（机械手臂下降时间 T0 到，并且机械手臂下降到位，行程开关 X2 压合），表示吸住的是小球；$T0 \cdot \overline{X2} = 1$（机械手臂下降时间 T0 到，并且机械手臂下降到位，行程开关 X2 没有压合），表示吸住的是大球，两者二选一（不考虑吸不住球的情况），属于选择性分支。两条分支各分为 3 个状态步处理，即机械手臂分别将球吸住→上升→右行到 SQ4（小球）或 SQ5（大球）处，机械手臂到达 SQ4（小球）或 SQ5（大球）处应为汇合点。然后机械手臂再下降→释放→上升→左移到原点（因为这些动作大小球均一样）。其顺序功能图如图 11-5 所示。

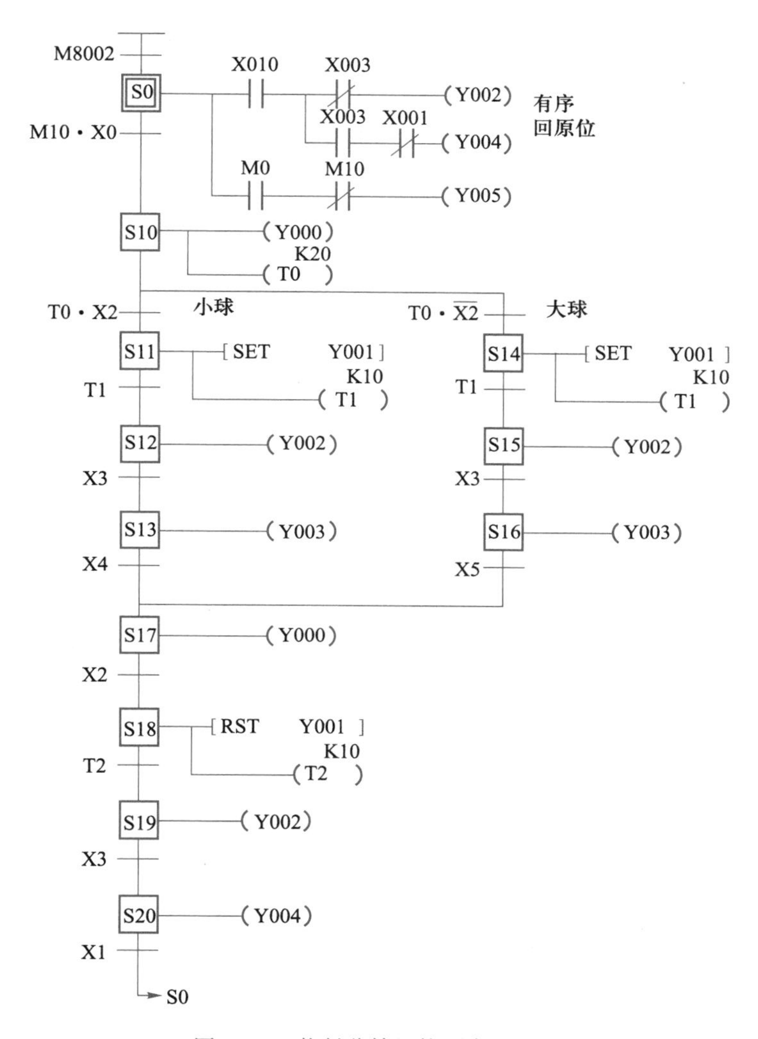


图 11-5　物料分拣机构顺序功能图

## 四、编制 SFC 程序

根据上述顺序功能图，编制本项目的 SFC 程序，梯形图块程序如图 11-6 所示，其中第一个梯级实现利用初始脉冲将 S0～S100 的状态继电器复位并进入初始状态，第二个梯级是原位辅助继电器 M0（机械臂左上位，并且机械手臂电磁铁不得电），第三个梯级是实现机械手臂启保停（在 X6 处串入 M0，实现只有在原位才能启动）。SFC 块程序中各步的驱动程序和转移条件可根据图 11-5 所示来输入。最终完成后的 SFC 程序如图 11-7 所示。

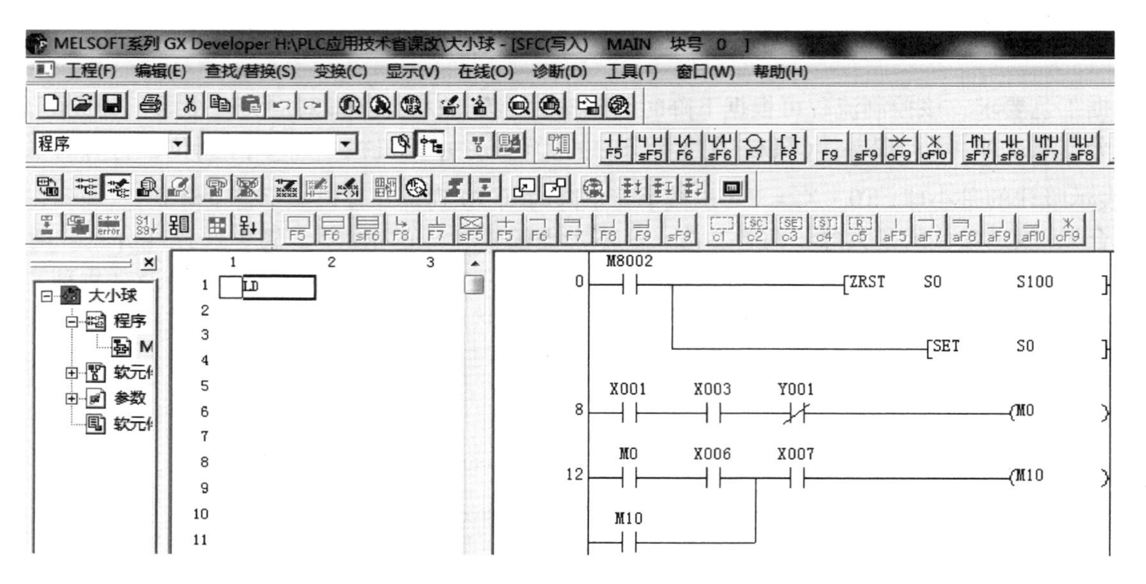

图 11-6　梯形图块程序

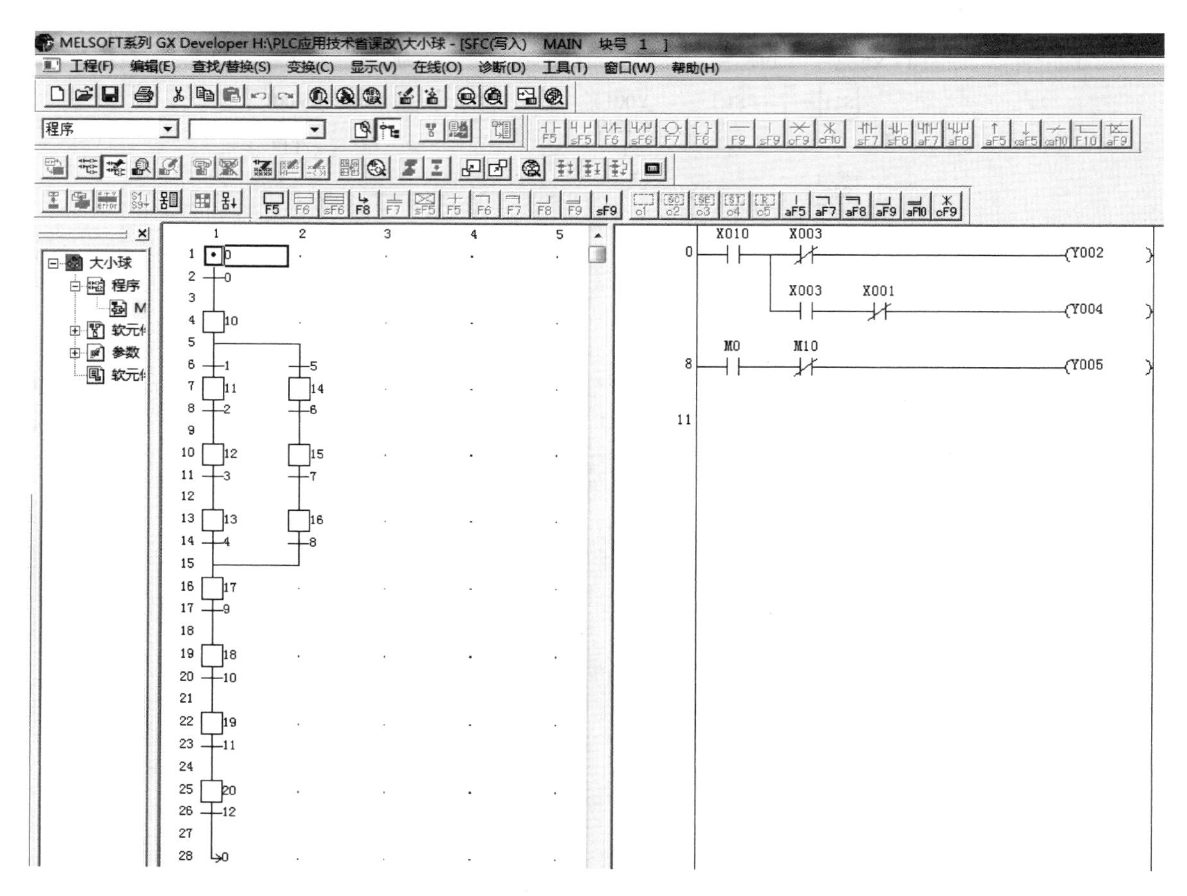

图 11-7　SFC 程序

## 五、根据 PLC 输入/输出接线图安装电路

进行电气线路安装之前，首先确保设备处于断电状态，电路安装结束后，一定要进行通电前的检查，保证电路连接正确。通电之后，对输入点要进行必要的检查，以达到正常工作的需要。

## 六、调试设备达到规定的控制要求

**1. 下载 PLC 程序**

在检查电路正确无误后，利用通信电缆将程序写入 PLC。

**2. 程序功能调试**

程序功能的调试要根据工作任务的要求，一步一步进行，边调试边调整程序，最终达到功能要求。

第一步：将 PLC 的工作状态置于“RUN”，通过监控观察所有输入点是否处于规定状态。若 SQ1、SQ3 都接通（在原位），HL 灯是否亮。

第二步：使 SQ1 或 SQ3 不接通（不在原位），HL 灯是否不亮，按 SB3，能否有序回原位，回原位后，HL 灯是否亮。

第三步：按 SB1 启动，SQ0 不接通（无球），设备是否不动作；若 SQ0 接通，机械臂能否下降。

第四步：机械臂下降后，SQ2 接通，进行小球处理，是否达到规定功能要求。

第五步：机械臂下降后（吸球时），SQ2 不接通，进行大球处理，是否达到规定功能要求。

第六步：在运行中按下停止按钮 SB2，设备是否完成一个工作周期后停止，停止时 HL 灯是否亮。

如果每一步都能满足要求，则说明程序完全符合工作要求，如果有不满足控制要求的地方，根据现象，利用程序的监控，找出错误的地方，修正程序后再重新调试。

操作完成后，将设备停电，并按管理规范要求整理工位。

## 项目评价

项目完成后，填写调试过程记录表 11-2。对整个项目的完成情况进行评价与考核，可分为教师评价和学生自评两部分，参考评价表见附录表 A-1、附录表 A-2。

表 11-2　调试过程评价表

| 序号 | 项目 | 完成情况记录 | 备注 |
| --- | --- | --- | --- |
| 1 | 电路连接正确 | 是（　） | |
| | | 不是（　） | |
| 2 | PLC 运行后，若 SQ1、SQ3 都接通（在原位），HL 灯亮 | 是（　） | |
| | | 不是（　） | |
| 3 | PLC 运行后，SQ1 或 SQ3 不接通（不在原位），HL 灯不亮，按 SB3，能有序回原位，回原位后，HL 灯亮 | 是（　） | |
| | | 不是（　） | |
| 4 | 按 SB1 启动，SQ0 不接通（无球），设备不动作；SQ0 接通，机械臂能下降 | 是（　） | |
| | | 不是（　） | |
| 5 | 机械臂下降后，SQ2 接通，进行小球处理，达到规定功能要求 | 是（　） | |
| | | 不是（　） | |
| 6 | 机械臂下降后（吸球时），SQ2 不接通，进行大球处理，达到规定功能要求 | 是（　） | |
| | | 不是（　） | |
| 7 | 在运行中按下停止按钮 SB2，设备完成一个工作周期后停止，停止时 HL 灯亮 | 是（　） | |
| | | 不是（　） | |
| 8 | 完成后，按照管理规范要求整理工位 | 是（　） | |
| | | 不是（　） | |

## 项目拓展

### 带有跳转与复位的一般状态

如图 11-8 所示，SFC 的跳转可以向上跳转，也可向下跳转，也可以跳转向流程外（如跳到“S1”，为跳到另一个 SFC 块）。在利用步进梯形图编程时，跳转状态用 OUT 指令编程。

如图 11-9 所示，SFC 的复位主要用于并行分支的处理，当某一路分支完成后将自身复位，在利用步进梯形图编程时，用 RST 指令编程。

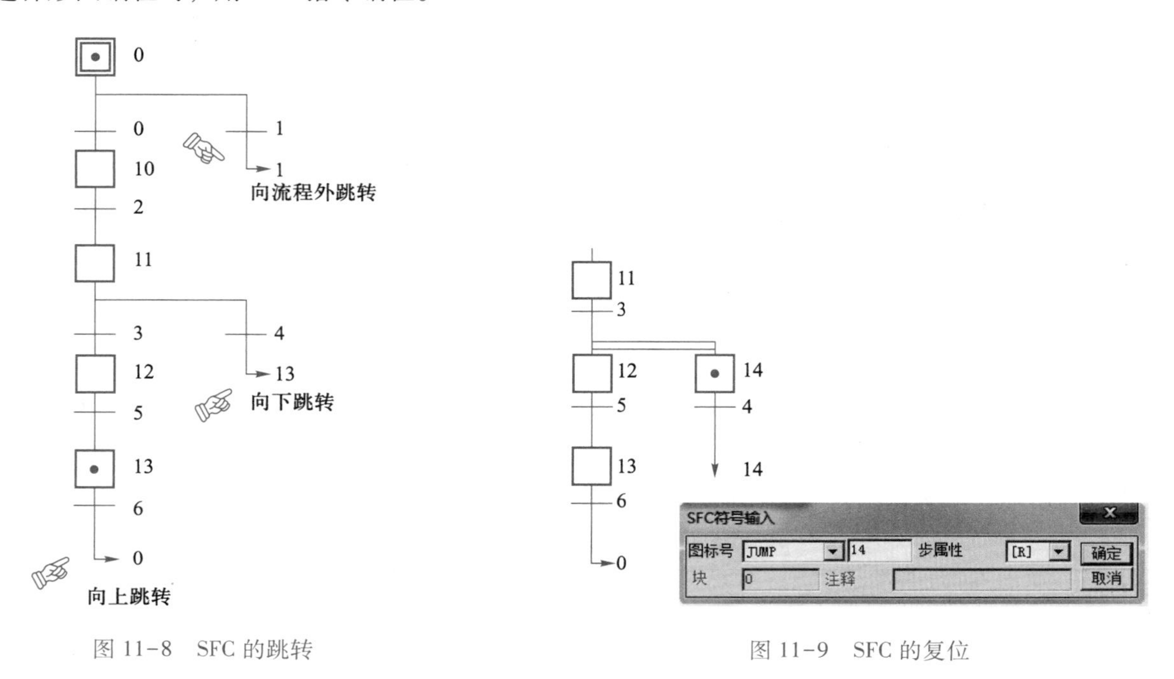


图 11-8　SFC 的跳转　　　　图 11-9　SFC 的复位

## 思考与实践

某宾馆自动门结构示意如图 11-10 所示，其控制要求如下：

(1) 当有人由内到外或由外到内通过光电检测开关 SQ1 或 SQ2 时，开门执行机构 KM1 动作，电动机正转，到达开门限位开关 SQ3 位置时，电动机停止运行。

(2) 自动门在开门位置停留 8 s 后，自动进入关门过程，关门执行机构 KM2 被启动，电动机反转，当门移动到关门限位开关 SQ4 位置时，电动机停止运行。

(3) 在关门过程中，当有人员由外到内或由内到外通过光电检测开关 SQ2 或 SQ1 时，应立即停止关门，并自动进入开门程序。

(4) 在门打开后的 8 s 等待时间内，若有人员由外至内或由内至外通过光电检测开关 SQ2 或 SQ1，必须重新开始等待 8 s 后，再自动进入关门过程，以保证人员安全通过。

试用 PLC 来设计控制，要求分配 I/O 地址及绘制 PLC 接线图，设计程序并进行调试。

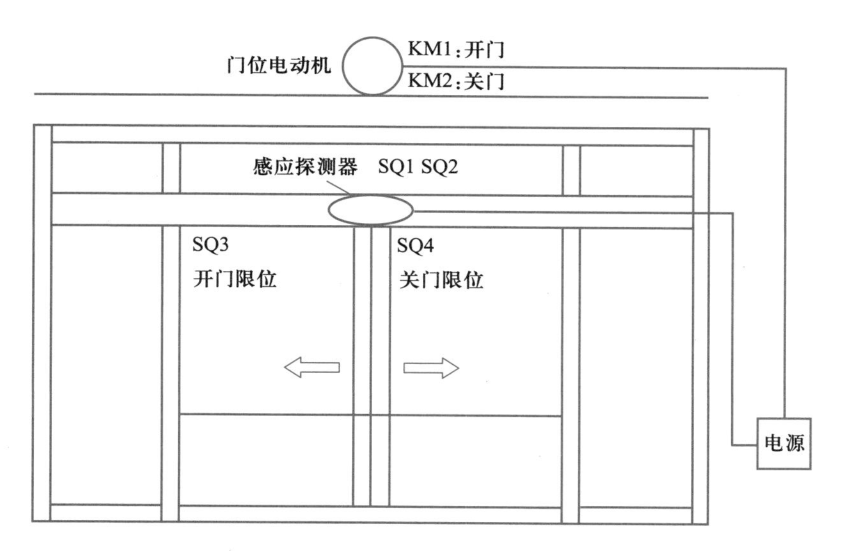


图 11-10　自动门结构示意图

# 学习模块三 FX系列PLC与变频器及触摸屏的应用

3

本模块通过物料自动分拣线控制、用触摸屏监控物料自动分拣线 2 个项目的学习与训练，掌握检测、气动技术，变频及触摸屏技术的 PLC 控制与应用。

| | | |
|---|---|---|
| 教学目标 | 能力目标 | 1. 能分析较复杂控制系统的工作过程<br>2. 能合理分配 I/O 地址，画出 PLC 接线图，绘制顺序功能图<br>3. 会使用 GX Developer 编程软件编制顺序功能图程序<br>4. 会制作昆仑通态 TPC7062KS 触摸屏的简单组态界面<br>5. 能正确连接各部件，并完成输入/输出的接线<br>6. 会进行 FR-E740 变频器参数的设置<br>7. 能进行触摸屏与 PLC 程序的联调 |
| | 知识目标 | 1. 熟悉传感器的基本知识<br>2. 了解气动控制及执行器件，控制回路及控制方法<br>3. 知道 FR-E740 变频器各端子的功能<br>4. 知道触摸屏简单组态界面的制作 |
| 教学重点 | | 1. 较复杂控制系统的分析<br>2. FR-E740 变频器的使用<br>3. 触摸屏简单组态界面的制作 |
| 教学难点 | | 较复杂控制系统的分析 |
| 教学方法、手段建议 | | 采用项目教学法、任务驱动法和理实一体化教学法等开展教学，在教学过程，教师讲授与学生讨论相结合，传统教学与信息化技术相结合，充分利用翻转课堂、微课等教学手段，把课堂转移到实训室，引导学生做中学、做中教，教、学、做合一 |
| 参考学时 | | 22 学时 |

# 项目十二

# 物料自动分拣线控制

## 项目目标

1. 熟悉传感器的基本知识，能识别 YL-235A 设备上的各传感器。
2. 知道 FR-E740 变频器各端子的功能。
3. 能利用变频器操作手册熟练设置变频器参数。
4. 会编辑与调试物料自动分拣线控制的 PLC 程序。

## 项目描述

某工厂有一条加工金属、白色塑料和黑色塑料 3 种工件的生产线。在该生产线的终端有 1 条传送带，能将这 3 种工件分别送达不同的地方。各部件及安装位置名称如图 12-1 所示。

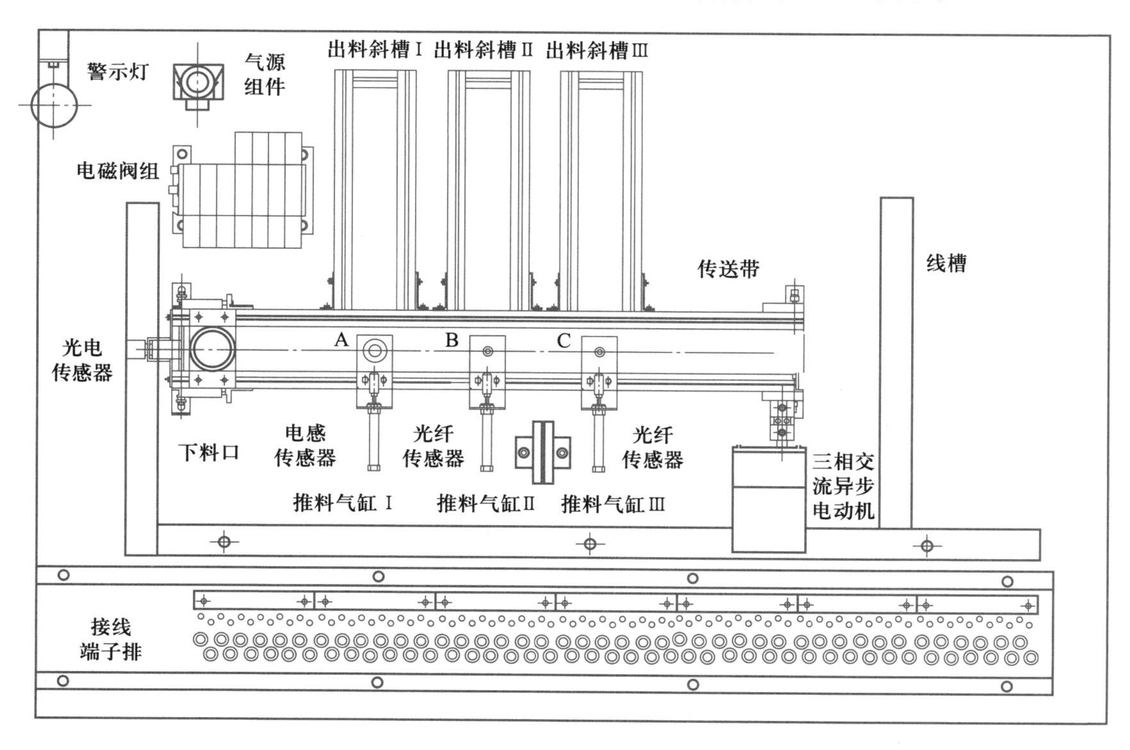


图 12-1　设备各主要部件名称俯视图

该生产线的工作要求如下：

**1. 设备启动前的状态**

设备在运行前应检查各部件是否在初始位置，是否能正常动作。初始位置要求如下。

3 个负责分拣的气缸活塞杆均处于缩回状态。如不符合初始位置要求，则设备不能启动。

**2. 设备各装置正常工作流程**

（1）接通电源，若设备处于初始位置，按下启动按钮 SB5，设备启动，开始工件的分拣。

（2）传送带以 15 Hz 的频率低速正转运行，等待工件的到来。

（3）当传送带上的进料口检测到有工件到来时，传送带以 30 Hz 的频率中速正转运行。

（4）如果 A 位置的电感传感器检测到的是金属工件，则传送带停止，由推料气缸 Ⅰ 将工件推入出料斜槽 Ⅰ；如果 B 位置的光纤传感器检测到的是白色塑料工件，则传送带停止，由推料气缸 Ⅱ 将工件推入出料斜槽 Ⅱ；如果 C 位置的光纤传感器检测到的是黑色塑料工件，则传送带停止，由推料气缸 Ⅲ 将工件推入出料斜槽 Ⅲ。

（5）在工件被推入出料斜槽、气缸活塞杆缩回到位后，若传送带上没有工件，则传送带以 15 Hz 的频率低速正转运行，等待工件的到来；若传送带上仍有工件，则传送带以 30 Hz 的频率中速正转运行继续进行分拣。

**3. 设备的正常停止**

按下停止按钮 SB6，设备在分拣完传送带上的所有工件后才停止工作。

**4. 工件分拣设备的意外情况处理**

分拣设备在工作过程中，可能出现各种意外。当出现意外情况时，应按下急停按钮 QS。

按下急停按钮 QS，工件分拣设备应立刻停止运行并保持当前状态，同时蜂鸣器以 1 Hz 的频率鸣叫。急停解除后（急停按钮 QS 复位），蜂鸣器停止鸣叫，设备将从急停时保持的状态开始继续运行。

根据交流电动机的规格及所拖动的设备设定变频器的电动机过载保护参数和低频时转矩提升参数，并将交流电动机的启动加速时间设定为 1 s，停机减速时间设定为 0. 2 s。

根据生产线的上述任务要求在 YL-235A 实训装置上完成下列工作任务：

（1）根据任务要求绘制生产线的电气控制原理图。

（2）根据画出的电气控制原理图，连接生产线的控制电路。具体要求如下：

① 凡是连接的导线，必须套上写有编号的编号管。

② 工作台上各传感器、电磁阀控制线圈、直流电动机、警示灯的连接线，必须放入线槽内；为减小对控制信号的干扰，工作台上交流电动机的连接线不能放入线槽。

（3）根据图 12-2 所示生产线气动系统图，连接生产线中的气路。

（4）正确理解任务要求，编写生产线的 PLC 控制程序和设置变频器的参数。

（5）调整传感器的位置和灵敏度，完成物料自动分拣线控制的整体调试。

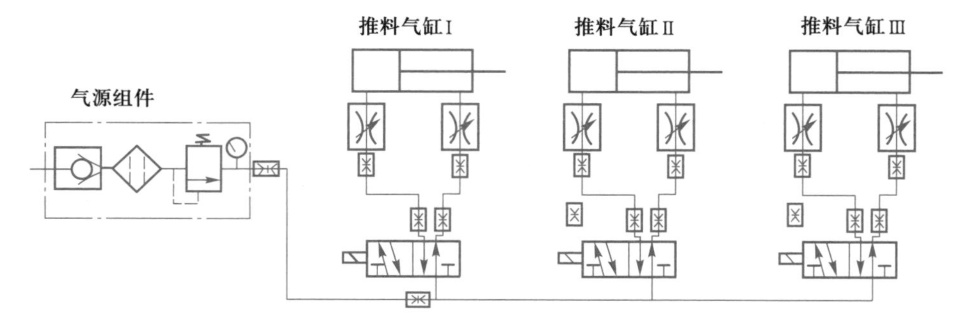


图 12-2　生产线气动系统图

## 知识准备

### 一、物料传送和分拣机构

YL-235A 物料传送和分拣机构如图 12-3 所示。

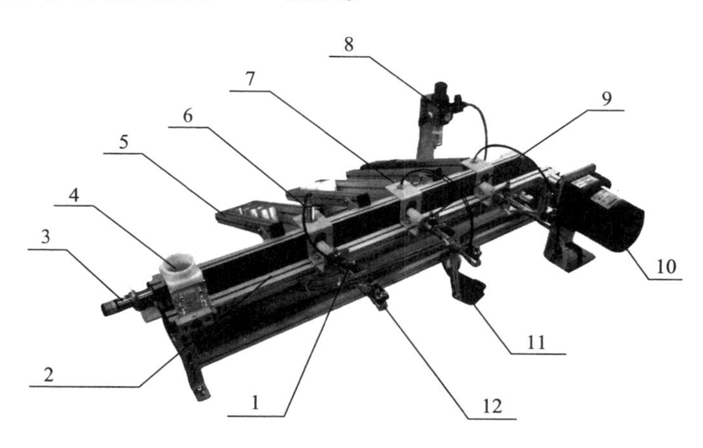


图 12-3 YL-235A 物料传送和分拣机构

1—磁性开关 D-C73 2—传送分拣机构 3—下料口光电传感器 4—下料口 5—出料斜槽 6—电感式传感器
7—光纤传感器 8—过滤调压阀 9—节流阀 10—三相异步电动机 11—光纤放大器 12—推料气缸

各部件的功能说明如下：

下料口光电传感器：检测是否有工件到达传送带上，并给 PLC 一个输入信号。

下料口：工件下料位置。

出料斜槽：放置物料工件。

电感式传感器：检测金属材料，检测距离为 3~5 mm。

光纤传感器：用于检测不同颜色的物料，可通过调节光纤放大器的灵敏度来区分不同颜色的物料。

三相异步电动机：驱动传送带转动，由变频器控制。

推料气缸：将工件推入料槽，由二位五通单电控电磁阀控制。

### 二、传感器的基本知识

在实际的控制系统中，我们经常采用传感器作为信息采集系统的前端单元。

最广义地来说，传感器是一种能把物理量或化学量转变成便于利用的电信号的器件。国际电工委员会（IEC）的定义为：传感器是测量系统中的一种前置部件，它将输入变量转换成可供测量的信号。它是被测量信号输入的第一道关口。

#### 1. 传感器的结构和符号

（1）传感器的结构

传感器通常由敏感元件、转换元件和转换电路组成。敏感元件是指传感器中能直接感受（或响应）被测量的部分；转换元件是能将感受到的非电量直接转换成电信号的器件；转换电路是对电信号进行选择、分析、放大，并转换为需要的输出信号等的信号处理电路。尽管各种传感器的组成部分大体相同，但不同种类的传感器的外形都不尽相同，亚龙 YL-235A 设备上使用的传感器外形如图 12-4 所示。

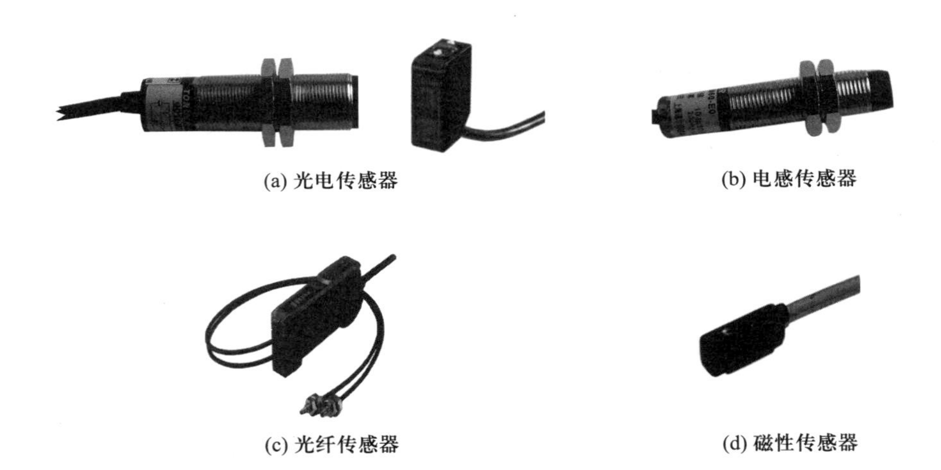

(a) 光电传感器　(b) 电感传感器

(c) 光纤传感器　(d) 磁性传感器

图 12-4　亚龙 YL-235A 设备上使用的传感器

（2）传感器的图形符号

不同种类的传感器的图形符号也有些差别，部分传感器的图形符号见表 12-1。

表 12-1　部分传感器的图形符号

| 图形符号 | 说明 |
| --- | --- |
|  | 磁铁接近动作的接近开关，动合触点 |
|  | 线圈接近动作的接近开关，动合触点 |
|  | 光电开关动合触点<br>（光纤传感器借用此符号） |

**2. 传感器的工作原理**

（1）光电传感器

光电传感器又名光电开关，它是利用被检测物对光束的遮挡或反射，由同步回路选通电路，从而检测物体的有无。被检测物体不限于金属，所有能反射光线的物体均可被检测。常用的光电开关可分为漫反射式、反射式、对射式和光纤式等。本设备使用的均为漫反射式光电传感器。

（2）电感式接近传感器

电感式接近传感器由高频振荡、检波、放大、触发及输出等电路组成。振荡器在传感器检测面产生一个交变电磁场，当金属物料接近传感器检测面时，金属中产生的涡流吸收了振荡器的能量，使振荡减弱以至停滞。

电感式接近传感器只对金属对象敏感。另外，电感式接近传感器的检测距离会因被测对象的尺寸、金属材料，甚至金属材料表面镀层的种类和厚度不同而不同，因此，使用时应查阅相关的参考手册。

（3）磁性传感器

磁性传感器又名磁性开关，是液压与气动系统中常用的传感器。它是在气缸活塞上安装永久磁环，在缸筒外壳上装有舌簧开关。开关内装有舌簧片、保护电路和动作指示灯等，均用树脂塑封在一个盒子内。当装有永久磁铁的活塞运动到舌簧片附近时，磁感线通过舌簧片使其磁化，两个簧片被吸引接触，则开关接通。当永久磁铁返回离开时，磁场减弱，两簧片弹开，则开关断开。

**3. 传感器的使用方法**

（1）传感器的电路连接方法

传感器的输出方式不同，电路连接也有一些差异。YL-235A 型光机电一体化实训装置上使用的传感器有直流两线制、直流三线制和直流四线制 3 种，其中磁性传感器为直流两线制传感器，有棕色和蓝色两根连接线，棕色线接 PLC 的输入端，蓝色线接 PLC 输入的 COM 端；下料口光电传感器、电感传感器和光纤传感器均为三线制传感器，有棕色、黑色和蓝色 3 根连接线，使用时棕色线接 PLC 提供的直流电源 24 V 的正极，黑色线接 PLC 的输入端，蓝色线接 PLC 输入的 COM 端；料台光电传感器 E3-LS61 为四线制传感器，其中粉色线不接，其余 3 根线接法和三线制传感器一样连接。

（2）使用传感器的注意事项

① 安装时不要把控制信号线与电力线（如电动机供电电源线等）平行并排在同一配线管或配线槽内，以防止由于干扰造成误动作。

② 传感器不宜安装在阳光直射、高温、可能会结霜、有腐蚀性气体等场所。

③ 接线要正确，二线制的棕色线和三线制的黑色线不能接电源，否则会造成传感器的损坏。

④ 磁性开关不要用于有磁场的场合，这会造成开关的误动作，或使内部磁环减磁。

⑤ 光电传感器在使用中要选择好合适的切换开关和调整适合的灵敏度。

## 三、变频器的基本知识

调速是电气设备控制的一项重要和常用的技术，其中变频调速的调速性能最好，调速范围宽，静态特性好，运行效率高，经济效益显著。随着变频技术的成熟和不断提升，用变频器驱动三相笼型异步电动机已日益广泛应用。

**1. 变频器的基本构成**

变频器可分为交-交和交-直-交变频器两种形式。交-交变频器是直接将工频交流转换成频率和电压均可控制的交流，通常输出的最高频率是工频的 1/3~1/2，适用于低转速调速场合；交-直-交变频器则是先把工频交流通过整流器转换成直流，然后把直流转换成频率和电压均可调的交流电，是目前比较常见的变频器。常见变频器外形如图 12-5 所示。

**2. 三菱 FR-E740 变频器**

（1）FR-E740 变频器主电路、控制电路接线

FR-E740 变频器主电路接线图如图 12-6 所示。FR-E740 变频器控制电路端子排列如图 12-7 所示。

三相电源接到 L1、L2、L3 端子上。在接线时不必考虑电源的相序。三相笼型异步电动机接到 U、V、W 端子上，切记不能接反，否则将损毁变频器。

（2）FR-E740 变频器端子接线

FR-E740 变频器接线端子图及功能如图 12-8 所示。

① 主电路接线端子功能见表 12-2。

图 12-5　常见变频器外形

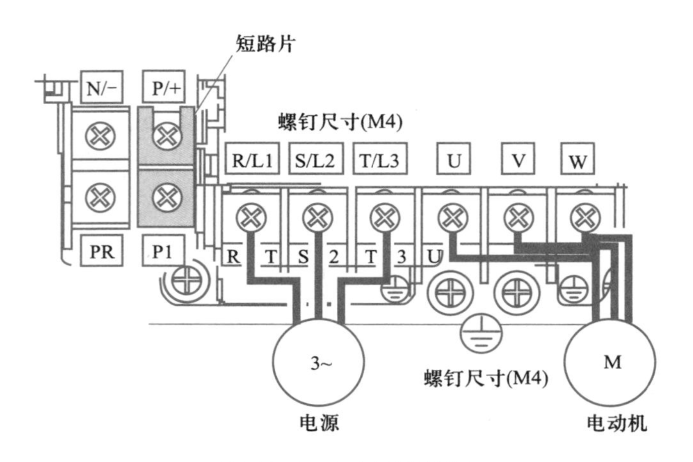


图 12-6　主电路接线图

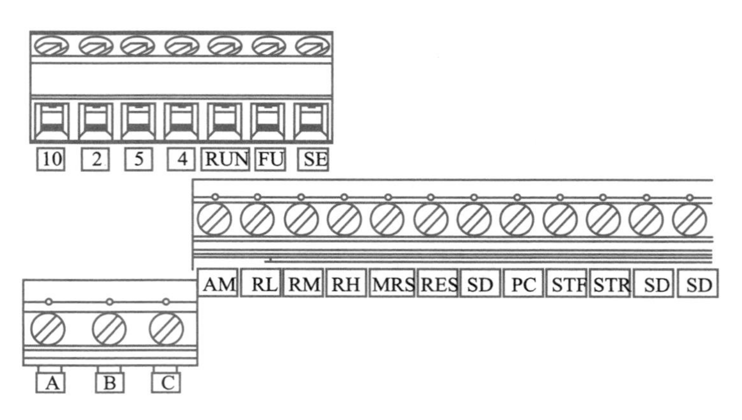


图 12-7　控制电路端子排列图

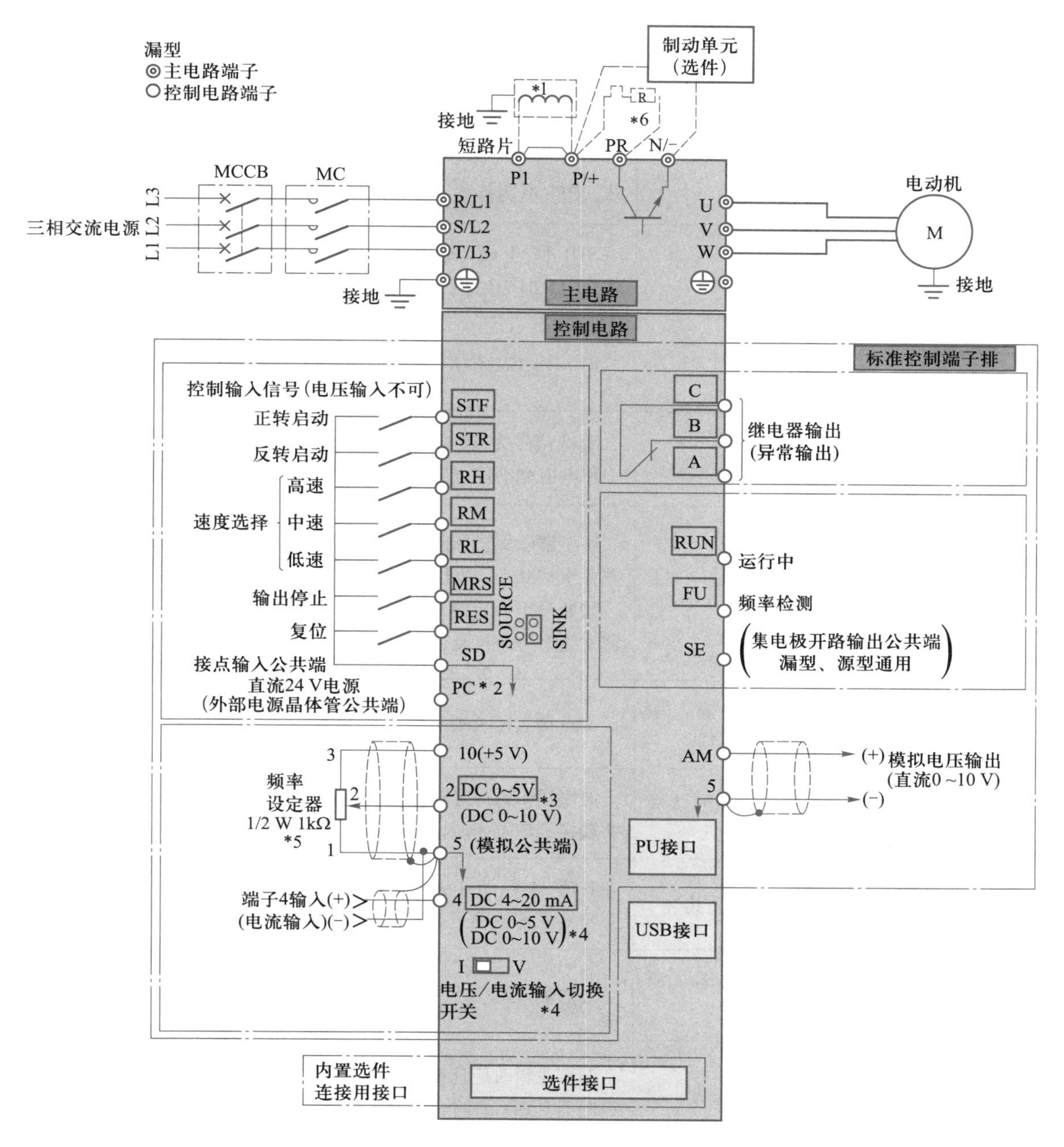


图 12-8　FR-E740 变频器接线端子图及功能

表 12-2　主电路接线端子功能

| 端子记号 | 端子功能 | 说明 |
|---|---|---|
| L1、L2、L3 | 电源输入 | 连接工频电源 |
| U、V、W | 变频器输出 | 接三相笼型异步电动机 |
| P/+、PR | 连接制动电阻器 | 在端子 P/+与 PR 间连接制动电阻器选件（FR-ABR） |
| P/+、N/- | 连接制动单元 | 连接选件制动单元或高功率因数整流器 |
| P/+、P1 | 连接改善功率因数 DC 电抗器 | 拆开端子 P/+、P1 间短路片，连接选件改善功率因数用直流电抗器 |
| ⏚ | 接地端子 | 变频器外壳接地用，必须接大地 |

② 控制电路输入信号接线端子功能见表 12-3，输出信号接线端子功能见表 12-4。

表 12-3　控制电路输入信号接线端子功能

<table>
<tr><th>种类</th><th>端子记号</th><th>端子名称</th><th colspan="2">端子功能说明</th></tr>
<tr><td rowspan="11">接点输入</td><td>STF</td><td>正转启动</td><td>STF 信号 ON 时为正转，OFF 时为停止</td><td rowspan="2">STF、STR 信号同时 ON 时变成停止指令</td></tr>
<tr><td>STR</td><td>反转启动</td><td>STR 信号 ON 时为反转，OFF 时为停止</td></tr>
<tr><td>RH、RM、RL</td><td>多段速度选择</td><td colspan="2">用 RH、RM 和 RL 信号的组合可以选择多段速度</td></tr>
<tr><td>MRS</td><td>输出停止</td><td colspan="2">MRS 信号为 ON（20 ms 以上）时，变频器输出停止<br>用电磁制动停止电动机时，用于断开变频器的输出</td></tr>
<tr><td>RES</td><td>复位</td><td colspan="2">用于解除保护回路动作的报警输出。使端子 RES 信号处于 ON 状态并维持 0.1 s 以上，然后断开<br>初始设定为始终可进行复位。但在 Pr. 75 设定后，仅在变频器报警发生时可进行复位。复位所需时间为 1 s</td></tr>
<tr><td rowspan="3">SD</td><td>接点输入公共输入端（漏型）（初始设定）</td><td colspan="2">接点接入输入端子的公共端子</td></tr>
<tr><td>外部晶体管公共端（源型）</td><td colspan="2">源型逻辑时应连接晶体管输出，将晶体管的输出用的外部电源公共端接到该端子时，可以防止因漏电引起的误动作</td></tr>
<tr><td>直流 24 V 电源公共端</td><td colspan="2">直流 24 V、0.1 A 电源的公共输出端子<br>与端子 5 及端子 SE 绝缘</td></tr>
<tr><td rowspan="3">PC</td><td>接点输入公共端（源型）</td><td colspan="2">接点输入端子（源型逻辑）的公共端子</td></tr>
<tr><td>外部晶体管公共端（源型）（初始设定）</td><td colspan="2">漏型逻辑时应连接晶体管输出（集电极开路输出），例如按可编程控制器（PLC）时，将晶体管输出用的外部电源公共端接到这个端子时，可以防止因漏电引起的误动作</td></tr>
<tr><td>直流 24 V 电源</td><td colspan="2">可以作为直流 24 V、0.1 A 电源使用</td></tr>
<tr><td rowspan="4">频率设定</td><td>10</td><td>频率设定用电源</td><td colspan="2">作为用电位器外接频率设定（速度设定）时的电源使用</td></tr>
<tr><td>2</td><td>频率设定（电压）</td><td colspan="2">如果输入 0~5 V（或 0~10 V）时，在 5 V（10 V）时出现最大输出频率，输入、输出成比例</td></tr>
<tr><td>4</td><td>频率设定（电流）</td><td colspan="2">如果输入 4~20 mA 直流电流，在输入电流为 20 mA 时出现最大输出频率，输入、输出成比例</td></tr>
<tr><td>5</td><td>频率设定公共端</td><td colspan="2">频率设定信号（端子 2 或 4）和模拟输出端子 AM 的公共端子。请勿接大地</td></tr>
</table>

表 12-4　控制电路输出信号接线端子功能

| 种类 | 端子记号 | 端子名称 | 端子功能说明 |
|---|---|---|---|
| 继电器 | A、B、C | 继电器输出（异常输出） | 指示变频器因保护功能动作时输出。异常时：B-C 间不导通（A-C 间导通），正常时：B-C 间导通（A-C 间不导通） |
| 集电极开路 | RUN | 变频器正在运行 | 变频器输出频率大于或等于启动频率（初始值为 0.5 Hz）时为低电平，已停止或正在直流制动时为高电平 |
| | FU | 频率检测 | 输出频率大于或等于任意设定的检测频率时为低电平，未达到时为高电平 |
| | SE | 集电极开路输出公共端 | 端子 RUN、FU 的公共端子 |
| 模拟 | AM | 模拟电压输出 | 可以从多种监视项目中选一种作为输出。变频器复位中不被输出<br>输出信号大小与监视项目的大小成比例 |

（3）FR-E740 系列变频器操作面板

在使用变频器之前，首先要熟悉其操作面板，并且按照使用现场的要求合理设置参数。操作面板各部分名称如图 12-9 所示。

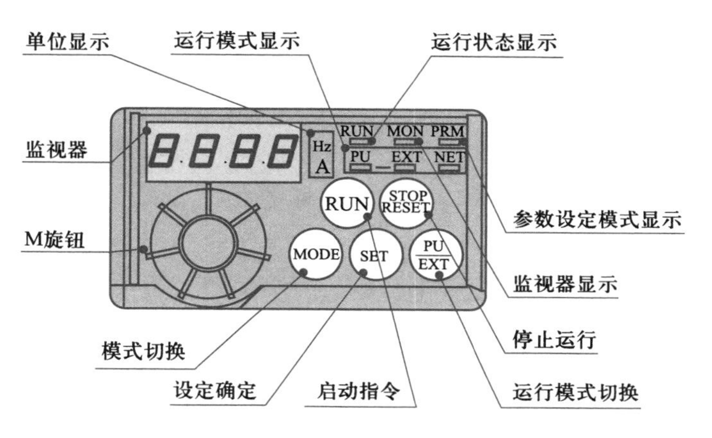


图 12-9　操作面板各部分名称

操作面板各部分功能见表 12-5。

表 12-5　操作面板功能表

| 名称 | 功能 |
|---|---|
| M 旋钮 | 用于变更频率设定、参数设定值。旋动该旋钮可以显示监视模式时的设定值、校正时的当前设定值、报警历史模式时的顺序 |
| 模式切换（MODE） | 用于切换各设定模式。和 PU/EXT 运行模式切换键同时按下，也可以用来切换模式。长按该键 2 s 可以锁定操作 |
| 设定确定（SET） | 运行中按此键则监视器可以监视运行频率、输出电流、输出电压 |
| 启动指令（RUN） | 通过 Pr. 40 的设定，可以选择旋转方向 |
| 运行模式切换（PU/EXT） | 用于切换 PU/外部运行模式 |

续表

| 名称 | 功能 |
| --- | --- |
| 停止运行（STOP/RESET） | 停止运行指令，保护功能生效时，也可以进行报警复位 |
| 监视器显示（MON） | 监视模式时亮灯 |
| 参数设定模式显示（PRM） | 参数设定模式时亮灯 |
| 运行状态显示（RUN） | 变频器动作中亮灯 |
| 运行模式显示（PU、EXT、NET） | PU：PU 运行模式时灯亮。EXT：外部运行模式时灯亮。NET：网络运行模式时灯亮 |
| 单位显示（Hz、A） | Hz：显示频率时灯亮。A：显示电流时灯亮 |
| 监视器（4 位 LED） | 显示频率、参数编号等 |

（4）FR-E740 变频器常用参数

FR-E740 变频器的基本参数有几百个，可以根据实际需要来设定，这里介绍一些常用参数，见表 12-6。

表 12-6　FR-E740 变频器常用参数

| 参数号 | 名称 | 设定范围 | 出厂设定 | 说明 |
| --- | --- | --- | --- | --- |
| P0 | 转矩提升 | 0~30% | 6% | 可以调整低频域电动机转矩 |
| P1 | 上限频率 | 0~120 Hz | 120 Hz | 可以设定最大、最小输出频率 |
| P2 | 下限频率 | 0~120 Hz | 0 Hz | 可以设定最大、最小输出频率 |
| P4 | 高速 | 0~400 Hz | 50 Hz | RH 为 ON 时 |
| P5 | 中速 | 0~400 Hz | 30 Hz | RM 为 ON 时 |
| P6 | 低速 | 0~400 Hz | 10 Hz | RL 为 ON 时 |
| P7 | 加速时间 | 0~3 600 s | 5 s | |
| P8 | 减速时间 | 0~3 600 s | 5 s | |
| P9 | 电子过电流保护 | 0~500 A | 额定输出电流 | |
| P14 | 适用负荷选择 | 0~3 | 0 | |
| P24 | 多段速（速度 4） | 0~400 Hz，9999 | 9999，未选择 | RL、RM 同时为 ON |
| P25 | 多段速（速度 5） | 0~400 Hz，9999 | 9999，未选择 | RL、RH 同时为 ON |
| P26 | 多段速（速度 6） | 0~400 Hz，9999 | 9999，未选择 | RM、RH 同时为 ON |
| P27 | 多段速（速度 7） | 0~400 Hz，9999 | 9999 | RL、RM、RH 同时为 ON |
| P71 | 适用电动机 | 0、1、3、5 等 | 0 | |
| P77 | 参数写入禁止选择 | 0、1、2 | 0 | |
| P78 | 反转防止选择 | 0、1、2 | 0 | |
| P79 | 操作模式选择 | 0~4，6~8 | 0 | |

续表

| 参数号 | 名称 | 设定范围 | 出厂设定 | 说明 |
| --- | --- | --- | --- | --- |
| P80 | 电动机的额定功率 | 0.2~0.75 kW | 9999 | |
| P82 | 电动机的额定电流 | 0~500 A | 9999 | |
| P83 | 电动机的额定电压 | 0~1 000 V | 200/400 | |
| P84 | 电动机的额定频率 | 50~120 Hz | 50 Hz | |

注：P14 使用说明：0—适用定转矩负荷；1—适用变矩负载；2—提升类负载；3—提升类负载。

P77 使用说明：0—仅限于 PU 操作模式的停止中可以写入；1—不可写入参数。Pr. 22，Pr. 75，Pr. 77 和 Pr. 79 可写入；2—即使运行时也可以写入。

P78 使用说明：0—正转和反转均可；1—不可反转；2—不可正转。

P79 使用说明：0—PU 与外部操作可切换；1—只能执行 PU 操作；2—只能执行外部操作；3—组合模式，内部设定运行频率，外部端子控制启动；4—组合模式，外部端子设定运行频率，面板启动。

（5）FR-E740 变频器基本操作方法

FR-E740 变频器参数设置一般要在 PU 模式下进行，下面以参数的全部清除为例说明参数设置的方法，设置步骤见表 12-7。

表 12-7　参数全部清除的步骤

| 序号 | 操作 | 显示 |
| --- | --- | --- |
| 1 | 电源接通时显示的界面 | 0.00 Hz MON EXT |
| 2 | 按 PU/EXT 键，进入 PU 模式 | 0.00 PU PU 显示灯亮 |
| 3 | 按 MODE 键，进入参数设定模式 | P. 0 PRM PRM 显示灯亮 |
| 4 | 旋转 M 旋钮，将参数编号设定为 ALLC | ALLC |
| 5 | 按 SET 键读取当前的设定值，显示“0”（初始值） | 0 |
| 6 | 旋转 M 旋钮，将值设定为“1” | 1 |
| 7 | 按 SET 键确定 | 1 ALLC 参数全部清除 |

若变频器上电后处于外部模式（P79=2），则首先应将 P79 设置为 1（PU 模式），再进行参数的清除，最后是参数的设定。在参数设定时，P79 参数要放在最后设定。

**3. 三菱 FR-E740 变频器的 PLC 控制应用举例**

可编程控制器对变频器的控制主要有以下几种控制方式：一是通过变频器的 RH（高速端）、RM（中速端）和 RL（低速端）进行多段速控制，可向外提供满足设备加工需要的多级转速。二是通过频率一定的数量可变的脉冲序列输出 PLAY，以及脉宽可调的脉冲序列输出指令 PWM 在变频器控制中可实现平滑调速。三是通过通信端口实现 PLC 与变频器间的通信，利用通信端口实施运行参数的设置和实现对变频器的控制。

第一种多段速控制，是通过在 PLC 与变频器间进行简单的连接，利用 PLC 的输出端口对变频器相应的控制端输出有效的开关信号。第二种需要额外的数模（D/A）转换接口电路或 PLC 扩充功能模块来实现。第三种则需要在 PLC 基本单元上安装 RS-485 通信口进行通信连接。本教材只讨论第一种方式，在不增加任何设备的情况下，实现 PLC 对变频器高、中、低速输出的控制。

某三相异步电动机由 FR-E740 变频器和 $FX_{3U}$ PLC 控制，其控制要求为：按下正转启动按钮 SB2，电动机正转，以 15 Hz 低速启动，低速运行 10 s 后电动机转为正转，以 30 Hz 中速启动，中速运行 10 s 后电动机转为正转，以 40 Hz 高速运行，按下停止按钮 SB1，电动机停止运行；按下反转启动按钮 SB3，电动机反转，以 15 Hz 低速启动，低速运行 10 s 后电动机转为反转，以 30 Hz 中速启动，中速运行 10 s 后电动机转为反转，以 40 Hz 高速运行，按下停止按钮 SB1，电动机停止运行，电动机加速时间 2 s，减速时间 1 s。试设计满足上述功能要求的控制程序。

（1）I/O 分配

该电动机控制 I/O 分配见表 12-8。

表 12-8　电动机控制 I/O 分配表

| 输入 | | | 输出 | | |
|---|---|---|---|---|---|
| 输入元件 | 作用 | 输入继电器 | 输出元件 | 作用 | 输出继电器 |
| SB1 | 停止按钮 | X0 | STF | 正转控制 | Y0 |
| SB2 | 正转启动按钮 | X1 | STR | 反转控制 | Y1 |
| SB3 | 反转启动按钮 | X2 | RH | 高速 | Y2 |
| | | | RM | 中速 | Y3 |
| | | | RL | 低速 | Y4 |

（2）绘制 PLC 接线图

FR-E740 变频器三段速正反转运行的 PLC 接线图如图 12-10 所示。

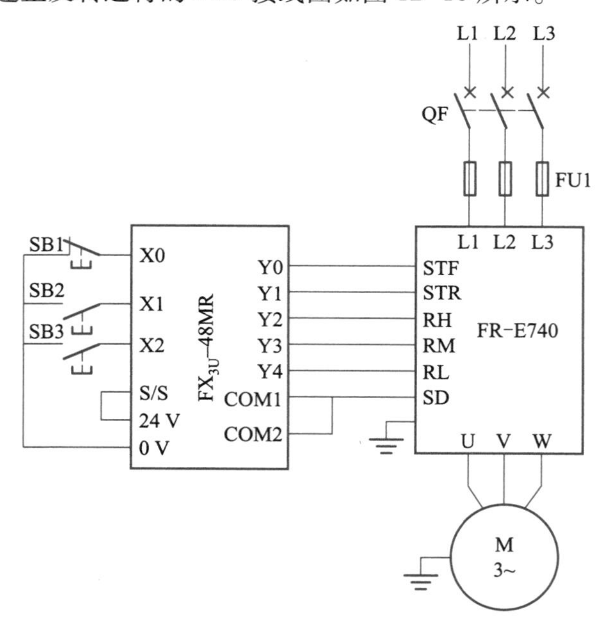


图 12-10　FR-E740 变频器三段速正反转运行的 PLC 接线图

（3）设置变频器参数

根据控制要求，设置变频器参数，见表 12-9。

表 12-9　变频器参数设置表

| 序号 | 参数代号 | 参数值 | 说明 |
| --- | --- | --- | --- |
| 1 | P4 | 15 Hz | 低速，RH 为 ON 时 |
| 2 | P5 | 30 Hz | 中速，RM 为 ON 时 |
| 3 | P6 | 40 Hz | 高速，RL 为 ON 时 |
| 4 | P7 | 2 s | 加速时间 |
| 5 | P8 | 1 s | 减速时间 |
| 6 | P79 | 2 或 3 | 变频器的工作模式 |

（4）编制程序

利用接触器联锁正反转的梯形图编程思路，再加上时间控制原则来进行编程，梯形图编程如图 12-11 所示。

当然，本例也可使用顺序功能图的方法来编制程序，有两条选择性分支，一路是正转，另一路是反转，由于两条分支只能选择一条进行，所以两路分支中的时间继电器可以使用相同编号，不会存在同时接通的问题，选择性分支汇合步为空步，无条件跳转到 S0，顺序功能图编程如图 12-12 所示。

（5）变频器参数设置的步骤

按接线图的要求连接线路，检查正确后上电。

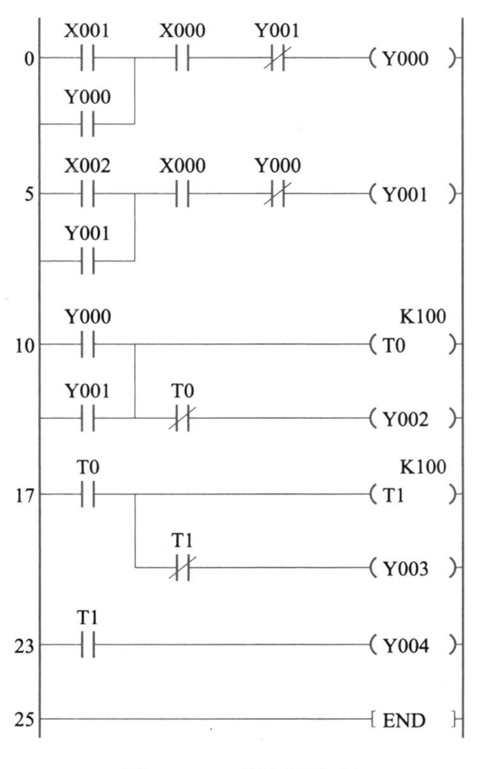


图 12-11　梯形图编程

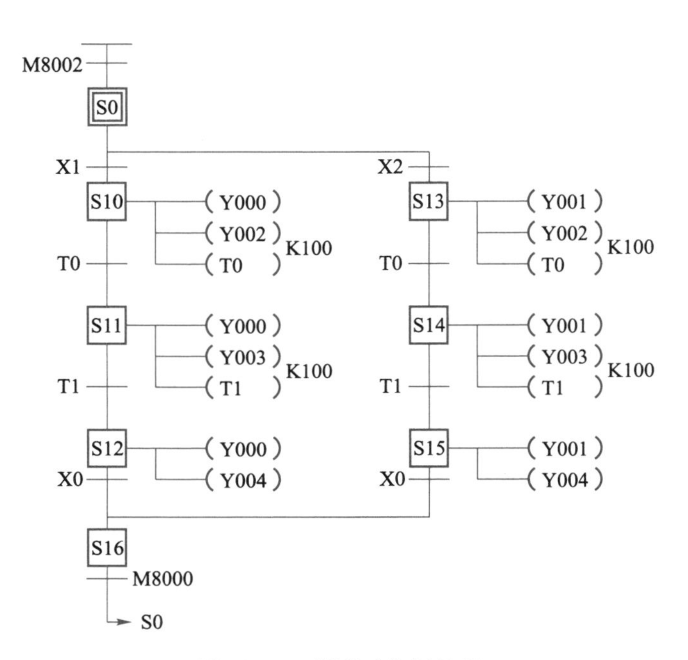


图 12-12　顺序功能图编程

第一步：观察变频器 PU 指示灯是否亮，若不亮，按 MODE 键，进入参数设定模式，旋转 M 旋钮，将变频器 P79 的参数设置为 1（为 PU 模式），设置完成后 PU 指示灯亮（只有 PU 模式下才能进行参数的全部清除和数据的写入）。

第二步：进入参数设定模式，旋转 M 旋钮，将变频器的参数编号设定为 ALLC，旋转 M 旋钮，将值设定为“1”，按 SET 键确定，进行参数清零。

第三步：按照表 12-9 的参数值，依 P4、P5、P6、P7 和 P8 的顺序设置变频器的参数，最后设置变频器工作模式参数 P79 的值。

## 四、触点比较指令

触点比较指令是对源数据内容进行 BIN（二进制）比较，根据其比较的结果来执行后面的运算，具体指令格式如图 12-13 所示。

在图 12-13 所示程序中对两个源数据（D0、K3）进行比较，如果两者相等，执行后段操作，即 Y1 接通。

触点比较指令有 =（等于）、< >（不等于）、>（大于），<（小于），>=（大于等于）和<=（小于等于）类别。

如图 12-14 所示，当 M0 接通时，Y001 可实现亮 2 s、灭 3 s 的闪烁功能。

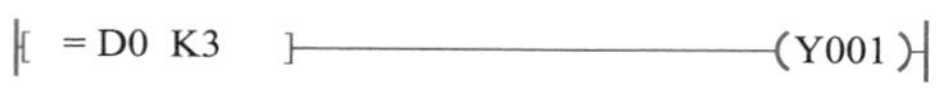

图 12-13　触点比较指令应用示例

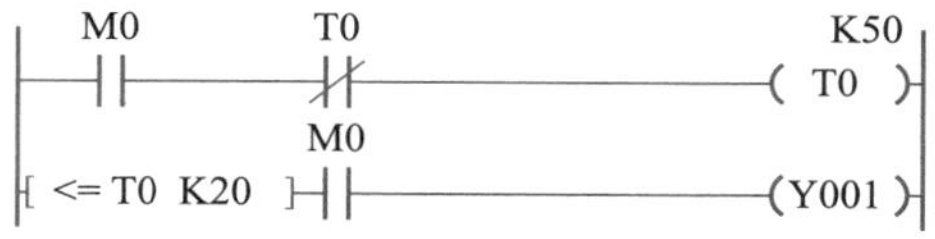

图 12-14　利用触点比较指令实现闪烁功能

## 五、加 1、减 1 指令

### 1. 加 1 指令（INC）

INC 指令应用示例如图 12-15 所示。

当 X0 接通时，D0 的数值加 1。在使用 INC 指令时，如果使用连续执行型指令要注意，因为在 X0 接通时每个扫描周期 D0 都执行加 1，这种情况下要考虑使用脉冲执行型指令（INCP）或确保驱动信号只接通一个扫描周期的时间。

### 2. 减 1 指令（DEC）

DEC 指令应用示例如图 12-16 所示。

图 12-15　INC 指令应用示例

图 12-16　DEC 指令应用示例

当 X1 接通时，D0 的数值减 1。在使用 DEC 指令时，如果使用连续执行型指令要注意，因为在 X1 接通时每个扫描周期 D0 都执行减 1，这种情况下要考虑使用脉冲执行型指令（DECP）或确保驱动信号只接通一个扫描周期的时间。

# 项目实施

## 一、分配 I/O 地址

根据工作任务的要求，传送与分拣机构上有 6 个磁性开关、1 个电感传感器、1 个光电传感器和

2 个光纤传感器，工作过程还需要 1 个启动按钮、1 个停止按钮和 1 个急停按钮，所以一共有 13 个输入信号，共需 PLC 的 13 个输入点。

工作过程需要驱动 3 个单电控电磁阀，需要 3 个控制信号，驱动蜂鸣器 1 个控制信号，控制变频器 3 个控制信号，所以一共有 7 个输出信号，共需 PLC 的 7 个输出点。

PLC 输入/输出地址分配见表 12-10。

表 12-10　PLC 输入/输出地址分配

| 输入地址 | 说明 | 输出地址 | 说明 |
| --- | --- | --- | --- |
| X0 | 推料气缸Ⅰ缩回到位 | Y0 | 推料气缸Ⅰ伸出（单电控） |
| X1 | 推料气缸Ⅰ伸出到位 | Y1 | 推料气缸Ⅱ伸出（单电控） |
| X2 | 推料气缸Ⅱ缩回到位 | Y2 | 推料气缸Ⅲ伸出（单电控） |
| X3 | 推料气缸Ⅱ伸出到位 | Y3 | 蜂鸣器 |
| X4 | 推料气缸Ⅲ缩回到位 | Y4 | 传送带正转 |
| X5 | 推料气缸Ⅲ伸出到位 | Y5 | 传送带中速 |
| X6 | 下料口光电传感器 | Y6 | 传送带低速 |
| X7 | A 位置电感接近开关 | | |
| X10 | B 位置光纤传感器 | | |
| X11 | C 位置光纤传感器 | | |
| X12 | 启动按钮 SB5 | | |
| X13 | 停止按钮 SB6 | | |
| X14 | 急停按钮 QS | | |

## 二、绘制 PLC 的电气控制原理图

根据工作任务要求，绘制出 PLC 的电气控制原理图，参考电路如图 12-17 所示。

## 三、根据工作任务要求编写 PLC 控制程序

根据工作任务描述，绘制工作流程图，如图 12-18 所示，传送带上可能有多个料，所以必须用计数来实现分拣之后的步的跳转方向确定，紧急停止可采用主控指令来实现。

### 1. 采用 SFC 编程方法

采用 SFC 编程方法的参考程序如图 12-19 所示。

### 2. 采用步进梯形图编程方法

采用步进梯形图编程参考程序如图 12-20 所示。

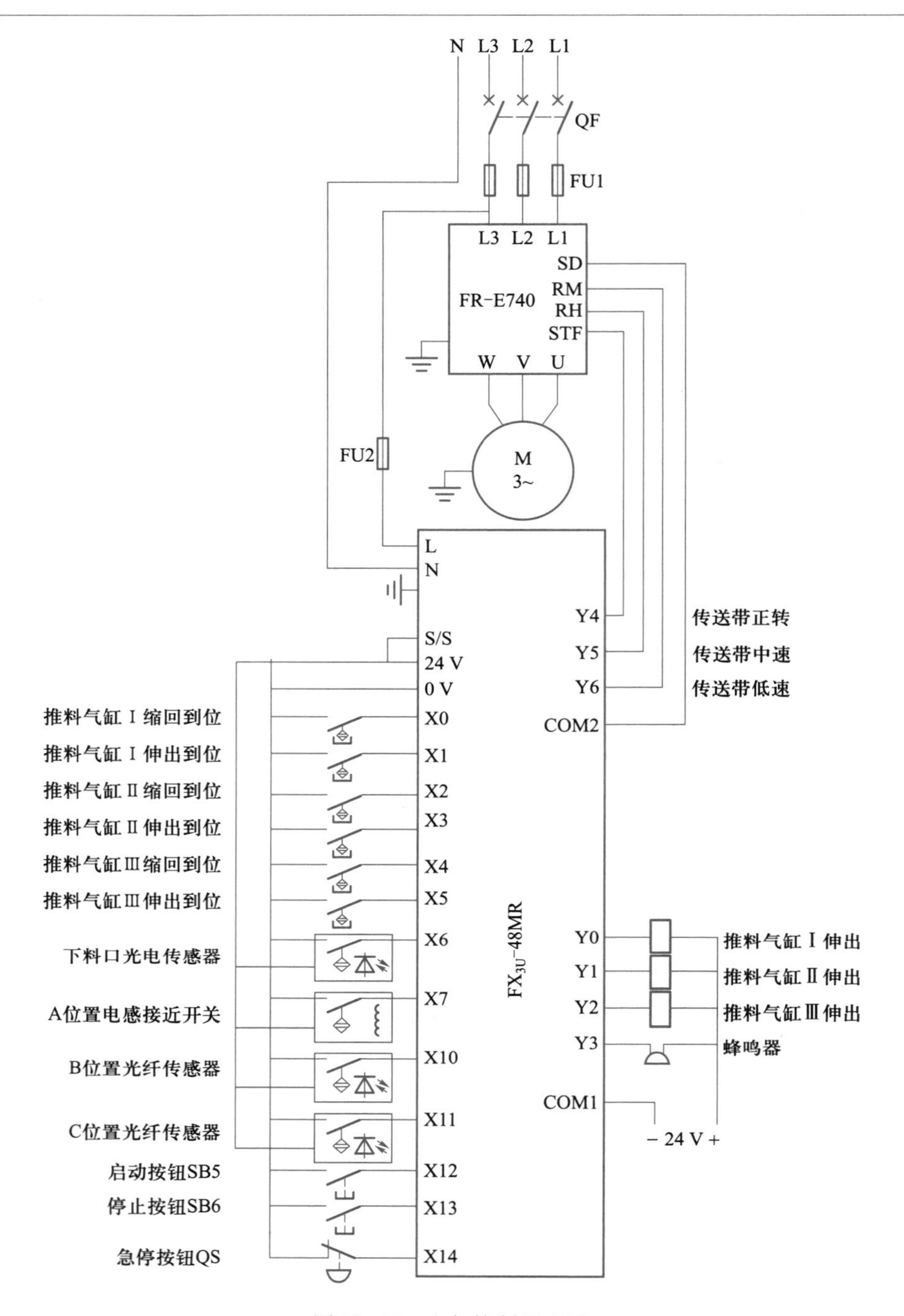


图 12-17　电气控制原理图

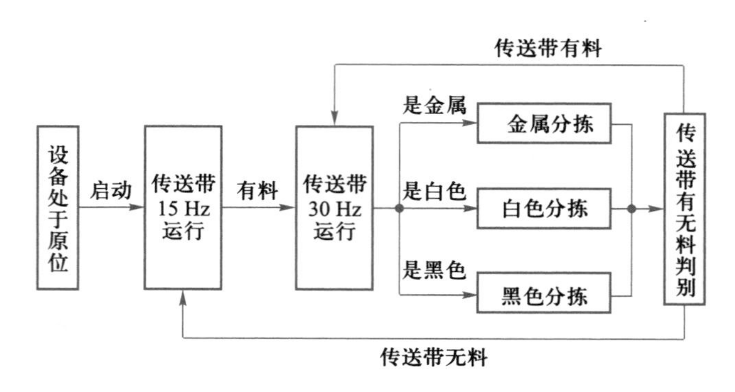


图 12-18　工作流程图

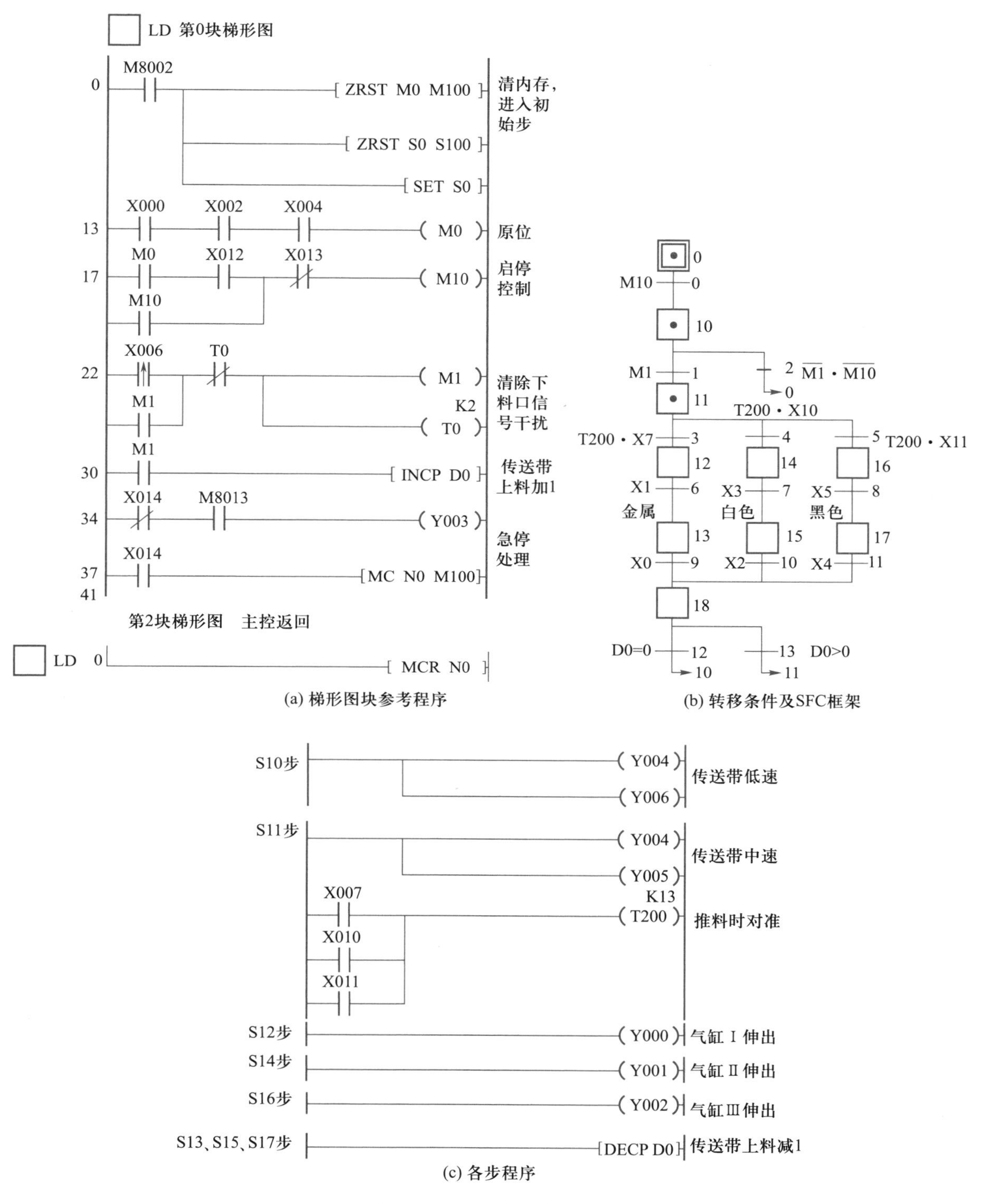


(a) 梯形图块参考程序

(b) 转移条件及SFC框架

(c) 各步程序

图 12-19　SFC 编程参考程序

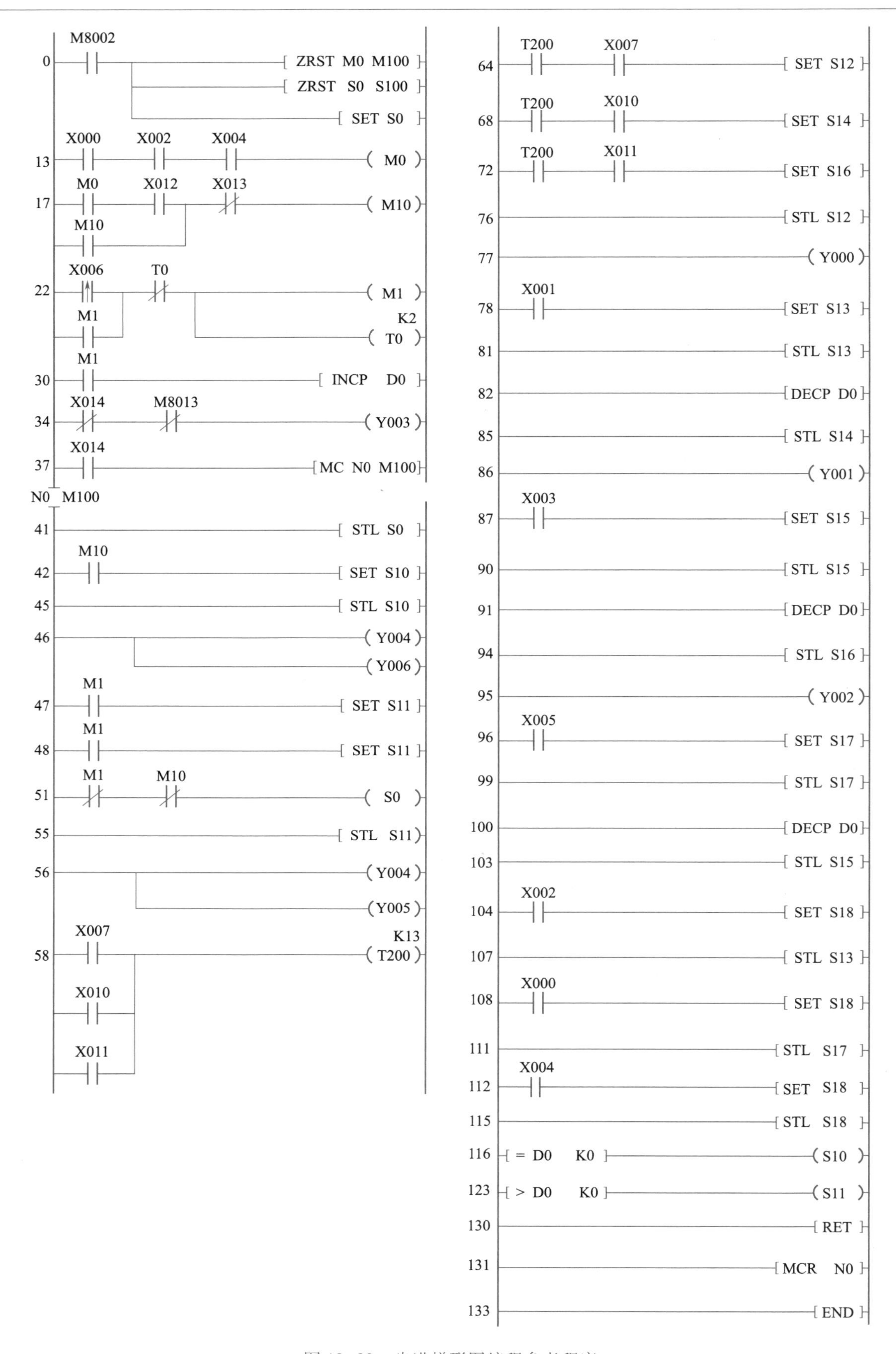


图 12-20　步进梯形图编程参考程序

## 四、根据电气控制原理图安装电路与气路

进行电气线路安装之前，首先确保设备处于断电状态，然后根据以下步骤和方法进行电气线路的安装。

（1）将 3 个单电控电磁阀控制线连接到接线端子排的合适位置上。

（2）将各传感器的信号线连接到接线端子排的合适位置上。

（3）按照电气控制原理图用安全接线连接 PLC 的输入、输出回路。

（4）最后连接各模块的电源线和 PLC 的通信线。

（5）操作过程中，工具、材料的放置要规范，要符合安全文明生产的要求。

电路安装完成效果图如图 12-21 所示。电路安装结束后，一定要进行通电前的检查，保证电路连接正确。通电之后，对输入点要进行必要的检查，尤其是光电、电感和光纤传感器的位置和灵敏度调整，以达到正常工作的需要。

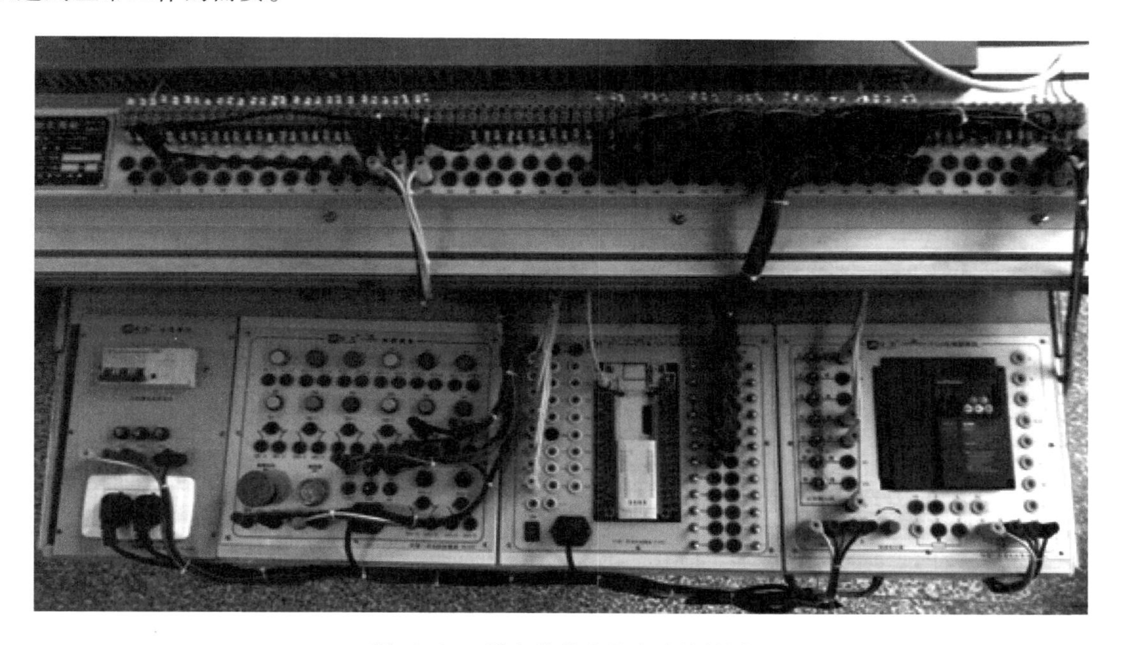

图 12-21　设备整体安装完成效果图

根据生产线气动系统（图 12-2）所示安装气路。设备整体安装完成效果图如图 12-22 所示。

## 五、变频器参数的设置

### 1. 列出要设置的变频器参数表

根据传送带正转两种速度（15 Hz 和 30 Hz）的要求，另外根据所拖动的设备设定变频器的电动机过载保护参数和低频时转矩提升参数，并将交流电动机的启动加速时间设定为 1 s，停机减速时间设定为 0.2 s，变频器的参数设置见表 12-11。

### 2. 设置变频器的参数

先将变频器模块上的各控制开关置于断开位置，接通变频器电源，将变频器参数恢复为出厂设置。再依次按表 12-11 所列的参数进行设置，最后将变频器设置到频率监视模式。操作变频器模块上的控制开关，运行变频器，检查参数设置是否正确。

## 六、调试设备达到规定的控制要求

程序基本编写完成之后，就进入调试阶段。

图 12-22　设备整体安装完成效果图

表 12-11　变频器参数设置

| 序号 | 参数代号 | 参数值 | 说明 |
|---|---|---|---|
| 1 | P0 | 10% | 转矩提升，默认值为 6% |
| 2 | P4 | 15 Hz | 低速，RH 为 ON 时 |
| 3 | P5 | 30 Hz | 中速，RM 为 ON 时 |
| 4 | P7 | 1 s | 加速时间 |
| 5 | P8 | 0.2 s | 减速时间 |
| 6 | P9 | 0.18 A | 电子过电流保护 |
| 7 | P79 | 2 或 3 | 变频器的工作模式 |

**1. 下载 PLC 程序**

检查电路正确无误，各机械部件安装符合要求，程序已基本编写结束并检查无误后通过串口线写入 PLC 程序。

**2. 程序功能调试**

程序功能的调试要根据工作任务的要求，一步一步进行，边调试边调整程序，最终达到功能要求。本工作任务可按以下步骤进行。

第一步：将 PLC 的工作状态置于“RUN”。使工作机构处于非原位状态，以达到不在原位不能启动的要求，如可将一个气缸伸出。

第二步：把设备恢复到初始状态，按下启动按钮，观察三相异步电动机是否按照规定的 15 Hz 频率运行。

第三步：从下料口放入物料，观察三相异步电动机的运行频率是否变换为 30 Hz。

第四步：从下料口分别放入金属物料、白色塑料和黑色塑料，观察其分拣的情况和电动机的运行频率是否满足要求。

第五步：在传送带上同时有两个物料的情况下按下停止按钮 SB6，观察是否能将 2 个物料分拣完成后停止。

第六步：再次启动设备，在传送带上有料的情况下按下急停按钮 QS，观察设备能否立即停止，急停复位后是否能在原来的工作状态下继续运行。

如果每一步都满足要求，则说明程序完全符合工作要求，如果有不满足控制要求的地方，根据现象，利用程序的监控，找出错误的地方，修正程序后再重新调试。

操作完成后，将设备停电，并按管理规范要求整理工位。

## 项目评价

项目完成后，填写调试过程记录表 12-12。对整个项目的完成情况进行评价与考核，可分为教师评价和学生自评两部分，参考评价表见附录表 A-1、附录表 A-2。

表 12-12　调试过程记录表

| 序号 | 项目 | 完成情况记录 | 备注 |
| --- | --- | --- | --- |
| 1 | 电路连接正确 | 是（　） | |
| | | 不是（　） | |
| 2 | 不在初始位置，按启动按钮 SB5 无法启动 | 是（　） | |
| | | 不是（　） | |
| 3 | 在初始位置下，按下启动按钮 SB5，传送带以 15 Hz 的频率启动运行 | 是（　） | |
| | | 不是（　） | |
| 4 | 往下料口放入物料，传送带的频率变为 30 Hz | 是（　） | |
| | | 不是（　） | |
| 5 | 对 3 种物料能进行准确分拣 | 是（　） | |
| | | 不是（　） | |
| 6 | 当传送带上有 2 个物料时，按下停止按钮 SB6，能分拣完物料后设备停止 | 是（　） | |
| | | 不是（　） | |
| 7 | 设备停止后，按启动按钮 SB5，设备能再次启动 | 是（　） | |
| | | 不是（　） | |
| 8 | 设备在运行过程中按下急停按钮 QS，蜂鸣器鸣叫，设备是否停止 | 是（　） | |
| | | 不是（　） | |
| 9 | 急停复位后，设备从急停前的状态继续运行 | 是（　） | |
| | | 不是（　） | |
| 10 | 完成后，按照管理规范要求整理工位 | 是（　） | |
| | | 不是（　） | |

## 项目拓展

### 一、送料机构

送料机构结构如图 12-23 所示。

各部件功能如下。

放料转盘：转盘中放金属、白色非金属、黑色非金属 3 种物料。

驱动电动机：采用 24 V 直流减速电动机，转速 6 r/min；用于驱动放料转盘旋转。

出料口传感器：物料检测采用光电漫反射型传感器，主要为 PLC 提供一个输入信号。

物料支架：将物料有效定位，并确保每次只上一个物料。

图 12-23 送料机构结构

1—放料转盘 2—调节支架 3—驱动电动机 4—物料 5—出料口传感器 6—物料支架

### 二、机械手搬运机构

机械手各部件及其名称如图 12-24 所示。

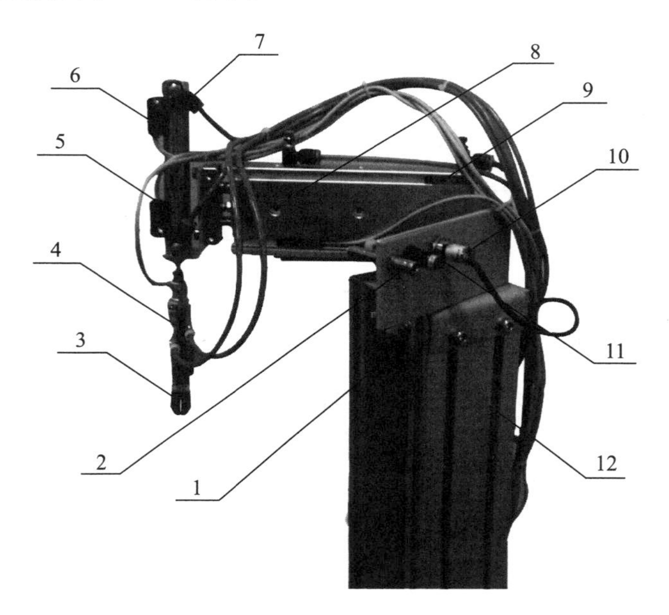


图 12-24 机械手各部件及其名称

1—旋转气缸 2—非标螺钉 3—气动手爪 4—手爪磁性开关 5—提升气缸 6、9—磁性开关 7—节流阀 8—伸缩气缸 10—左右限位传感器 11—缓冲阀 12—安装支架

整个搬运机构能完成 4 个自由度动作，手臂伸缩、手臂旋转、手爪上下、手爪松紧。各部件功能如下。

手爪提升气缸：提升气缸采用双向电控气阀控制。

磁性传感器：用于气缸的位置检测。检测气缸伸出和缩回是否到位，为此在前点和后点上各有一个，当检测到气缸准确到位后将给 PLC 发出一个信号。（在应用过程中棕色线接 PLC 主机输入端，蓝色线接输入的公共端。）

手爪：抓取和松开物料由双电控气阀控制，手爪夹紧磁性传感器有信号输出，指示灯亮，在控制过程中不允许两个线圈同时通电。

旋转气缸：机械手臂的正反转，由双电控气阀控制。

接近传感器：电感式接近开关，机械手臂正转和反转到位后，接近传感器信号输出。（在应用过程中棕色线接直流 24 V 电源“+”，蓝色线接直流 24 V 电源“-”，黑色线接 PLC 主机的输入端。）

伸缩气缸：机械手臂伸出、缩回，由电控气阀控制。气缸上装有两个磁性传感器，检测气缸伸出或缩回位置。

缓冲器：旋转气缸高速正转和反转时，起缓冲减速作用。

## 三、气缸及电磁阀的使用

气压传动是以压缩空气作为工作介质，依靠密封工作系统对空气挤压产生的压力能来进行能量转换、传递、控制和调节的一种传动系统。

### 1. 双作用气缸

双作用气缸如图 12-25 所示，只要交换进出气的方向就能改变气缸的伸出（缩回）运动，气缸两侧的磁性开关可以识别气缸是否已经运动到位。

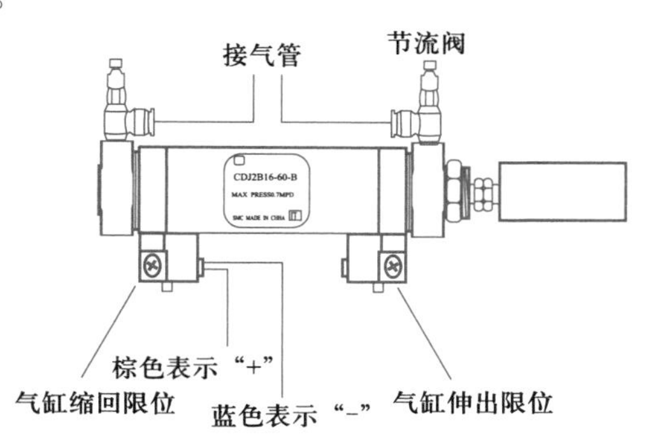


图 12-25　双作用气缸

### 2. 双向电磁阀

双向电磁阀如图 12-26 所示，双向电磁阀用来控制气缸进气和出气，从而实现气缸的伸出、缩回运动。电磁阀内装的红色指示灯有正负极性，如果极性接反了也能正常工作，但指示灯不会亮，在使用时不能让同一个双向电磁阀的线圈同时通电。

### 3. 单向电磁阀

单向电磁阀如图 12-27 所示，单向电控阀用来控制气缸单方向运动，实现气缸的伸出、缩回运动。与双向电控阀的区别在于双向电控阀初始位置是任意的可以随意控制两个位置，而单向电磁阀初始位置是固定的，只能控制一个方向。

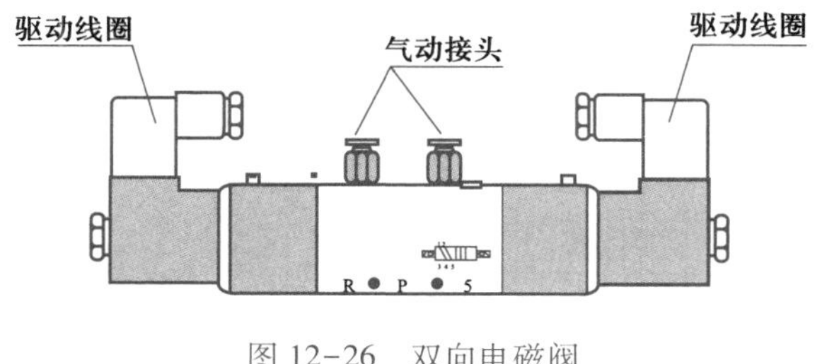


图 12-26　双向电磁阀

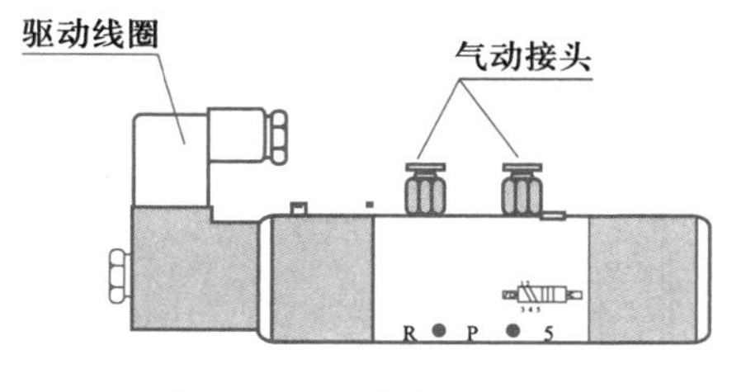


图 12-27　单向电磁阀

## 四、四则运算指令

### 1. 加法指令（ADD）

加法指令 ADD 是将指定的源元件中的二进制数相加，结果送到指定的目标元件中去。当条件 X000 接通时，将［D0］+［D2］→［D4］，如图 12-28 所示。

加法指令操作时影响 3 个常用标志，即 M8020 零标志、M8021 借位标志、M8022 进位标志。运算结果为零则 M8020 置 1，超过 32 767 进位标志 M8022 置 1，小于-32 767 则借位标志 M8021 置 1。

源和目标元件可以用相同的元件号。若源和目标元件号相同而采用连续执行，则加法的结果在每个扫描周期都会改变，应改用脉冲指令。在 X001 由断到通瞬间，执行［D0］+［K1］→［D0］，相当于加 1 指令，如图 12-29 所示。

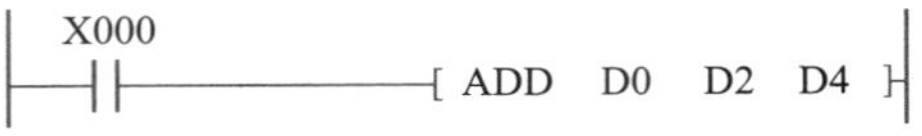

X000 ADD D0 D2 D4

图 12-28　连续型加法指令应用示例

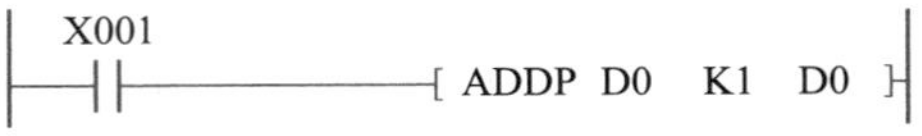

X001 ADDP D0 K1 D0

图 12-29　脉冲型加法指令应用示例

**2. 减法指令（SUB）**

减法指令 SUB 是将指定的源元件中的二进制数相减，结果送到指定的目标元件中去。当条件 X000 接通时，将［D0］-［D2］→［D4］，如图 12-30 所示。

减法指令各种标志的变化和加法指令相同。在 X001 由断到通瞬间，执行［D0］-［K1］→［D0］，相当于减 1 指令，如图 12-31 所示。

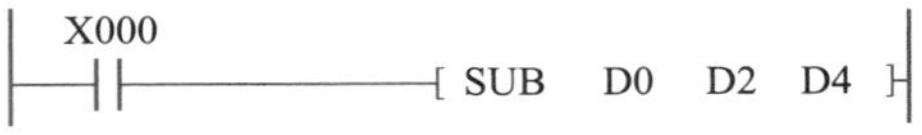

图 12-30　连续型减法指令应用示例 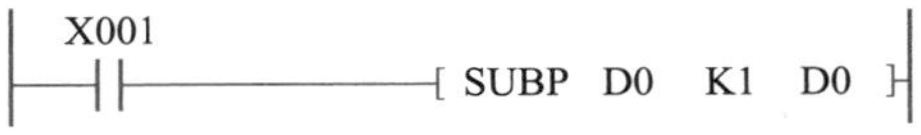　　图 12-31　脉冲型减法指令应用示例

**3. 乘法指令（MUL）**

乘法指令 MUL 是将指定的源元件的二进制数相乘，结果送到指定的目标元件中去。当条件 X000 接通时，将 D10 的数值扩大 10 倍送到 D20，D10 中的数值不变，如图 12-32 所示；在 X000 由断到通瞬间，将 D10 的数值扩大 10 倍送到 D20，D10 中的数值不变，如图 12-33 所示。

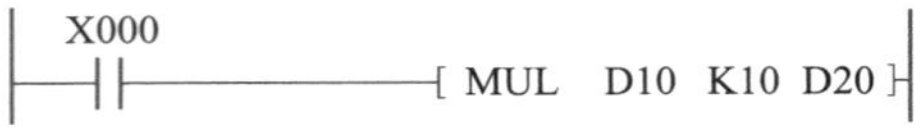

图 12-32　连续型乘法指令应用示例 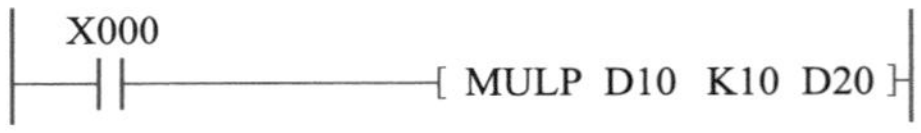　　图 12-33　脉冲型乘法指令应用示例

**4. 除法指令（DIV）**

除法指令 DIV 是将源元件中的二进制数相除，商送到指定的目标元件中去。当条件 X000 接通时，将 D10 的数值除以 10 送到 D20，D10 中的数值不变，如图 12-34 所示；在 X000 由断到通瞬间，将 D10 的数值除以 10 送到 D20，D10 中的数值不变，如图 12-35 所示。

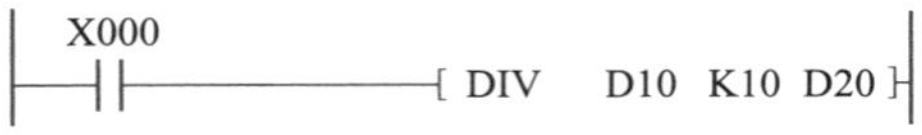

图 12-34　连续型除法指令应用示例 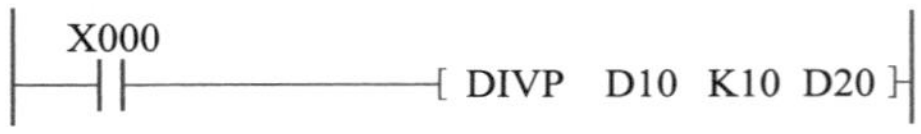　　图 12-35　脉冲型除法指令应用示例

## 思考与实践

某供料与搬运机构能自动完成金属工件、黑色塑料工件与白色塑料工件的供料与搬运工作，如图 12-36 所示。

**1. 设备的正常工作**

（1）待机状态

通电后，双色警示灯闪亮，提示工件设备送电。此时，设备应处于待机状态。设备的待机状态为：

① 储料盘送料拨杆停止转动。

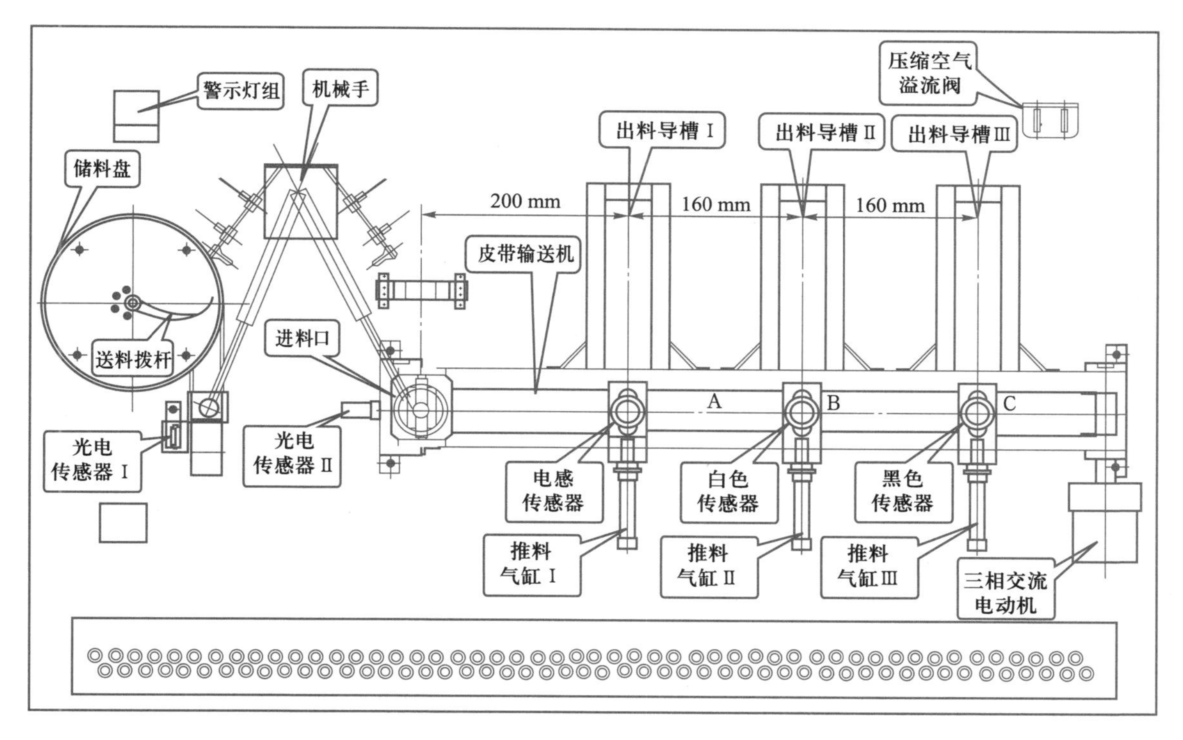


图 12-36　供料盘与机械手控制示意图

② 机械手停止在左限止位置，气爪松开，手臂气缸和悬臂气缸缩回。

当设备处于待机状态后，指示灯 HL1 闪烁（1 s 闪烁 1 次）。

（2）启动

设备处于待机状态后，按启动按钮 SB5，系统启动。当设备启动后，指示灯 HL1 转为常亮（运行期间保持）。

系统启动后，当供料架检测到无工件时，储料盘送料拨杆立刻转动，直至供料架的光电传感器检测到有工件才停止。

储料盘将工件送至位置Ⅰ，在位置Ⅰ的光电传感器检测到工件时，储料盘的直流电动机停止转动，同时机械手悬臂伸出→悬臂伸出到位后手臂下降→手臂下降到位后延时 0.5 s→延时到后气爪合拢夹持工件→手爪夹紧后延时 0.5 s→延时到后手臂上升→手臂上升到位后悬臂缩 回→悬臂缩回到位后机械手向右转动到右限止位置→到右限位后悬臂伸出→悬臂伸出到位后手臂下降→手臂下降到位后气爪张开→手爪张开到位后等待 1 s→延时到后手臂上升→手臂上升到位后悬臂缩回→悬臂缩回到位后机械手向左转动到左限止位置，搬运下一个工件。

### 2. 设备的停止

需要停止工作时，按下停止按钮 SB6。

按下停止按钮 SB6 后，储料盘立即停止供料，机械手上若有工件，则等机械手搬运完毕后，返回待机状态，设备才能停止运行，指示灯 HL1 又恢复为待机状态。

### 3. 储料盘的无料保护

若储料盘连续转动时间超过 8 s，则视为储料盘中没有零件。此时储料电动机应立即停止工作，同时工作指示灯 HL1 闪烁（每秒闪 2 次）提示尽快补料，待机械手回到原位后设备停止工作。若储料盘中已有料，则可再按 SB5，工作指示灯 HL1 变为常亮，储料电动机继续转动，设备重新工作。

请根据工作要求，在 YL-235A 设备上完成下列工作任务：

① 根据表 12-13 的 PLC 输入/输出地址表，画出生产设备的电气控制原理图，并按照电气控制原理图连接线路。

表 12-13　PLC 输入/输出地址表

| PLC 输入端子 | 功能说明 | PLC 输出端子 | 功能说明 |
|---|---|---|---|
| X0 | 悬臂气缸后限位传感器 | Y0 | 驱动悬臂缩回 |
| X1 | 悬臂气缸前限位传感器 | Y1 | 驱动悬臂伸出 |
| X2 | 手臂气缸上限位传感器 | Y2 | 驱动手臂缩回 |
| X3 | 手臂气缸下限位传感器 | Y3 | 驱动手臂伸出 |
| X4 | 手爪气缸夹紧限位传感器 | Y4 | 驱动手爪放松 |
| X5 | 供料盘光电传感器 | Y5 | 驱动手爪夹紧 |
| X6 | 旋转气缸左限位传感器 | Y6 | 驱动机械手向左旋转 |
| X7 | 旋转气缸右限位传感器 | Y7 | 驱动机械手向右旋转 |
| X10 | 启动按钮 SB5 | Y10 | 驱动供料直流电机 |
| X11 | 停止按钮 SB6 | Y11 | 指示灯 HL1 |

② 根据图 12-37 所示气路图连接气路。

③ 编写 PLC 控制的生产设备工作程序。

④ 运行并调试程序，达到生产设备的工作要求。

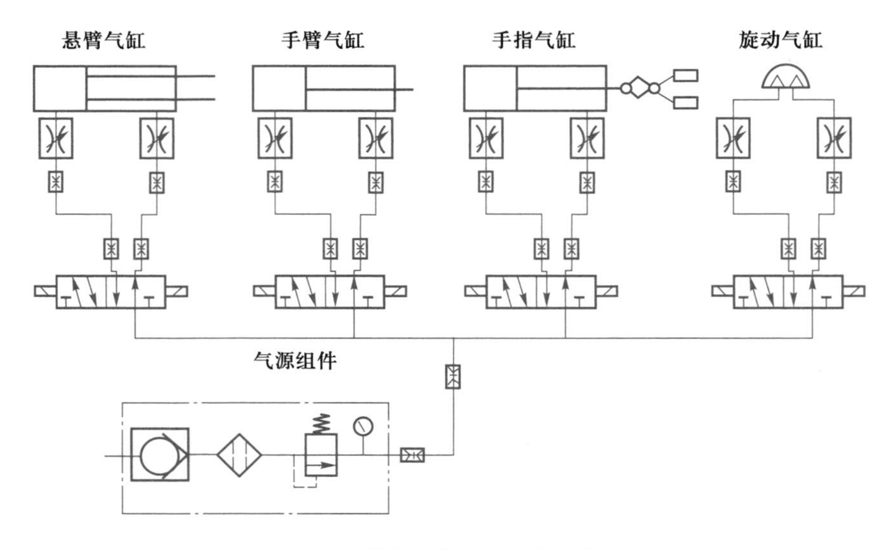


图 12-37　供料盘与机械手控制气路图

# 项目十三

# 用触摸屏监控物料自动分拣线

## 项目目标

1. 熟悉 TPC7062KS 触摸屏基础知识。
2. 知道 TPC7062KS 触摸屏与 FX 系列 PLC 的 RS485 串口通信设置方法。
3. 会制作 TPC7062KS 触摸屏的简单组态界面。
4. 会进行 TPC7062KS 触摸屏与 FX 系列 PLC 的联调。

## 项目描述

用 TPC7062KS 触摸屏对物料自动分拣线运行状况进行监控（本任务具体控制要求见项目十二项目描述内容）。监控界面如图 13-1 所示，触摸屏组态界面功能要求如下：

（1）按下触摸屏组态界面的启动按钮，设备启动，同时设备运行指示灯常亮（绿色）。

（2）按下触摸屏组态界面的停止按钮，设备分拣完皮带输送机上的工件后停止，同时设备停止指示灯常亮（红色）。

（3）按下触摸屏组态界面的急停按钮，设备立即停止，同时蜂鸣器以 1 Hz 的频率鸣叫，运行指示灯以 1 Hz 闪烁。

（4）对进入Ⅰ、Ⅱ和Ⅲ号斜槽的工件数量进行监控，设备再次启动后对数据进行清零。

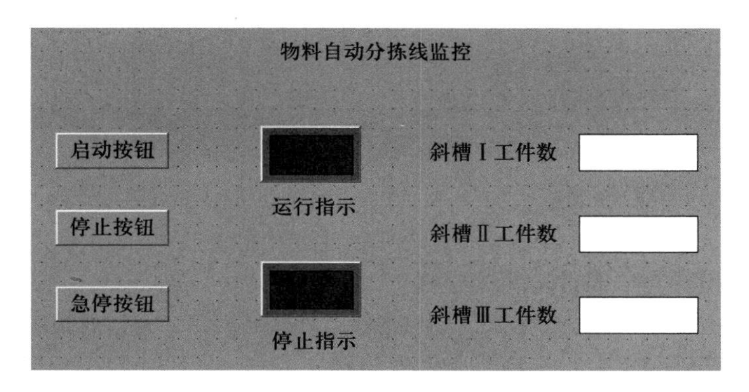


图 13-1　物料自动分拣线监控界面

请按照上述触摸屏组态界面功能要求，在 YL-235A 实训装置上完成下列任务：

（1）连接 TPC7062KS 触摸屏的电源线。

（2）制作完成触摸屏组态界面，并下载。

（3）修改项目十二程序，达到触摸屏的监控功能要求，并下载程序。

（4）进行 TPC7062KS 触摸屏与三菱 PLC 的联调，达到上述功能要求。

## 知识准备

随着计算机技术的普及，在 20 世纪 90 年代初，出现了一种新的人机交互技术——触摸屏（HMI）技术。利用这种技术，使用者只要用手指轻轻地触碰触摸屏上的图形或文字，就能对设备进行操作或查询，这样就摆脱了键盘和鼠标操作，大大地提高了设备的可操作性。使操作变得简单生动，并且减少操作上的失误，即使是新手也可以很轻松地操作整个机器设备，还可以减少 PLC 控制器所需 I/O 的点数，降低生产成本。

触摸屏是人机界面发展的主流方向，几乎成了人机界面的代名词。各种品牌的人机界面一般可以和各主要生产厂家的 PLC 通信。用户不用编写 PLC 和人机界面的通信程序，只需要在 PLC 的编程软件和人机界面的组态软件中对通信参数进行简单的设置，就可以实现触摸屏与 PLC 的通信。用户可以通过组态软件编辑触摸屏界面，以实现对控制设备的工艺流程的控制和工艺状态的显示，所以它既是一个输入设备，也是一个输出设备，操作灵活，功能强大。

### 认识 TPC7062KS 触摸屏

TPC7062KS 触摸屏是一款在实时多任务嵌入式操作系统 Windows CE 环境中运行，具有 MCGS 嵌入式组态软件的触摸屏。该产品用了 7 英寸高亮度 TFT 液晶显示屏（分辨率 800×480），四线电阻式触摸屏（分辨率 4 096×4 096），色彩达 64 K 彩色。ARM 结构嵌入式低功耗 CPU 为核心，主频 400 MHz，64 MB 存储空间。

**1. TPC7062KS 触摸屏的硬件连接**

TPC7062KS 触摸屏的电源进线、各种通信接口均在其背面，如图 13-2 所示。其中 USB1 口用来连接鼠标和 U 盘等，USB2 口用来下载工程项目，COM（RS232）口用来连接 PLC。

图 13-2　TPC7062KS 触摸屏的接口

（1）TPC7062KS 触摸屏与个人计算机的连接

TPC7062KS 触摸屏可通过 USB2 口与个人计算机连接。连接之前，个人计算机应先安装 MCGS 组态软件。

（2）TPC7062KS 触摸屏与 FX 系列 PLC 的连接方法

TPC7062KS 触摸屏通过 COM 口直接与 PLC 的编程口连接，所用的通信电缆为 PLC 程序的下载线。

为了实现正常通信，除了正确进行硬件连接外，还需对触摸屏的串行端口号属性进行设置，这将在设备窗口组态中实现，设置方法将在后面的项目实施中详细说明。

**2. 触摸屏设备组态**

为了通过触摸屏设备操作机器或系统，必须给触摸屏设备组态用户界面，该过程称为“组态阶段”。系统组态就是通过 PLC 以“变量”方式进行操作单元与机械设备或过程之间的通信。变量值写入 PLC 上的存储区域（地址），由操作单元从该区域读取。

运行 MCGS 嵌入版组态环境软件，在出现的界面上，单击菜单“文件”→“新建工程”，弹出图 13-3 所示界面。MCGS 嵌入版用“工作台”窗口来管理构成用户应用系统的 5 个部分，工作台上的 5 个标签：主控窗口、设备窗口、用户窗口、实时数据库和运行策略，对应 5 个不同的窗口页面，每一个页面负责管理用户应用系统的一个部分，单击不同的标签可选取不同窗口页面，对应用系统的相应部分进行组态操作。

图 13-3　MCGS 嵌入版组态软件编辑界面

（1）主控窗口

MCGS 嵌入版的主控窗口是组态工程的主窗口，是所有设备窗口和用户窗口的父窗口，它相当于一个大的容器，可以放置一个设备窗口和多个用户窗口，负责这些窗口的管理和调度，并调度用户策略的运行。同时，主控窗口又是组态工程结构的主框架，可在主控窗口内设置系统运行流程及特征参数，方便用户的操作。

（2）设备窗口

设备窗口是 MCGS 嵌入版系统与作为测控对象的外部设备建立联系的后台作业环境，负责驱动外部设备，控制外部设备的工作状态。系统通过设备与数据之间的通道，采集外部设备的运行数据，送入实时数据库，供系统其他部分调用，并且把实时数据库中的数据输出到外部设备，实现对外部设备的操作与控制。

（3）用户窗口

用户窗口本身是一个“容器”，用来放置各种图形对象（图元、图符和动画构件），不同的图形对象对应不同的功能。通过对用户窗口内多个图形对象的组态，生成漂亮的图形界面，为实现动画显示效果做准备。

（4）实时数据库

在 MCGS 嵌入版中，用数据对象来描述系统中的实时数据，用对象变量代替传统意义上的值变量，把数据库技术管理的所有数据对象的集合称为实时数据库。

实时数据库是 MCGS 嵌入版系统的核心，是应用系统的数据处理中心。系统各个部分均以实时数据库为公用区交换数据，实现各个部分协调动作。

设备窗口通过设备构件驱动外部设备，将采集的数据送入实时数据库；由用户窗口组成的图形对象，与实时数据库中的数据对象建立连接关系，以动画形式实现数据的可视化；运行策略通过策略构件对数据进行操作和处理，如图 13-4 所示。

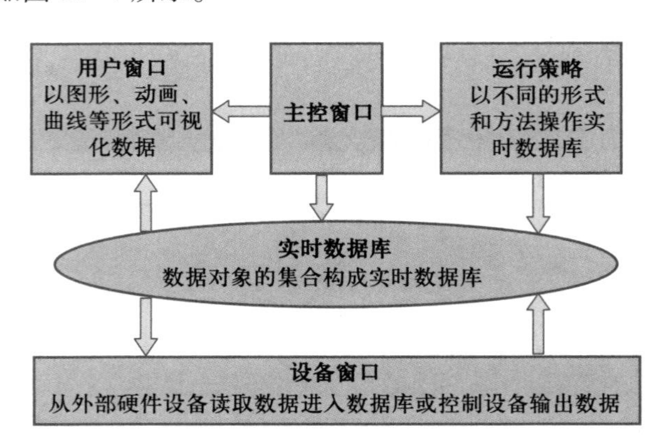


图 13-4　实时数据库数据流图

（5）运行策略

对于复杂的工程，监控系统必须设计成多分支、多层循环嵌套式结构，按照预定的条件，对系统的运行流程及设备的运行状态进行有针对性的选择和精确的控制。为此，MCGS 嵌入版引入运行策略的概念，用以解决上述问题。

所谓“运行策略”，是用户为实现对系统运行流程自由控制所组态生成的一系列功能块的总称。MCGS 嵌入版为用户提供了进行策略组态的专用窗口和工具箱。运行策略的建立，使系统能够按照设定的顺序和条件，操作实时数据库，控制用户窗口的打开、关闭以及设备构件的工作状态，从而实现对系统工作过程精确控制及有序调度管理的目的。

## 项目实施

### 一、制作物料自动分拣线监控组态界面

根据项目功能要求，选用 $FX_{3U}$ 系列 PLC 和 TPC7062KS 触摸屏通信控制。界面中应当包含以下几方面的内容：

- 状态指示：运行指示、停止指示。
- 按钮：启动按钮、停止按钮、急停按钮。
- 文本框：物料自动分拣线监控等文字。
- 显示框：显示进入斜槽Ⅰ、Ⅱ和Ⅲ的工件数量。

触摸屏组态界面各元件对应的 PLC 地址见表 13-1。

**表 13-1　触摸屏组态界面各元件对应的 PLC 地址**

| 元件类别 | 数据对象 | 地址 | 数据类型 |
|---|---|---|---|
| 标准按钮 | 启动按钮 | M0200 | 开关型 |
| | 停止按钮 | M0201 | 开关型 |
| | 急停按钮 | M0202 | 开关型 |

续表

| 元件类别 | 数据对象 | 地址 | 数据类型 |
|---|---|---|---|
| 插入元件（指示灯） | 运行指示 | M0203 | 开关型 |
| | 停止指示 | M0204 | 开关型 |
| 标签（显示框） | 斜槽Ⅰ工件数 | D1 | 数值型 |
| | 斜槽Ⅱ工件数 | D2 | 数值型 |
| | 斜槽Ⅲ工件数 | D3 | 数值型 |

**1. 创建工程**

双击 MCGSE 组态图标，单击新建图标，出现图 13-5 所示的“新建工程设置”对话框，在 TPC 类型中如果找不到“TPC7062KS”，则选择“TPC7062K”。

**2. 定义数据对象**

根据表 13-1 给出的数据对象，以“启动按钮”为例，介绍定义数据对象的步骤：

（1）单击工作台中的“实时数据库”窗口标签，进入实时数据库窗口页。

（2）单击“新增对象”按钮，在窗口的数据对象列表中，增加新的数据对象，系统默认定义的名称为“InputETime1”“InputETime2”“InputETime3”等（多次单击该按钮，则可增加多个数据对象）。选中对象，单击“对象属性”按钮或双击选中对象，则打开“数据对象属性设置”窗口。

（3）在“数据对象属性设置”窗口中将对象名称改为“启动按钮”；对象类型选择“开关型”；单击“确认”按钮。

按照上述步骤，设置表 13-1 中的其他数据对象。设置完成后的界面如图 13-6 所示。

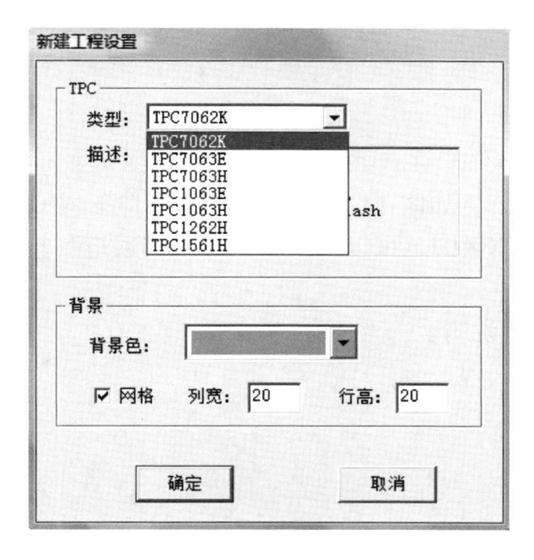

图 13-5　“新建工程设置”对话框

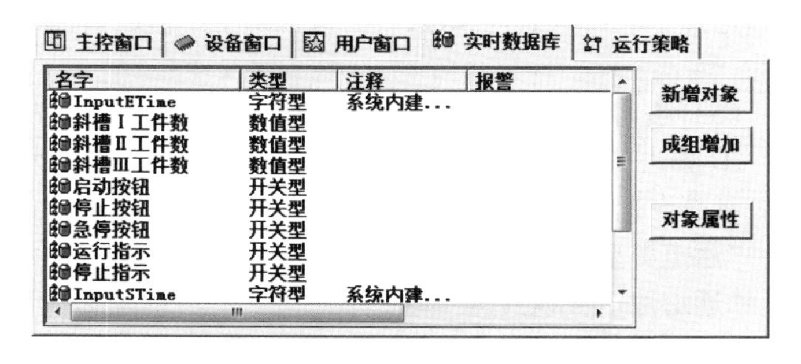


图 13-6　实时数据库

**3. 设备连接**

为了使触摸屏和 PLC 能进行通信，必须把定义好的数据对象和 PLC 内部变量进行连接，具体操作步骤如下：

（1）在“设备窗口”中双击“设备窗口”图标进入。

（2）在设备工具箱对话框中双击“通用串口父设备”，然后双击“三菱_FX 系列编程口”，在“设备组态：设备窗口”中出现图 13-7 所示的连接。若设备工具箱没有打开，单击工具条中的“工具箱”图标，弹出设备工具箱对话框。

（3）双击“通用串口父设备”，进入“通用串口设备属性编辑”界面，如图 13-8 所示，做如下设置：

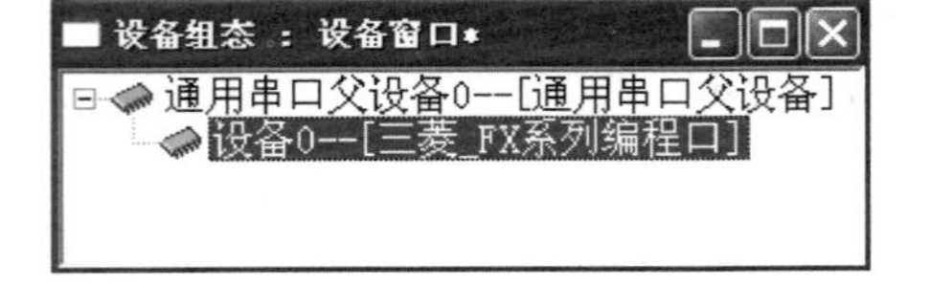


图 13-7　“设备组态：设备窗口”窗口

图 13-8　“通用串口设备属性编辑”界面

①“串口端口号（1~255）”设置为“0-COM1”。

②“通讯波特率”设置为“6-9600”。

③“数据位位数”设置为“0-7 位”。

④“停止位位数”设置为“0-1 位”。

⑤“数据校验方式”设置为“2-偶校验”。

⑥ 其他设置为默认。

（4）双击“三菱_FX 系列编程口”，进入“设备编辑窗口”，如图 13-9 所示。左边窗口下方 CPU 类型选择 4-FX3UCPU。默认右窗口自动生产通道名称 X0000~X0007，可以单击“删除全部通道”按钮删除。

（5）进行变量的连接，这里以“启动按钮”变量为例进行说明。

① 单击“增加设备通道”按钮，出现图 13-10 所示窗口。

参数设置如下：

“通道类型”设置为“M 辅助寄存器”。

“通道地址”设置为“200”。

“通道个数”设置为“1”。

“读写方式”设置为“读写”。

② 单击“确认”按钮，完成基本属性设置。

③ 双击“读写 M0200”通道对应的连接变量，从数据中心选择变量：“启动按钮”。

用同样的方法，增加其他通道，连接变量，如图 13-11 所示，完成后单击“确认”按钮，再单击“是”按钮。

说明：X、Y 为八进制数，要将八进制数转换成十进制数，如 Y20 对应的通道地址是 16（2×8=16）。

**4. 界面和元件的制作**

（1）新建界面以及属性设置

① 在“用户窗口”中单击“新建窗口”按钮，建立“窗口 0”。

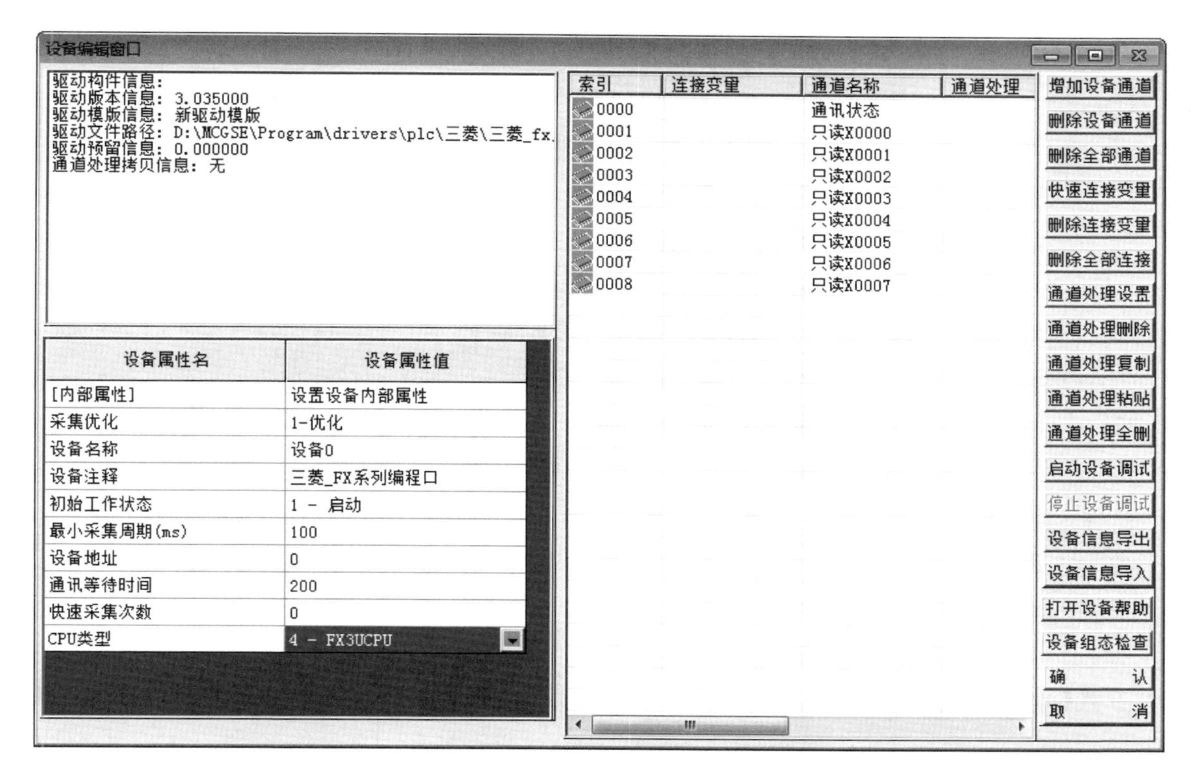


图 13-9　“设备编辑窗口”

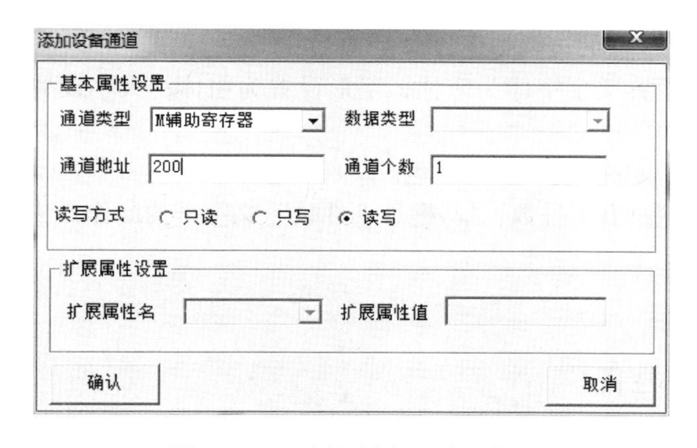


图 13-10　“添加设备通道”窗口

| 索引 | 连接变量 | 通道名称 | 通道处理 |
|---|---|---|---|
| 0000 | | 通讯状态 | |
| 0001 | 启动按钮 | 读写M0200 | |
| 0002 | 停止按钮 | 读写M0201 | |
| 0003 | 急停按钮 | 读写M0202 | |
| 0004 | 运行指示 | 读写M0203 | |
| 0005 | 停止指示 | 读写M0204 | |
| 0006 | 斜槽Ⅰ工件数 | 读写DWUB0001 | |
| 0007 | 斜槽Ⅱ工件数 | 读写DWUB0002 | |
| 0008 | 斜槽Ⅲ工件数 | 读写DWUB0003 | |

图 13-11　设备通道建立完成后

② 选中“窗口 0”，单击“窗口属性”，进入“用户窗口属性设置”界面。将窗口名称改为“物料自动分拣线监控”，也可采用默认方式。

③ 单击“窗口背景”，选择灰色（也可自定义背景颜色），如图 13-12 所示。单击“确认”按钮完成设置。

（2）制作文字框图

以“物料自动分拣线监控”的制作为例说明如下：

双击“用户窗口”，进行界面编辑。

1）若“工具箱”没有打开，则单击工具条中的“工具箱”按钮，打开绘图工具箱。

2）选择“工具箱”内的“标签”A按钮，鼠标的光标呈“十字”形，在窗口顶端中心位置拖曳鼠标，根据需要拉出一个大小合适的矩形。

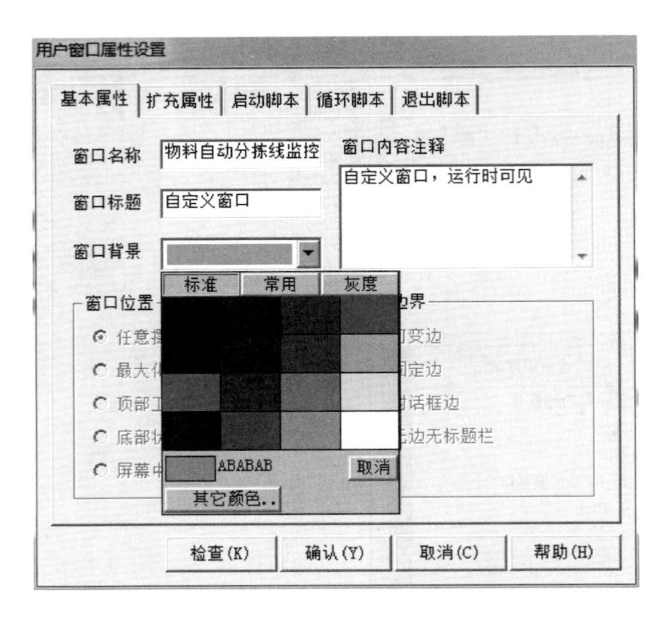


图 13-12　“用户窗口属性设置”界面

3）在光标闪烁位置输入文字“物料自动分拣线监控”，按 Enter 键或在窗口任意位置单击，文字输入完毕。

4）选中文字框，做如下设置：

① 单击工具条上的 （填充色）按钮，设置文字框的背景颜色为没有填充。

② 单击工具条上的 （线色）按钮，设置文字框的边线颜色为没有边线。

③ 单击工具条上的 （字符字体）按钮，设置文字字体为宋体；字形设置为粗体；大小设置为三号。

④ 单击工具条上的 （字符颜色）按钮，将文字颜色设置为黑色。

“运行指示”“停止指示”“斜槽Ⅰ工件数”“斜槽Ⅱ工件数”“斜槽Ⅲ工件数”文字框的制作方法相同，其文字属性设置要求如下。

背景颜色：没有填充。

边线颜色：没有边线。

文字字体：宋体；字形：粗体；字体大小：小三号。

（3）制作状态指示灯

以“运行指示”指示灯为例说明如下：

① 单击绘图工具箱中的 （插入元件）图标，弹出“对象元件库管理”对话框，选择指示灯，选择指示灯 6（可根据需要，选择元件库中其他类型的指示灯），如图 13-13 所示。

② 双击窗口中的指示灯，弹出“单元属性设置”对话框，如图 13-14 所示。在“数据对象”选项卡中选择“填充颜色”，出现“?”按钮。单击“?”按钮，从数据中心选择“运行指示”变量。

③ 选择“动画连接”选项卡，单击“填充颜色”，右边出现 按钮，如图 13-15 所示。

④ 单击 按钮，出现“标签动画组态属性设置”对话框，在对话框中单击“填充颜色”选项卡。在“填充颜色”选项卡中，分段点 0 对应颜色设置为白色，分段点 1 对应颜色设置为绿色，如图 13-16 所示。单击“确认”按钮完成设置。

“停止指示”指示灯制作方法同上，其属性设置要求如下。

表达式：停止指示。

分段点 0 对应颜色：白色。

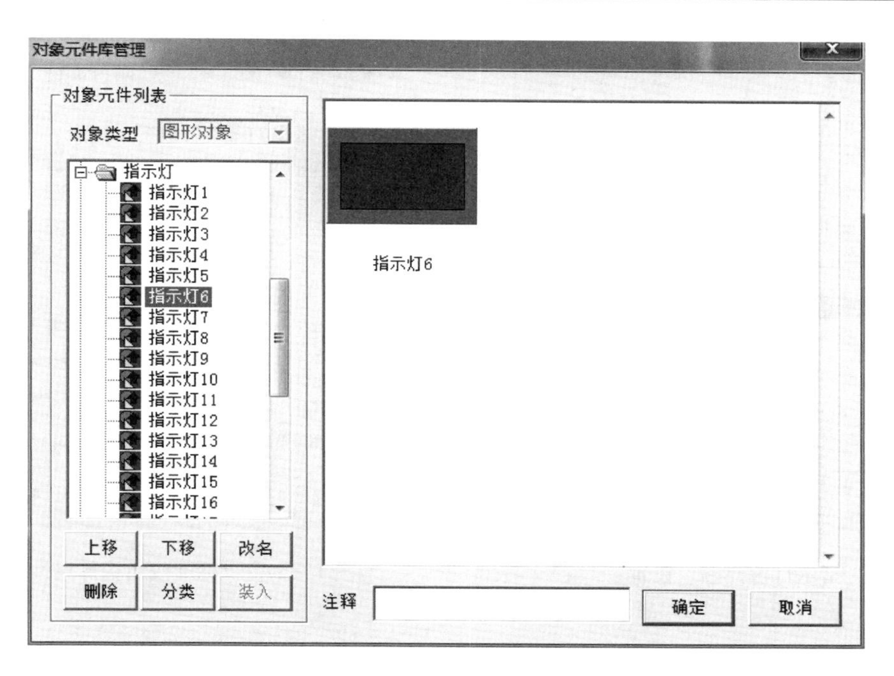


图 13-13　选择指示灯

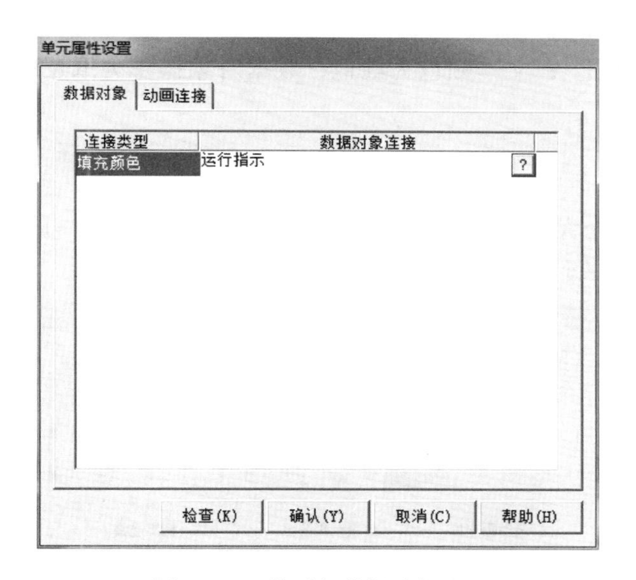


图 13-14　指示灯数据对象设置

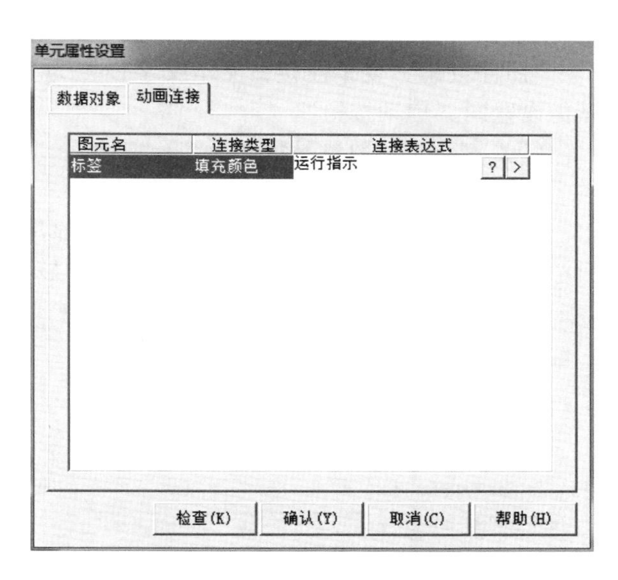


图 13-15　指示灯动画连接设置

分段点 1 对应颜色：红色。

(4) 制作按钮

以“启动按钮”为例，说明如下：

① 单击绘图工具箱中的标准按钮图标，在窗口中拖出一个大小合适的按钮，双击按钮，出现图 13-17 所示的对话框。在“基本属性”选项卡中，无论是“抬起”还是“按下”状态，文本都设置为“启动按钮”；字体设置为宋体，字体大小设置为小四号，背景颜色设置为绿色。

② 单击“操作属性”选项卡，在“操作属性”选项卡中，单击“抬起”按钮，“数据对象值操作”选择“按 1 松 0”，单击“?”按钮，在变量选择的对象名中双击“启动按钮”，完成后如图 13-18 所示。

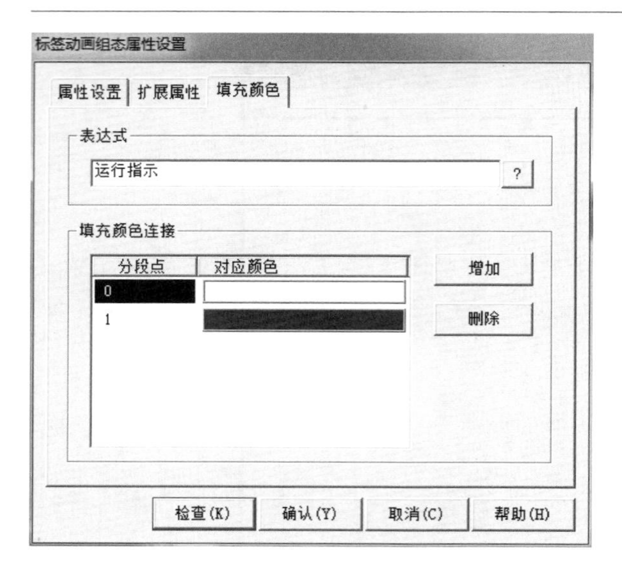


图 13-16　指示灯填充颜色设置

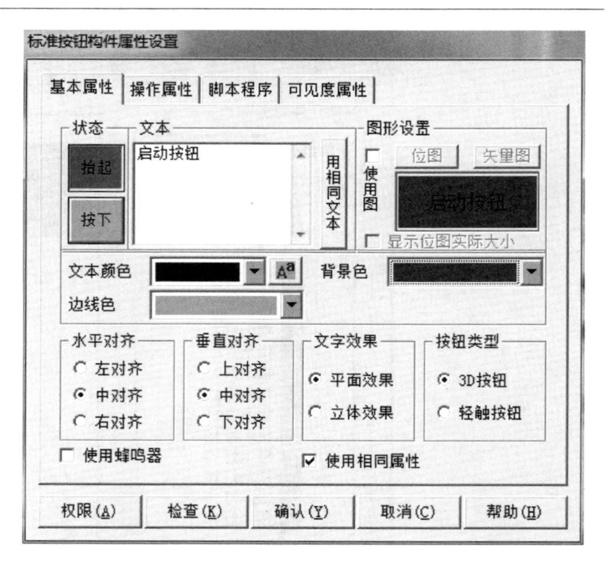


图 13-17　“标准按钮构件属性设置”对话框

其他设置采用默认，单击“确认”按钮，按钮制作完成。

“停止按钮”除了变量连接，文本文字设置为“停止按钮”，文本颜色为红色外，其他属性设置同“启动按钮”。

“急停按钮”变量连接，文本文字设置为“急停按钮”，文本颜色为红色，数据对象操作为取反，其他设置同“启动按钮”。

（5）制作工件数量显示框

以斜槽Ⅰ工件数为例，说明如下：

① 单击绘图工具箱中标签 A 图标，根据需要拉出一个大小适合的矩形，双击矩形框，出现图 13-19 所示对话框，选中“输入输出连接”中的“显示输出”复选框。

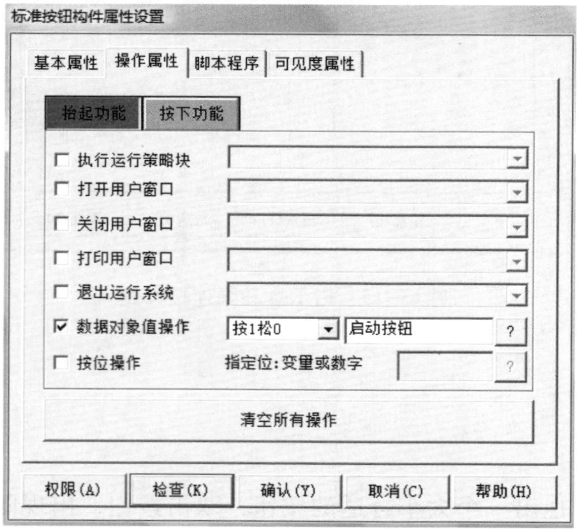

图 13-18　标准按钮构件操作属性设置

图 13-19　“标签动画组态属性设置”对话框

② 单击“显示输出”选项卡，出现图 13-20 所示对话框，单击“表达式”中的“?”按钮，选择变量“斜槽Ⅰ工件数”，选中“单位”复选框，使用单位设置为“个”，输出格式为“十进制”，小数位数为“0”，单击“确认”按钮完成设置。

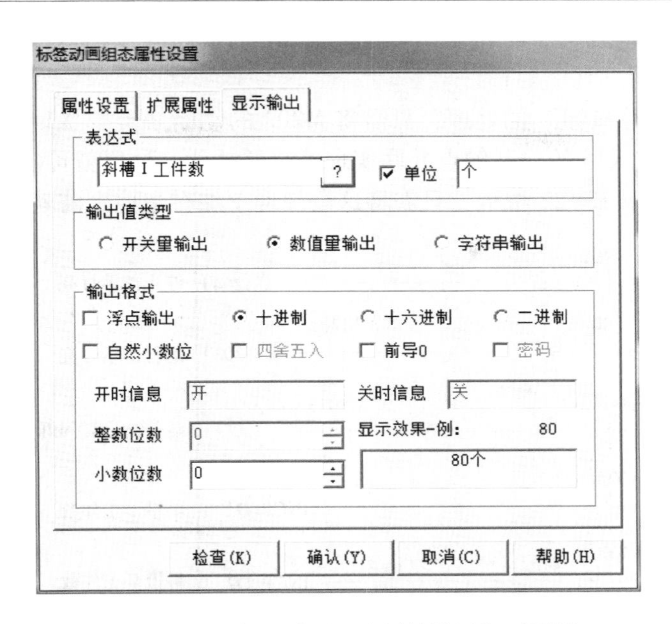


图 13-20　“标签动画组态属性设置”对话框

“斜槽Ⅱ工件数”“斜槽Ⅲ工件数”除了表达式不同外，其他属性设置与“斜槽 I 工件数”相同。

**5. 工程下载**

当需要在 MCGS 组态软件上把工程下载到触摸屏时，用 USB 下载线连接计算机和触摸屏的 USB2 下载口，单击工程下载图标，在连接方式中选择“USB 通讯”，单击“连机运行”按钮，单击“工程下载”按钮即可进行工程下载，如图 13-21 所示。如果工程项目要在计算机上模拟测试，则选择“模拟运行”，然后下载工程。

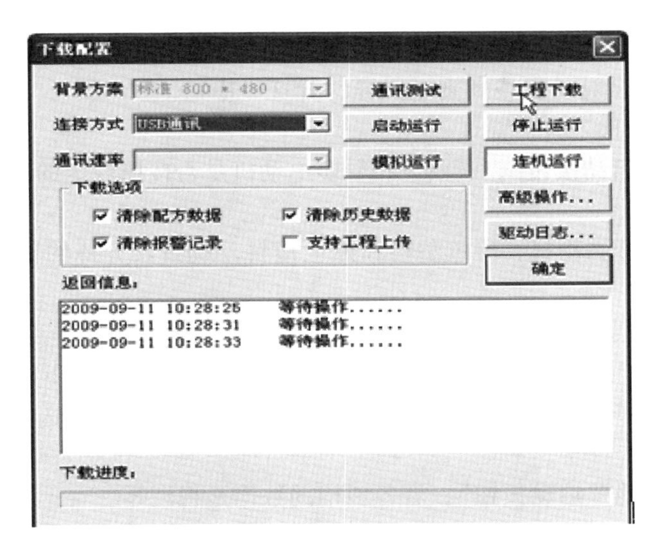


图 13-21　工程下载方法

## 二、修改物料自动分拣线程序

程序的修改只要在项目十二程序的基础上把触摸屏的功能加进去即可实现，具体做法如下。

① 对于触摸屏中“启动按钮”的处理：只需将 M200 的动合触点与 X12 并联即可，这样就可实现触摸屏的启动功能。

② 对于触摸屏中“停止按钮”的处理：只需将 M201 的动断触点与 X13 串联即可，这样就可实现触摸屏的停止功能。

③ 对于触摸屏中“急停按钮”的处理：只需将 M202 的动断触点与 X14 动合触点串联实现主控功能，将 M202 的动合触点与 X14 的动断触点并联实现蜂鸣器功能，这样就可实现触摸屏的急停功能。

④ 其他变量的控制如图 13-22 所示，只需将这段梯形图加在主控之前就可实现功能。

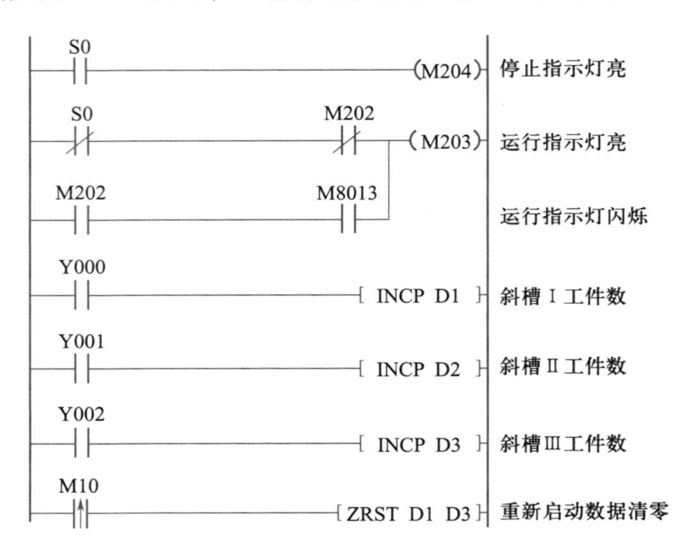


图 13-22　部分梯形图

## 三、PLC 与触摸屏的联调

① 下载 PLC 程序。

将编写完成的程序下载到 PLC 中。

② 将 PLC 程序下载线从计算机拔插到触摸屏的 RS232 串口上。

③ 将 PLC 工作状态置于“RUN”。

④ 单击触摸屏上的“启动按钮”，观察三相异步电动机是否按照规定的 15 Hz 频率运行。运行指示灯是否绿色常亮。

⑤ 从下料口分别放入金属物料、白色塑料和黑色塑料，观察其分拣的情况和触摸屏各槽工件的数量与实际是否相符。

⑥ 单击触摸屏上的“急停按钮”，看设备能否立即停止，蜂鸣器是否鸣叫，运行指示灯是否以 1 Hz 频率闪烁。再次单击“急停按钮”，看设备是否能在原来的工作状态下继续运行。

⑦ 单击触摸屏上的“停止按钮”，看设备是否完成传送带上的工件输送后停止，并且红色停止指示灯亮。

⑧ 再次单击触摸屏上的“启动按钮”，看各斜槽的数据是否清零。

如果每一步都满足要求，则说明触摸屏的功能完全符合工作要求。如果有不满足控制要求的地方，根据现象，找出错误的地方，修正组态或 PLC 程序后重新调试。

操作完成后，将设备停电，并按管理规范要求整理工位。

## 项目评价

项目完成后，填写调试过程记录表 13-2。对整个项目的完成情况进行评价与考核，可分为教师评价和学生自评两部分，参考评价表见附录表 A-1、附录表 A-2。

表 13-2　调试过程记录表

| 序号 | 项目 | 完成情况记录 | 备注 |
|---|---|---|---|
| 1 | 单击触摸屏上的“启动按钮”，设备能启动，绿色运行指示灯常亮 | 是（　　） | |
| | | 不是（　　） | |
| 2 | 从下料口依次放入 2 金、2 白和 2 黑物料，触摸屏上各槽工件数量能按实际情况变化 | 是（　　） | |
| | | 不是（　　） | |
| 3 | 单击“急停按钮”，设备立即停止，蜂鸣器鸣叫，运行指示灯以 1 Hz 频率闪烁 | 是（　　） | |
| | | 不是（　　） | |
| 4 | 再次单击“急停按钮”后，设备能在原来的工作状态下继续运行，运行指示灯常亮 | 是（　　） | |
| | | 不是（　　） | |
| 5 | 单击“停止按钮”，设备完成传送带上的工件输送后停止，并且红色停止指示灯亮 | 是（　　） | |
| | | 不是（　　） | |
| 6 | 再次单击触摸屏上的“启动按钮”，各斜槽的数据能清零 | 是（　　） | |
| | | 不是（　　） | |
| 7 | 完成后，按照管理规范要求整理工位 | 是（　　） | |
| | | 不是（　　） | |

## 项目拓展

用 TPC7062KS 触摸屏与 $FX_{3U}$系列 PLC 联机调试时，可利用 RS485 通信模块（$FX_{3U}$-485BD 板）和相应的通信线进行连接，为避免触摸屏与 PLC 的通信、PC 与 PLC 通信共用编程口造成调试困难和可能带电拔插的弊端，可采用图 13-23 所示的连接方法。

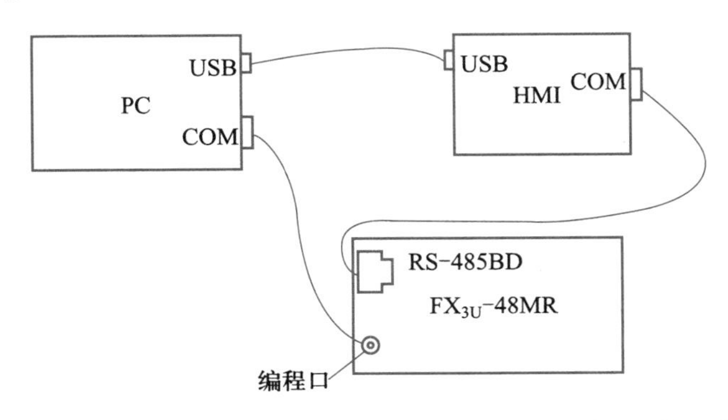


图 13-23　利用 RS-485 通信模块实现 HMI、PLC 与 PC 的互联

## 一、TPC7062KS 触摸屏与 $FX_{3U}$ 系列 PLC 的通信连接

采用 $FX_{3U}$-485BD 模块，其接线方式如图 13-24 所示。

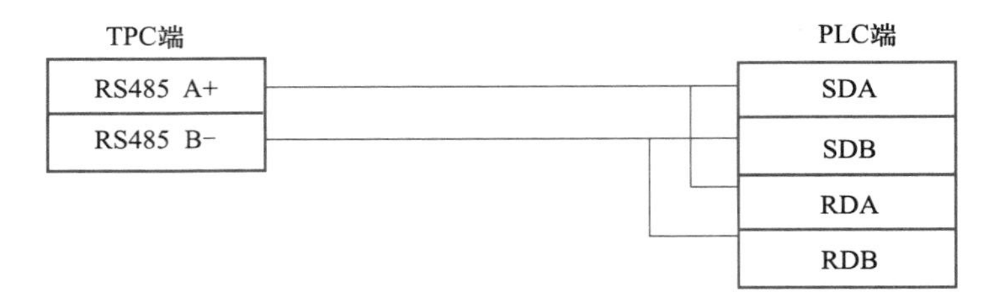


图 13-24　TPC7062KS 触摸屏与 $FX_{3U}$ 系列 PLC 的通信连接

注意：

使用 TPC 的 RS485 口或通过 RS232/485 转换模块与 485BD 通信模块通信时，最后一个 PLC 模块端 RDA 与 RDB 之间一般要接 100 Ω的终端电阻。

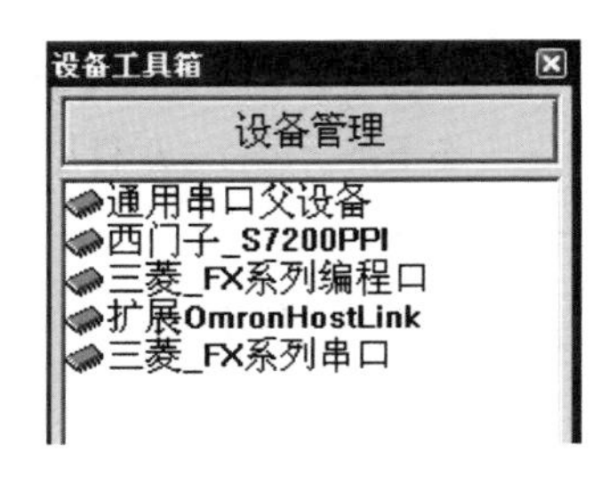


图 13-25　设备工具箱

## 二、触摸屏的设置

### 1. 组态硬件

（1）打开设备工具箱，出现图 13-25 所示窗口。

（2）单击“设备管理”，出现图 13-26 所示窗口。

图 13-26　“设备管理”窗口

找到“三菱_FX 系列串口”并双击，将“三菱_FX 系列串口”添加到设备工具箱，最后组态的父设备与子设备如图 13-27 所示。

### 2. 修改父设备的参数

参数修改方法如图 13-28 所示。

设备组态 ：设备窗口
通用串口父设备0--[通用串口父设备]
设备0--[三菱_FX系列串口]

图 13-27　设备窗口

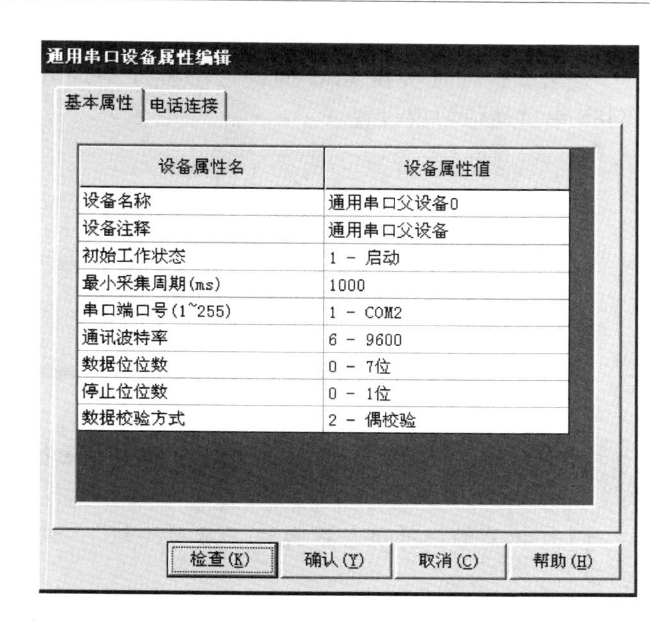
通用串口设备属性编辑
基本属性　电话连接

| 设备属性名 | 设备属性值 |
| --- | --- |
| 设备名称 | 通用串口父设备0 |
| 设备注释 | 通用串口父设备 |
| 初始工作状态 | 1 - 启动 |
| 最小采集周期(ms) | 1000 |
| 串口端口号(1~255) | 1 - COM2 |
| 通讯波特率 | 6 - 9600 |
| 数据位位数 | 0 - 7位 |
| 停止位位数 | 0 - 1位 |
| 数据校验方式 | 2 - 偶校验 |

检查(K)　确认(Y)　取消(C)　帮助(H)

图 13-28　通用串口设备属性编辑

注：串口端口号应选 COM2。

**3. 修改子设备的参数**

参数修改方法如图 13-29 所示。

**4. PLC 的设置**

FX 系列 PLC 支持无协议的 RS232 和 RS485 专用通信协议两种通信方式，可通过编程软件 GX Developer，在“PLC 参数”对话框中进行通信设置，使用“三菱_FX 系列串口”协议通信时，协议要选择“专用协议通信”方式，否则无法通信。具体设置方法有两种。

方法一：打开 GX Developer 软件，选择 PLC 参数，在“FX 参数设置”对话框中修改通信设置，如图 13-30 所示。

| 设备属性名 | 设备属性值 |
| --- | --- |
| [内部属性] | 设置设备内部属性 |
| 采集优化 | 1-优化 |
| 设备名称 | 设备0 |
| 设备注释 | 三菱_FX系列串口 |
| 初始工作状态 | 1 - 启动 |
| 最小采集周期(ms) | 100 |
| 设备地址 | 0 |
| 通讯等待时间 | 200 |
| 快速采集次数 | 0 |
| 协议格式 | 0 - 协议1 |
| 是否校验 | 1 - 求校验 |
| PLC类型 | 6 - FX2NC |

图 13-29　子设备参数修改

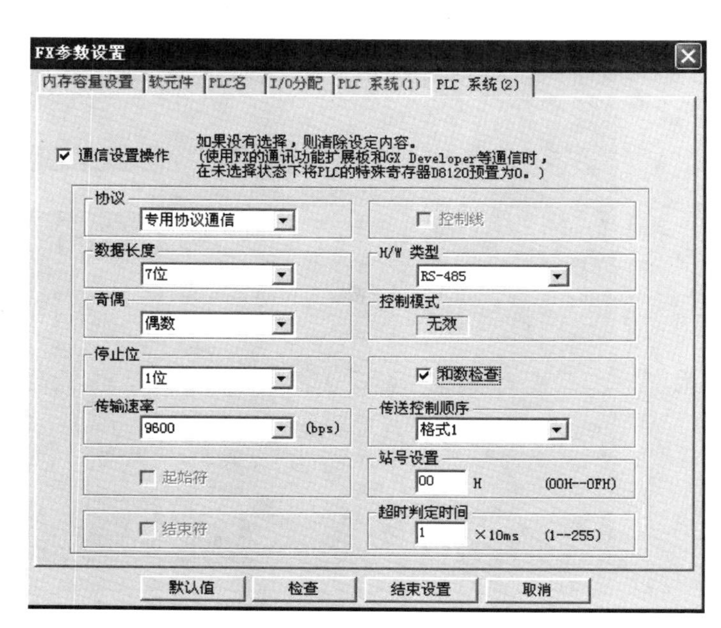


图 13-30　PLC 参数的设置

通过上述操作，触摸屏就可以通过 RS485 通信协议与 PLC 连起来了。

方法二：可直接在 PLC 的梯形图程序中加入图 13-31 所示的指令，即可实现触摸屏与 PLC 的 RS485 串口通信协议设置。

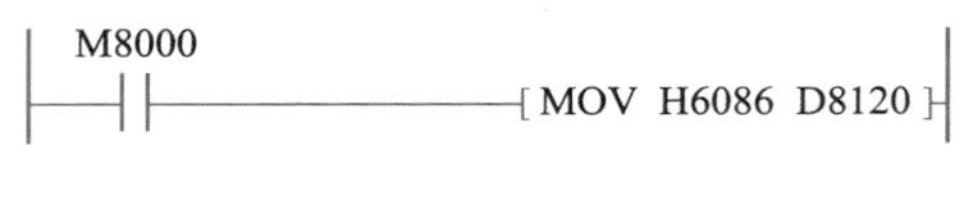


图 13-31　触摸屏与 PLC 的串口通信

## 思考与实践

用 TPC7062KS 触摸屏对供料盘与机械手搬运控制进行监控（具体控制要求见项目十二“思考与实践”）。监控的界面如图 13-32 所示，触摸屏组态界面控制要求如下：

（1）按下触摸屏组态界面的“启动按钮”，设备启动，同时触摸屏上的“运行指示”灯常亮（绿色）。

（2）按下触摸屏组态界面的“停止按钮”，设备搬运完机械手上的工件后停止，同时触摸屏“运行指示灯”不亮（白色）。

（3）设备工作时对搬运工件数进行统计。

（4）设备停止时，可按“停止按钮”5 s 对搬运工件数进行清零。

请按照上述触摸屏组态界面功能要求，在 YL-235A 实训装置上完成下列任务：

（1）连接 TPC7062KS 触摸屏的电源线。

（2）制作完成触摸屏组态界面并下载。

（3）修改项目十二“思考与实践”的程序，达到触摸屏的监控功能要求，并下载程序。

（4）进行 TPC7062KS 触摸屏与 PLC 的联调，达到上述功能要求。

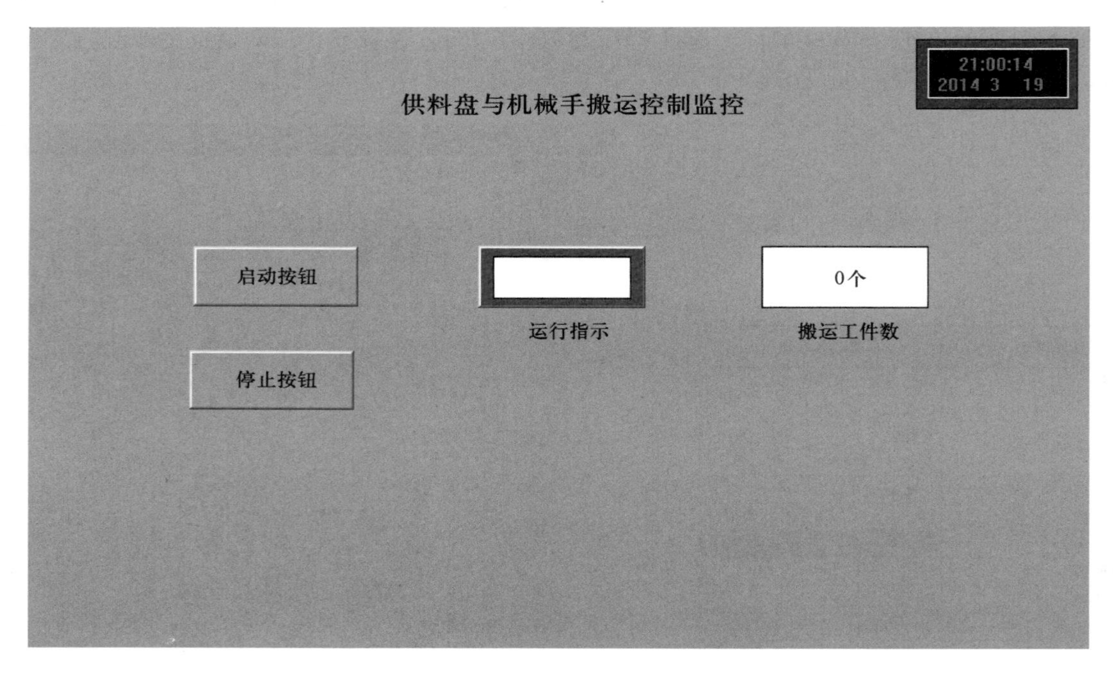


图 13-32　机械手搬运控制监控界面

# 附录

## 附录 A　项目评价考核表

表 A-1　教师评价表样例

| 序号 | 主要内容 | 考核要求 | 配分 | 评分标准 | 扣分 | 得分 | 备注 |
|---|---|---|---|---|---|---|---|
| 1 | 电路设计 | ① 设计用 PLC 控制的主/控电路图；② 列出 PLC 的 I/O 分配；③ 绘制 PLC 的 I/O 接线图；④ 根据工作要求，设计梯形图 | 20 | 电气控制功能设计不全或设计错误，每处扣 2 分 | | | |
| | | | | 其他电气设计不全（如指示灯、保护功能不全），每处扣 1 分 | | | |
| | | | | 输入/输出地址遗漏或搞错，每处扣 2 分 | | | |
| | | | | 梯形图表达不正确或画法不规范，每处 1~3 分 | | | |
| 2 | 安装与接线 | 按 PLC 控制 I/O 口（输入/输出）接线图和题目要求，在电工配线板或机架上装接线路。要求操作熟练、正确，元件在设备上布置要匀称、合理，安装要准确、紧固，配线要平直、美观，接线要正确、可靠，整体装接水平要达到正确性、可靠性、工艺性的要求 | 25 | 电源运行指示灯不完成，每处扣 2 分 | | | |
| | | | | 短路、过载及必要硬件联锁保护不全，每处扣 2 分 | | | |
| | | | | 损坏元件，每个扣 5 分 | | | |
| | | | | 电动机运行正常，如不按电气原理图接线，扣 3~5 分 | | | |
| | | | | 布线不平直，不美观，每根扣 1~2 分 | | | |
| | | | | 接点松动、露铜过长、反圈、压绝缘层，标记线号不清楚、遗漏或误标，引出端无压端子，每处扣 1 分 | | | |
| | | | | 损伤导线绝缘或线芯，每根扣 2 分 | | | |
| | | | | 不按 PLC 控制 I/O（输入/输出）接线图接线，每处扣 1 分 | | | |
| 3 | 程序输入及调试 | 熟练、正确地将所编程序输入 PLC；按照被控设备的动作要求进行模拟调试；连接 PLC 与外接线路板，联调达到设计要求 | 45 | 功能不符合项目任务要求，每处扣 4 分 | | | |
| | | | | 程序不符合生产安全实际要求，每处扣 3 分 | | | |

续表

| 序号 | 主要内容 | 考核要求 | 配分 | 评分标准 | 扣分 | 得分 | 备注 |
| --- | --- | --- | --- | --- | --- | --- | --- |
| 4 | 安全文明生产 | 劳动保护用品穿戴整齐；电工工具佩带齐全；遵守实训室操作规程；讲文明礼貌；训练结束按管理规范要求清理现场 | 10 | 违反实训安全要求，影响安全文明生产，每次扣5~10分 | | | |
| | | | | 违反安全操作要求，带电进行电路连接或改接，每次扣5~10分 | | | |
| | | | | 训练结束不按管理规范要求清理现场，扣1~5分 | | | |
| 评分记录 | | 合计 | | 本项目得分 | | | |

表 A-2　学生自评表样例

| | 什么对我来说是满意的？ | 什么对我来说是需要提高的？ |
| --- | --- | --- |
| 整体结果 | | |
| 电路设计 | | |
| 安装与接线 | | |
| 程序的输入及调试 | | |
| 安全文明生产 | | |

# 附录 B　$FX_{3U}$ 系列 PLC 软元件编号表

$FX_{3U}$ 系列 PLC 软元件编号见表 B-1。

表 B-1　$FX_{3U}$ 系列 PLC 软元件编号

<table>
<tr><th colspan="3">软元件名称</th><th colspan="2">内容</th></tr>
<tr><td colspan="3">输入继电器（扩展和用时）</td><td>X000～X367（八进制）248 点</td><td rowspan="2">合计 256 点</td></tr>
<tr><td colspan="3">输出继电器（扩展和用时）</td><td>Y000～Y367（八进制）248 点</td></tr>
<tr><td rowspan="3">辅助继电器</td><td colspan="2">一般用</td><td colspan="2">M000～M499① 500 点</td></tr>
<tr><td colspan="2">锁存用</td><td colspan="2">M500～M1023②524 点，M1024～M7679③6656 点</td></tr>
<tr><td colspan="2">特殊用</td><td colspan="2">M8000～M8255 256 点</td></tr>
<tr><td rowspan="4">状态寄存器</td><td colspan="2">初始化用</td><td colspan="2">S0～S9 10 点</td></tr>
<tr><td colspan="2">一般用</td><td colspan="2">S10～S499①490 点</td></tr>
<tr><td colspan="2">锁存用</td><td colspan="2">S500～S899②400 点，S1000～S4095③3096 点</td></tr>
<tr><td colspan="2">报警用</td><td colspan="2">S900～S999③100 点</td></tr>
<tr><td rowspan="5">定时器</td><td colspan="2">100 ms</td><td colspan="2">T0～T199（0.1～3 276.7s）200 点</td></tr>
<tr><td colspan="2">10 ms</td><td colspan="2">T200～T245（0.01～327.67s）46 点</td></tr>
<tr><td colspan="2">1 ms（积算型）</td><td colspan="2">T246～T249（0.001～32.767s）4 点</td></tr>
<tr><td colspan="2">100 ms（积算型）</td><td colspan="2">T250～T255（0.1～32.767s）6 点</td></tr>
<tr><td colspan="2">1 ms</td><td colspan="2">T256～T511（0.001～32.767s）256 点</td></tr>
<tr><td rowspan="5">计数器</td><td rowspan="2">增计数</td><td>一般用</td><td colspan="2">C0～C99①（0～32 767）（16 位）100 点</td></tr>
<tr><td>锁存用</td><td colspan="2">C100～C199②（0～32 767）（16 位）100 点</td></tr>
<tr><td rowspan="2">增/减计数器</td><td>一般用</td><td colspan="2">C200～C219①（32 位）20 点</td></tr>
<tr><td>锁存用</td><td colspan="2">C220～C234②（32 位）15 点</td></tr>
<tr><td colspan="2">高速用</td><td colspan="2">C235～C255 中有：单相 100 kHz 6 点，10 kHz 2 点；双相 50 kHz（1 倍），50 kHz（4 倍）</td></tr>
<tr><td rowspan="4">数据寄存器</td><td rowspan="2">通用数据寄存器</td><td>一般用</td><td colspan="2">D0～D199①（16 位）200 点</td></tr>
<tr><td>锁存用</td><td colspan="2">D200～D511②（16 位）312 点，D512～D7999③（16 位）7488 点</td></tr>
<tr><td colspan="2">特殊用</td><td colspan="2">D8000～D8511（16 位）512 点</td></tr>
<tr><td colspan="2">变址用</td><td colspan="2">V0～V7，Z0～Z7（16 位）16 点</td></tr>
<tr><td>文件寄存器</td><td colspan="2">锁存用</td><td colspan="2">R0～R32767 32 768 点</td></tr>
</table>

续表

| 软元件名称 | | 内容 |
|---|---|---|
| 指针 | 跳转、调用 | P0～P4095 4 096 点 |
| | 输入中断 | I0 □□～I5 □□6 点 |
| | 计时中断 | I6 □□～I8 □□3 点 |
| | 计数中断 | I010～I060 6 点 |
| 嵌套 | 主控用 | N0～N7 8 点 |
| 常数 | 十进制 K | 16 位：-32 768～+32 767；32 位：-2 147 483 648～+2 147 483 647 |
| | 十六进制 H | 16 位：0～FFFF（H）；32 位：0～FFFFFFFF（H） |

注：① 非后备锂电池保持区，通过参数设置可改为后备锂电池保持区。

② 后备锂电池保持区，通过参数设置可改为非后备锂电池保持区。

③ 后备锂电池固定保持区固定，该区域特性不可改变。

# 附录 C　$FX_{3U}$ 系列 PLC 功能指令表

$FX_{3U}$ 系列 PLC 功能指令表见表 C-1。

表 C-1　$FX_{3U}$ 系列 PLC 功能指令表

| 分类 | FNC No. | 指令符号 | 功　能 | D 指令 | P 指令 |
| --- | --- | --- | --- | --- | --- |
| 程序流 | 00 | CJ | 有条件跳转 | — | ○ |
| | 01 | CALL | 子程序调用 | — | ○ |
| | 02 | SRET | 子程序返回 | — | — |
| | 03 | IRET | 中断返回 | — | — |
| | 04 | EI | 开中断 | — | — |
| | 05 | DI | 关中断 | — | — |
| | 06 | FEND | 主程序结束 | — | — |
| | 07 | WDT | 监视定时器刷新 | — | ○ |
| | 08 | FOR | 循环区起点 | — | |
| | 09 | NEXT | 循环区终点 | — | |
| 传送比较 | 10 | CMP | 比较 | ○ | ○ |
| | 11 | ZCP | 区间比较 | ○ | ○ |
| | 12 | MOV | 传送 | ○ | ○ |
| | 13 | SMOV | 移位传送 | — | ○ |
| | 14 | CML | 反向传送 | ○ | ○ |
| | 15 | BMOV | 块传送 | — | ○ |
| | 16 | FMOV | 多点传送 | ○ | ○ |
| | 17 | XCH | 交换 | ○ | ○ |
| | 18 | BCD | BCD 转换 | ○ | ○ |
| | 19 | BIN | BIN 转换 | ○ | ○ |
| 四则逻辑运算 | 20 | ADD | BIN 加 | ○ | ○ |
| | 21 | SUB | BIN 减 | ○ | ○ |
| | 22 | MUL | BIN 乘 | ○ | ○ |
| | 23 | DIV | BIN 除 | ○ | ○ |
| | 24 | INC | BIN 增 1 | ○ | ○ |
| | 25 | DEC | BIN 减 1 | ○ | ○ |
| | 26 | WAND | 逻辑字“与” | ○ | ○ |
| | 27 | WOR | 逻辑字“或” | ○ | ○ |
| | 28 | WXOR | 逻辑字“异或” | ○ | ○ |
| | 29 | NEG | 求补码 | ○ | ○ |

续表

| 分类 | FNC No. | 指令符号 | 功　能 | D 指令 | P 指令 |
|---|---|---|---|---|---|
| 循环移位 | 30 | ROR | 循环右移 | O | O |
| | 31 | ROL | 循环左移 | O | O |
| | 32 | RCR | 带进位右移 | O | O |
| | 33 | RCL | 带进位左移 | O | O |
| | 34 | SFTR | 位右移 | — | O |
| | 35 | SFTL | 位左移 | — | O |
| | 36 | WSFR | 字右移 | — | O |
| | 37 | WSFL | 字左移 | — | O |
| | 38 | SFWR | “先进先出” 写入 | — | O |
| | 39 | SFRD | “先进先出” 读出 | — | O |
| 数据处理 1 | 40 | ZRST | 区间复位 | — | O |
| | 41 | DECO | 解码 | — | O |
| | 42 | ENCO | 编码 | — | O |
| | 43 | SUM | ON 位总数 | O | O |
| | 44 | BON | ON 位判别 | O | O |
| | 45 | MEAN | 平均值 | O | O |
| | 46 | ANS | 报警器置位 | — | — |
| | 47 | ANR | 报警器复位 | — | O |
| | 48 | SOR | BIN 平方根 | O | O |
| | 49 | FLT | 浮点数与十进制间转换 | O | O |
| 高速处理 1 | 50 | REF | 刷新 | — | O |
| | 51 | REFE | 刷新和滤波调整 | — | O |
| | 52 | MTR | 矩阵输入 | — | — |
| | 53 | HSCS | 比较置位（高速计数器） | O | — |
| | 54 | HSCR | 比较复位（高速计数器） | O | — |
| | 55 | HSZ | 区间比较（高速计数器） | O | — |
| | 56 | SPD | 速度检测 | — | — |
| | 57 | PLSY | 脉冲输出 | O | — |
| | 58 | PWM | 脉冲幅宽调制 | — | — |
| | 59 | PLSR | 加减速的脉冲输出 | O | — |

续表

| 分类 | FNC No. | 指令符号 | 功　能 | D 指令 | P 指令 |
| --- | --- | --- | --- | --- | --- |
| 方便指令 | 60 | IST | 状态初始化 | — | — |
| | 61 | SER | 数据搜索 | O | O |
| | 62 | ABSD | 绝对值式凸轮顺控 | O | — |
| | 63 | INCD | 增量式凸轮顺控 | — | — |
| | 64 | TIMR | 示教定时器 | — | — |
| | 65 | STMR | 特殊定时器 | — | — |
| | 66 | ALT | 交替输出 | — | — |
| | 67 | RAMP | 斜坡信号 | — | — |
| | 68 | ROTC | 旋转台控制 | — | — |
| | 69 | SORT | 列表数据排序 | — | — |
| 外部设备 I/O | 70 | TKY | 0~9 数字键输入 | O | — |
| | 71 | HKY | 16 键输入 | O | — |
| | 72 | DSW | 数字开关 | — | — |
| | 73 | SEGD | 七段编码 | — | O |
| | 74 | SEGL | 带锁存的七段显示 | — | — |
| | 75 | ARWS | 矢量开关 | — | — |
| | 76 | ASC | ASCII 转换 | — | — |
| | 77 | PR | ASCII 代码打印输出能 | — | — |
| | 78 | FROM | 特殊功能模块读出 | O | O |
| | 79 | TO | 特殊功能模块写入 | O | O |
| 外部设备（选件设备） | 80 | RS | 串行数据传送 | — | — |
| | 81 | PRUN | 并联运行 | O | O |
| | 82 | ASCI | HEX→ASCII 转换 | — | O |
| | 83 | HEX | ASCII→HEX 转换 | — | O |
| | 84 | CCD | 校正代码 | — | O |
| | 85 | VRRD | FX→8AV 变量读取 | — | O |
| | 86 | VRSC | FX→8AV 变量整标 | — | O |
| | 87 | RS2 | 串行数据传送 2 | — | — |
| | 88 | PID | PID 运算 | — | — |
| | 89 | | | | |

续表

| 分类 | FNC No. | 指令符号 | 功　能 | D 指令 | P 指令 |
| --- | --- | --- | --- | --- | --- |
| 数据传送 1 | 102 | ZPUSH | 变址寄存器的成批保存 | — | O |
| | 103 | ZPOP | 变址寄存器的恢复 | — | O |
| 浮点数运算 | 110 | ECMP | 二进制浮点数比较 | O | O |
| | 111 | EZCP | 二进制浮点数区间比较 | O | O |
| | 112 | EMOV | 二进制浮点数传送 | O | O |
| | 116 | ESTR | 二进制浮点数→字符串转换 | O | O |
| | 117 | EVAL | 字符串→二进制浮点数转换 | O | O |
| | 118 | EBCD | 二进制浮点数→十进制浮点数转换 | O | O |
| | 119 | EBIN | 十进制浮点数→二进制浮点数转换 | O | O |
| | 120 | EADD | 二进制浮点数加 | O | O |
| | 121 | ESUB | 二进制浮点数减 | O | O |
| | 122 | EMUL | 二进制浮点数乘 | O | O |
| | 123 | EDIV | 二进制浮点数除 | O | O |
| | 124 | EXP | 二进制浮点数指数运算 | O | O |
| | 125 | LOGE | 二进制浮点数自然对数运算 | O | O |
| | 126 | LOG10 | 二进制浮点数常用对数运算 | O | O |
| | 127 | ESOR | 二进制浮点数开平方 | O | O |
| | 129 | INT | 二进制浮点数→BIN 整数转换 | O | O |
| | 130 | SIN | 二进制浮点数 sin 运算 | O | O |
| | 131 | COS | 二进制浮点数 cos 运算 | O | O |
| | 132 | TAN | 二进制浮点数 tan 运算 | O | O |
| | 133 | ASIN | 二进制浮点数 arcsin 运算 | O | O |
| | 134 | ACOS | 二进制浮点数 arccos 运算 | O | O |
| | 135 | ATAN | 二进制浮点数 arctan 运算 | O | O |
| | 136 | RAD | 二进制浮点数→弧度的转换 | O | O |
| | 137 | DEG | 二进制浮点数→角度的转换 | O | O |

续表

| 分类 | FNC No. | 指令符号 | 功　　能 | D 指令 | P 指令 |
|---|---|---|---|---|---|
| 数据处理 2 | 140 | WSUM | 算出数据合计值 | O | O |
| | 141 | WTOB | 字节单位的数据分离 | — | O |
| | 142 | BTOW | 字节单位的数据结合 | — | O |
| | 143 | UNI | 16 位数据的 4 位结合 | — | O |
| | 144 | DIS | 16 位数据的 4 位分离 | — | O |
| | 147 | SWAP | 上下字节转换 | O | O |
| | 149 | SORT2 | 数据排序 2 | — | O |
| 定位控制 | 150 | DSZR | 带 DOG 搜索的原点回归 | — | — |
| | 151 | DVIT | 中断定位 | O | — |
| | 152 | TBL | 表格设定定位 | O | — |
| | 155 | ABS | 读出 ABS 当前值 | O | — |
| | 156 | ZRN | 原点回归 | O | — |
| | 157 | PLSV | 可变速脉冲输出 | O | — |
| | 158 | DRVI | 相对定位 | O | — |
| | 159 | DRVA | 绝对定位 | O | — |
| 时钟控制 | 160 | TCMP | 时钟数据比较 | — | O |
| | 161 | TZCP | 时间数据区间比较 | — | O |
| | 162 | TADD | 时钟数据加 | — | O |
| | 163 | TSUB | 时钟数据减 | — | O |
| | 164 | HTOS | 时、分、秒数据的秒转换 | O | O |
| | 165 | STOH | 秒数据的时、分、秒转换 | O | O |
| | 166 | TRD | 时钟数据读出 | — | O |
| | 167 | TWR | 时钟数据写入 | — | O |
| | 169 | HOUR | 计时表 | O | — |
| 格雷码 | 170 | GRY | 格雷码转换 | O | O |
| | 171 | GBIN | 格雷码逆转换 | O | O |
| | 176 | RD3A | 模拟量模块的读出 | — | O |
| | 177 | WR3A | 模拟量模块的写入 | — | O |
| 扩展功能 | 180 | EXTR | 扩展 ROM 功能 | O | O |

续表

| 分类 | FNC No. | 指令符号 | 功　　能 | D 指令 | P 指令 |
|---|---|---|---|---|---|
| 其他指令 | 182 | COMRD | 读出软元件的注释数据 | — | O |
| | 184 | RND | 产生随机数 | — | O |
| | 186 | DUTY | 产生定时脉冲 | — | — |
| | 188 | CRC | CRC 运算 | — | O |
| | 189 | HCMOV | 高速计数器传送 | O | — |
| 数据块处理 | 192 | BK+ | 数据块加法运算 | O | O |
| | 193 | BK- | 数据块减法运算 | O | O |
| | 194 | BKCMP= | 数据块相等比较 | O | O |
| | 195 | BKCMP> | 数据块大于比较 | O | O |
| | 196 | BKCMP< | 数据块小于比较 | O | O |
| | 197 | BKCMP<> | 数据块不等比较 | O | O |
| | 198 | BKCMP<= | 数据块小于等于比较 | O | O |
| | 199 | BKCMP>= | 数据块大于等于比较 | O | O |
| 字符串控制 | 200 | STR | BIN→字符串的转换 | O | O |
| | 201 | VAL | 字符串→BIN 的转换 | O | O |
| | 202 | $+ | 字符串的组合 | — | O |
| | 203 | LEN | 检测出字符串的长度 | — | O |
| | 204 | RIGHT | 从字符串的右侧开始取出 | — | O |
| | 205 | LEFT | 从字符串的左侧开始取出 | — | O |
| | 206 | MIDR | 从字符串中任意取出 | — | O |
| | 207 | MIDW | 字符串中的任意替换 | — | O |
| | 208 | INSTR | 字符串的搜索 | — | O |
| | 209 | $MOV | 字符串的传送 | — | O |
| 数据处理 3 | 210 | FDEL | 数据表的数据删除 | — | O |
| | 211 | FINS | 数据表的数据插入 | — | O |
| | 212 | POP | 读取后入的数据 | — | O |
| | 213 | SFR | 16 位数据 $n$ 位右移（带进位） | — | O |
| | 214 | SFL | 16 位数据 $n$ 位左移（带进位） | — | O |

续表

| 分类 | FNC No. | 指令符号 | 功　能 | D 指令 | P 指令 |
|---|---|---|---|---|---|
| 接点比较指令 | 224 | LD= | （S1）＝（S2） | O | — |
| | 225 | LD> | （S1）>（S2） | O | — |
| | 226 | LD< | （S1）<（S2） | O | — |
| | 228 | LD<> | （S1）不等于（S2） | O | — |
| | 229 | LD<= | （S1）<=（S2） | O | — |
| | 230 | LD>= | （S1）>=（S2） | O | — |
| | 232 | AND= | （S1）＝（S2） | O | — |
| | 233 | AND> | （S1）>（S2） | O | — |
| | 234 | AND< | （S1）<（S2） | O | — |
| | 236 | AND<> | （S1）不等于（S2） | O | — |
| | 237 | AND<= | （S1）<=（S2） | O | — |
| | 238 | AND>= | （S1）>=（S2） | O | — |
| | 240 | OR= | （S1）＝（S2） | O | — |
| | 241 | OR> | （S1）>（S2） | O | — |
| | 242 | OR< | （S1）<（S2） | O | — |
| | 244 | OR<> | （S1）不等于（S2） | O | — |
| | 245 | OR<= | （S1）<=（S2） | O | — |
| | 246 | OR>= | （S1）>=（S2） | O | — |
| 数据表处理 | 256 | LIMIT | 上下限限位控制 | O | O |
| | 257 | BAND | 死区控制 | O | O |
| | 258 | ZONE | 区域控制 | O | O |
| | 259 | SCL | 定坐标（不同点坐标数据） | O | O |
| | 260 | DABIN | 十进制 ASCII→BIN 的转换 | O | O |
| | 261 | BINDA | BIN→十进制 ASCII 的转换 | O | O |
| | 269 | SCL2 | 定坐标 2（X/Y 坐标数据） | O | O |
| 变频器外部设备通信 | 270 | IVCK | 变频器的运行监控 | — | — |
| | 271 | IVDR | 变频器的运行控制 | — | — |
| | 272 | IVRD | 变频器的参数读取 | — | — |
| | 273 | IVWR | 变频器的参数写入 | — | — |
| | 274 | IVBWR | 变频器的参数成批写入 | — | — |

续表

| 分类 | FNC No. | 指令符号 | 功　　能 | D 指令 | P 指令 |
| --- | --- | --- | --- | --- | --- |
| 数据传送 2 | 278 | RBFM | BFM 分割读出 | — | — |
| | 279 | WBFM | BFM 分割写入 | — | — |
| 高速处理 2 | 280 | HSCT | 高速计数器表比较 | O | — |
| 扩展文件寄存器控制 | 290 | LOADR | 读出扩展文件寄存器 | — | — |
| | 291 | SAVER | 成批写入扩展文件寄存器 | — | — |
| | 292 | INITR | 扩展寄存器的初始化 | — | — |
| | 293 | LOGR | 登录到扩展寄存器 | — | — |
| | 294 | RWER | 扩展文件寄存器的删除、写入 | — | — |
| | 295 | INITER | 扩展文件寄存器的初始化 | — | — |

注：1. D（double word）指令是指 32 位双字处理；P 是指上升沿触发处理。
2. “O” 表示该功能可变更，“—” 表示不可变更。

# 附录 D　三菱 FR-E740 型变频器的常用参数

变频器在使用时，一般只需采用出厂设定值即可。若需要设定其有关参数，必须熟悉相关参数的作用。三菱 FR-E740 型变频器的常用参数见表 D-1。

表 D-1　三菱 FR-E740 型变频器的常用参数

| 功能 | 参数号 | 名称 | 设定范围 | 最小设定单位 | 出厂设定 | 备注 |
|---|---|---|---|---|---|---|
| 基本功能 | 0 | 转矩提升 | 0~30% | 0.1% | 6%/4%/3% | 0 Hz 时的输出电压以%设定（6%：0.75 kW 以下/4%：1.5~3.7 kW/3%：5.5 kW、7.5 kW） |
| | 1 | 上限频率 | 0~120 Hz | 0.01 Hz | 120 Hz | |
| | 2 | 下限频率 | 0~120 Hz | 0.01 Hz | 0 Hz | |
| | 3 | 基准频率 | 0~400 Hz | 0.01 Hz | 50 Hz | 电动机额定频率 |
| | 4 | 多速设定（高速） | 0~400 Hz | 0.01 Hz | 50 Hz | |
| | 5 | 多速设定（中速） | 0~400 Hz | 0.01 Hz | 30 Hz | |
| | 6 | 多速设定（低速） | 0~400 Hz | 0.01 Hz | 10 Hz | |
| | 7 | 加速时间 | 0~3 600 s/0~360 s | 0.1 s/0.01 s | 5 s/10 s | |
| | 8 | 减速时间 | 0~3 600 s/0~360 s | 0.1 s/0.01 s | 5 s/10 s | |
| | 9 | 电子过电流保护 | 0~500 A | 0.01 A | 额定输出电流 | |
| 直流制动功能 | 10 | 直流制动动作频率 | 0~120 Hz | 0.01 Hz | 3 Hz | |
| | 11 | 直流制动动作时间 | 0.1~10 s | 0.1 s | 0.5 s | |
| | 12 | 直流制动动作电压 | 0.1%~30% | 0.1% | 4% | |
| | 13 | 启动频率 | 0~60 Hz | 0.01 Hz | 0.5 Hz | |
| | 14 | 适用负荷选择 | 0~3 | 1 | 0 | |
| | 15 | 点动频率 | 0~400 Hz | 0.01 Hz | 5 Hz | |
| | 16 | 点动加减速时间 | 0~3 600 s/360 s | 0.1 s/0.01 s | 0.5 s | |
| | 18 | 高速上限频率 | 120~400 Hz | 0.01 Hz | 120 Hz | |
| | 19 | 基准频率电压 | 0~1 000 V，8888，9999 | 0.1 V | 9999 | 设定为 8888 时，为电源电压的 95%，设定为 9999 时，与电源电压相同 |
| | 20 | 加减速基准频率 | 1~400 Hz | 0.01 Hz | 50 Hz | |
| | 21 | 加减速时间单位 | 0，1 | 1 | 0 | |

续表

| 功能 | 参数号 | 名称 | 设定范围 | 最小设定单位 | 出厂设定 | 备注 |
|---|---|---|---|---|---|---|
| 直流制动功能 | 24 | 多段速度设定（速度 4） | 0~400 Hz，9999 | 0.01 Hz | 9999 | |
| | 25 | 多段速度设定（速度 5） | 0~400 Hz，9999 | 0.01 Hz | 9999 | |
| | 26 | 多段速度设定（速度 6） | 0~400 Hz，9999 | 0.01 Hz | 9999 | |
| | 27 | 多段速度设定（速度 7） | 0~400 Hz，9999 | 0.01 Hz | 9999 | |
| | 29 | 加减速曲线 | 0，1，2 | 1 | 0 | |
| | 31 | 频率跳变 1A | 0~400 Hz，9999 | 0.01 Hz | 9999 | |
| | 32 | 频率跳变 1B | 0~400 Hz，9999 | 0.01 Hz | 9999 | |
| | 33 | 频率跳变 2A | 0~400 Hz，9999 | 0.01 Hz | 9999 | |
| | 34 | 频率跳变 2B | 0~400 Hz，9999 | 0.01 Hz | 9999 | |
| | 35 | 频率跳变 3A | 0~400 Hz，9999 | 0.01 Hz | 9999 | |
| | 36 | 频率跳变 3B | 0~400 Hz，9999 | 0.01 Hz | 9999 | |
| 运行选择功能 | 77 | 参数写入禁止选择 | 0，1，2 | 1 | 0 | |
| | 79 | 运行模式选择 | 0~4，6~7 | 1 | 0 | |
| 端子安排功能 | 180 | RL 端子功能选择 | 0~5、7、8、10、12、14 ~ 16、18、24、25、62、65 ~ 67、9999 | 1 | 0 | |
| | 181 | RM 端子功能选择 | | 1 | 1 | |
| | 182 | RH 端子功能选择 | | 1 | 2 | |
| | 183 | MRS 端子功能选择 | | 1 | 24 | |
| | 184 | RES 端子功能选择 | | 1 | 62 | |

续表

| 功能 | 参数号 | 名称 | 设定范围 | 最小设定单位 | 出厂设定 | 备注 |
|---|---|---|---|---|---|---|
| 端子安排功能 | 190 | RUN 端子功能选择 | 0、1、3、4、7、8、11 ~ 16、20、25、26、46、47、64、90、91、95、96、98、99、100、101、103、104、107、108、111 ~ 116、120、125、126、146、147、164、190、191、195、196、198、199、9999 | 1 | 0 | |
| | 191 | FU 端子功能选择 | | 1 | 4 | |
| | 192 | A、B、C 端子功能选择 | | 1 | 99 | |
| 多段速度运行 | 232 | 多段速度设定（8 速） | 0~400 Hz，9999 | 0.01 Hz | 9999 | |
| | 233 | 多段速度设定（9 速） | 0~400 Hz，9999 | 0.01 Hz | 9999 | |
| | 234 | 多段速度设定（10 速） | 0~400 Hz，9999 | 0.01 Hz | 9999 | |
| | 235 | 多段速度设定（11 速） | 0~400 Hz，9999 | 0.01 Hz | 9999 | |
| | 236 | 多段速度设定（12 速） | 0~400 Hz，9999 | 0.01 Hz | 9999 | |
| | 237 | 多段速度设定（13 速） | 0~400 Hz，9999 | 0.01 Hz | 9999 | |
| | 238 | 多段速度设定（14 速） | 0~400 Hz，9999 | 0.01 Hz | 9999 | |
| | 239 | 多段速度设定（15 速） | 0~400 Hz，9999 | 0.01 Hz | 9999 | |

# 参考文献

[1] 王烈准. 可编程序控制器技术及应用 [M]. 北京：机械工业出版社，2019.

[2] 吕桃，金宝宁. 三菱 FX3U 可编程控制器应用技术 [M]. 北京：电子工业出版社，2015.

[3] 杨杰忠. 可编程序控制器及其应用（三菱）[M]. 3 版. 北京：中国劳动社会保障出版社，2015.

[4] 田华. 可编程控制器应用技术项目化教程. [M] 西安：西安电子科技大学出版社，2017.

[5] 程周. 机电一体化设备组装与调试备赛指导 [M]. 北京：高等教育出版社，2010.

[6] 方爱平. PLC 与变频器技能实训 [M]. 2 版. 北京：高等教育出版社，2019.

## 郑重声明



学习卡账号使用说明

一、注册/登录

访问 http://abook.hep.com.cn/sve,点击“注册”,在注册页面输入用户名、密码及常用的邮箱进行注册。已注册的用户直接输入用户名和密码登录即可进入“我的课程”页面。

二、课程绑定

点击“我的课程”页面右上方“绑定课程”,正确输入教材封底防伪标签上的 20 位密码,点击“确定”完成课程绑定。

三、访问课程

在“正在学习”列表中选择已绑定的课程,点击“进入课程”即可浏览或下载与本书配套的课程资源。刚绑定的课程请在“申请学习”列表中选择相应课程并点击“进入课程”。

如有账号问题,请发邮件至:4a_admin_zz@pub.hep.cn。